牛羊不育及繁殖障碍病

常卫华　主编

 中国农业科学技术出版社

图书在版编目（CIP）数据

牛羊不育及繁殖障碍病／常卫华主编．—北京：中国农业科学技术出版社，2020.6（2023.5 重印）

ISBN 978-7-5116-4714-6

Ⅰ.①牛…　Ⅱ.①常…　Ⅲ.①牛病-繁殖障碍-防治②羊病-繁殖障碍-防治　Ⅳ.①S858.2

中国版本图书馆 CIP 数据核字（2020）第 069912 号

责任编辑　朱　绯
责任校对　马广洋

出 版 者　中国农业科学技术出版社
　　　　　北京市中关村南大街 12 号　邮编：100081
电　　话　(010)82106626(编辑室)　(010)82109702(发行部)
　　　　　(010)82109709(读者服务部)
传　　真　(010)82106626
网　　址　http://www.castp.cn
经 销 者　各地新华书店
印 刷 者　北京中科印刷有限公司
开　　本　710mm×1 000mm　1/16
印　　张　13.75
字　　数　266 千字
版　　次　2020 年 6 月第 1 版　2023 年 5 月第 2 次印刷
定　　价　46.00 元

环塔里木优质绵羊种质资源高效利用向南创新团队（项目编号：2019CB010）

种用公羊高效利用技术研究与推广（项目编号：HS201906）和南疆肉羊高效健康关键技术推广与示范

资助完成

《牛羊不育及繁殖障碍病》

编 委 会

主　编：常卫华（塔里木大学）

副主编：贾春英（第三师畜牧兽医工作站）
　　　　李　臣（山东省临沂市沂南县农业农村局）
　　　　郑毛亮（塔里木大学）

编　者：王娟红（塔里木大学）
　　　　臧　明（河南省武陟县动物卫生监督所）
　　　　娄延岳（河南农业职业学院）
　　　　王权峰（新疆津垦奥群农牧科技有限公司）
　　　　费坤学（新疆塔什库尔干塔吉克自治县畜牧兽医局）
　　　　王　瑞（甘肃省庆阳市合水县动物疫病预防控制中心）
　　　　辛萍萍（山东畜牧兽医职业学院）
　　　　毕兰舒（新疆巴州畜牧工作站）

前　言

我国农耕文化历史悠久，古往今来牛羊养殖业地位举足轻重，并且在整个畜牧业中占有十分重要的位置。随着大规模、集约化养殖业的发展，管理、饲草料、人工等费用的提高，经济效益面临着严峻的挑战。动物只有达到最佳的健康状态、最大的生产性能，养殖公司、企业等才能保持最大的生产效益，然而由于饲养管理利用不当、疾病、先天性及免疫缺陷等各种原因导致动物的不育及繁殖障碍，大大降低了其繁殖效率，从而对公司及企业的经济效益造成很大影响。

本书主要介绍牛羊的不育及其繁殖障碍，共分9章，内容包括繁殖功能的发生发展、牛羊发情及发情周期、不育、先天性不育、饲养管理及利用性不育、疾病性不育、免疫性不育、公畜不育以及防治牛羊不育的综合措施等内容。本书内容丰富、通俗易懂，针对性和实用性强，是广大养殖公司、企业及散养户防治牛羊不育的重要参考书目。

由于时间仓促，实践不足，加之编者水平有限，不足之处在所难免，恳请广大读者批评指正！

编　者

2020年1月

目　　录

第一章　繁殖功能的发生发展

动物个体在生理上能够繁殖的次数是重要的繁殖性状之一。如果个体在一生中只繁殖一次，则这种繁殖称为终生一胎，这种动物为终生一胎动物，如昆虫，但在哺乳动物极为罕见，例如澳大利亚的雄性袋鼩终生只有一次繁殖机会。大多数哺乳动物为多次繁殖动物，即个体在生理上能够具有两次以上独立的繁殖活动期（即繁殖活动多次反复)。许多动物个体每年至少可繁殖一次，终生可多次繁殖。与终生一胎繁殖的动物不同，多次繁殖动物表现繁殖周期，无论动物表现为诱导排卵或是自发性排卵，繁殖周期主要受内分泌和神经内分泌的控制。

母畜的生殖功能是一个从发生、发展至衰退的生物学过程。生殖活动从胎儿期及出生时便已开始，受环境、中枢神经系统、丘脑下部、垂体和性腺之间相互作用的调节。在机体发育过程中，卵子也不断发育成熟。母畜生长到一定年龄，开始出现周期性的发情和排卵活动，进入这一发育阶段的母畜接受交配以后可以受孕而繁衍后代，生育能力持续一段时间后逐渐衰退、停止。

第一节　卵子发生与卵泡发育

哺乳动物卵子发生和精子发生的过程十分相似，都要经过增殖期、生长期和成熟期，但卵子发生的两次减数分裂都是不均等分裂，每个卵母细胞只形成一个具有正常生殖能力的卵子；卵子在发生过程中不像精子那样发生明显的形态变化，两次减数分裂后形成的卵子和极体存在明显的结构和大小的差异；与卵母细胞发育同步，卵泡呈现其特殊的阶段性发育特点；卵子在其发生过程中，为胚胎的发育积累了大量所需的物质，因而卵子具有独特的结构特征和代谢特点。

一、卵子发生及其调节

（一）卵子发生

卵子发生是一个漫长而复杂的变化过程，其从胚胎发生早期开始，经过胚胎期、出生直至性成熟。其具体过程为：由原始生殖细胞形成卵原细胞，卵原细胞经增殖形成初级卵母细胞，再经生长达到充分生长；经成熟期（减数分裂）形成次级卵母细胞（未受精卵），受精时因精子进入而被激活，最终完成减数分裂的全过程。

1. 原始生殖细胞的起源与迁移

原始生殖细胞（primordial germ cells，PGC）最早在胚盘原条尾端形成，之后伴随着原条从原沟处内卷，到达尿囊附近的卵黄囊背侧内胚层，随后以阿米巴样运动，沿胚胎后肠和肠系膜迁移到胚胎两侧的生殖嵴上皮内。迁移过程中PGC不断分裂增殖，小鼠在11~12日胚龄时大约有5 000个，接近14日胚龄时已有20 000多个。

2. 卵原细胞的形成

到达生殖嵴上皮的PGC进一步迁移到未分化性腺的原始皮质中，与其他来自中胚层的生殖上皮细胞结合在一起形成原始性索。PGC在原始性索中占位后很快发生形态学变化而转化为卵原细胞，并进入增殖期。增殖期的长短因动物不同而异，如牛为45~110日胚龄；绵羊为35~90日胚龄。

3. 初级卵母细胞的形成和原始卵泡发生

卵原细胞增殖到一定时期，有些细胞开始进入第一次减数分裂前期的细线期。在进入细线期前期时，DNA进行复制。进入第一次减数分裂时称为初级卵母细胞。初级卵母细胞从细线期进入偶线期，同源染色体配对并联会，由偶线期再进入粗线期，进一步发展到第一次减数分裂前期的双线期。到达双线期后期时其染色体散开，此时称为核网期。发育至核网期后，原来的细胞分裂周期被打断，此时卵母细胞的细胞核较大，称为生发泡。生发泡是由核膜、灯刷染色体、核仁和核质组成，是卵母细胞的主要特征之一。它除在卵子生成的最后阶段外，一直处于静止状态。此时，卵母细胞周围包有一层扁平的前颗粒细胞，形成原始卵泡，并由它们形成初级卵泡库。原始卵泡不断离开非生长库变成初级卵泡，此时包围卵母细胞的前颗粒细胞分化为单层立方状颗粒细胞。此后卵泡进入生长和发育阶段，而卵母细胞也一直在卵泡内生长发育，直至成熟排卵。

卵原细胞从增殖期首次进入第一次减数分裂前期的时间，也因动物种类不同而异，牛是在 80~130 日胚龄，绵羊为 52~100 日胚龄，猪为 40 日胚龄至出生后 15 天，兔为出生后 2~16 天。

在胎儿期，卵原细胞经过分裂而增殖，之后经第一次减数分裂，形成几百万个卵母细胞。第一次减数分裂在前期停滞，之后由于卵母细胞的闭锁，出生时数量已大为减少，初情期时卵母细胞的数量再度减少，以后在每个发情期都有数个或数十个卵泡发育，但一生中只有数十或数百个可能在卵巢上继续发育成熟至排卵。所有的卵母细胞都来自生殖嵴上的原始干细胞，而围绕初级卵母细胞的卵泡细胞则由生殖上皮向内生长发育而成，具有内分泌功能的细胞——卵泡的壁细胞和卵巢的间质细胞则来自卵巢髓质。

（二）卵子发生的调节

随着研究手段的改进和分子生物学技术的迅速发展，对哺乳动物卵子发生调控机理的研究获得了较大进展，而与卵母细胞成熟相伴随的卵泡的生长和发育是一个独特的生理现象。

1. 卵母细胞第一次减数分裂能力的获得

充分生长的卵母细胞在核转录结束和合成必需的蛋白质后，就获得了减数分裂的能力，这种能力的获得常发生在从 GⅡ期向 M 期发展的过程中。卵母细胞一旦受到性成熟期促性腺激素的刺激，可立即重新启动减数分裂。不同种类的动物，其卵母细胞完成生长并获得减数分裂能力的时间不完全相同。在猪、牛、绵羊、山羊等家畜，在卵泡腔已经出现，卵泡直径达到 2~3mm 时，其中的卵母细胞才完成其生长过程，并获得减数分裂的能力。

2. 卵母细胞第一次减数分裂的调节

停止生长并获得了减数分裂能力的卵母细胞，接受促卵泡激素（FSH）或促黄体素（LH）刺激后，一方面，促进卵丘细胞产生和（或）释放 Ca^{2+}，通过胞桥连接运送到卵母细胞内，诱导生发泡破裂（GVBD）；另一方面，FSH 能促进卵母细胞分泌促卵丘因子，这种因子能促使卵丘细胞合成透明质酸和使卵丘扩展。LH 能促进颗粒细胞与卵丘细胞分离，使一些阻滞卵母细胞成熟的抑制性物质，如卵母细胞成熟抑制因子（oocyte maturation inhibitor，OMI）和 cAMP 不能进入卵内，有助于卵母细胞减数分裂的启动。

成熟促进因子（maturation promoting factor，MPF）和细胞静止因子（cytostatic factor，CSF）对卵母细胞的减数分裂成熟起着十分重要的调节作用。MPF 普遍存在于真菌、两栖类和哺乳动物细胞中，是细胞周期 M

期的一种调节因子，因此也称为M期促进因子（M-phase promoting factor，MPF）。MPF是一种丝氨酸/苏氨酸蛋白激酶，有活性的MPF能引起细胞核发生一系列变化，它可作用于核纤层蛋白，与核包膜破裂有关；还可作用于组蛋白，其磷酸化可使染色体发生超聚作用（染色体浓缩）。当卵母细胞减数分裂进行到MⅡ期时，MPF活性达到峰值，并受CSF的调控而得以稳固和维持，因而使卵母细胞再次休止于MⅡ期。在细胞周期中，MPF活性出现周期性变化，说明在不同分裂时期其调节功能不同。如在小鼠卵母细胞成熟开始时，出现MPF的活性，引起GVBD和染色体浓缩；随着成熟的进行，MPF活性逐步增高，达到峰值时，由于纺锤丝的牵引，使中期染色体排列在赤道板上（进入MⅠ期）。以后MPF活性下降，激发核从中期向后期、末期推进，最后导致同源染色体向两极分开。在第一极体分出后，MPF的活性在MⅡ阶段又重新出现并处于高水平。

3. 卵子激活的调节

从卵巢中排出的次级卵母细胞在MⅡ期休止，其基因活性和蛋白质合成处于相对静止状态，必须通过受精或人工激活，才能完成第二次减数分裂。卵子被激活后，发生多精子入卵阻滞、原核发育与融合、氨基酸运输与蛋白质合成、DNA合成、有丝分裂开始等一系列有序的变化。卵子如未被激活，则退化死亡。

卵子激活的机制是，当精子膜与卵子膜结合后，磷脂酶C（PLC）裂解磷脂酰肌醇二磷酸（PIP_2），产生三磷酸肌醇（IP_3）和二酰基甘油（DAG）。IP_3作为细胞内第二信使作用于钙库（内质网），与钙库中对IP_3敏感的特异受体相结合，结合量达到一定阈值时，钙通道开放，使钙库内Ca^{2+}释放至细胞质中，这一反应称为IP_3诱导的Ca^{2+}释放；细胞质中Ca^{2+}浓度升高时，对IP_3不敏感的受体达到一定阈值，开放其控制的钙通道，钙库中Ca^{2+}释放至细胞质中，这一反应称为钙诱导的Ca^{2+}释放。此外，细胞外Ca^{2+}与细胞质Ca^{2+}及钙库的Ca^{2+}可进行交换，钙库和脂膜上的钙泵不断维持细胞内外Ca^{2+}的平衡。上述两种钙释放机制协调作用的结果导致细胞质中Ca^{2+}在受精激活后出现重复多次的脉冲性升高。

在细胞内游离Ca^{2+}波动升高的同时，DAG激活蛋白激酶C（PKC）。有活性的PKC促使Na^+与H^+交换，导致卵子内pH值升高。卵内Ca^{2+}浓度与pH值升高，激活一系列代谢过程，如蛋白质合成、DNA复制以及形态发生变化和物质在细胞质中的转运等，还能诱发皮质反应和透明带反应，阻止多精子受精。

细胞质内Ca^{2+}的跃升，可激活钙依赖性蛋白酶（calpain Ⅱ）的活性，

这种酶可降解 P^{39mos}；Ca^{2+} 浓度升高还可激活周期素 B 降解酶的活性，使周期素 B 降解。P^{39mos} 和周期素 B 的降解导致 MPF 和 CSF 失活，启动 MⅡ期卵的分裂，使卵子最终完成第二次减数分裂过程。

现有的研究结果表明，IP_3 是启动 Ca^{2+} 释放的主要途径。IP_3 可能启动内质网的 Ca^{2+} 通道，而同时产生的 DAG 可能激活 Na^+-H^+ 交换的离子通道，而且这种 Na^+-H^+ 交换也需要 Ca^{2+}。由此表明，PLC 的激活是 Ca^{2+} 释放的关键，由其产生 IP_3 和 DAG，引发卵子激活。

卵子的精子受体蛋白具有蛋白酪氨酸激酶活性，因此与精子结合之后可通过经典的酪氨酸激酶途径启动 IP_3 和 DAG 的产生。但也有研究表明，该受体既没有跨膜结构，也没有激酶域，结合素受体与蛋白酪氨酸激酶偶联，因此可激活该激酶。还有研究表明，IP_3 并非由精子的结合而产生，而是由精卵质膜的融合所引起，两者的膜融合之后，卵子激活皮质反应，精子受体酪氨酸激酶被激活，从而激活 IP 途径。

卵子的人工激活又称孤雌激活，其刺激有物理性的，如高渗、低渗、升温、降温、针刺、电刺激、振荡；还有化学性的，如酒精、各种盐类、弱有机酸处理等。人工激活诱导卵子出现的反应和精子激活类似，如皮质颗粒释放、完成第二次减数分裂和卵裂等，其激活机制与精子激活也基本一致。电激活时，单独一次电刺激只能诱导一次 Ca^{2+} 浓度升高，多次电刺激才能使 Ca^{2+} 浓度多次升高。因此，人工激活时必须模拟正常受精过程中 Ca^{2+} 重复多次脉冲式升高的规律，才能达到预期的激活效果。

二、卵泡发育

（一）卵泡的类别

初级卵母细胞周围有一层或多层卵泡细胞包裹，形成卵泡。从原始卵泡发育成能够排卵的成熟卵泡，要经历一个复杂的过程。根据卵泡生长阶段不同，可将它们划分为以下不同的类型或等级。

1. 原始卵泡

绝大多数动物的原始卵泡形成于胎儿期，其核心为一个初级卵母细胞，周围为单层扁平的卵泡细胞。初级卵母细胞是由出生前的卵原细胞发育而来的，出生前大量卵泡发生闭锁。

所有的雌性哺乳动物在出生时卵巢上都有大量的卵子，但随着初情期的到来，卵子的数量急剧减少，目前对这种减少的机理尚不清楚，不过如果这些卵子是正常的，则可对其进行体外培养，借此可以极大地提高雌性动物的繁殖性能。动物出生后早期，一定数量的卵泡开始生长，但大多数处于静止状态。开始生长的卵泡经过初级卵泡、次级卵泡形成有腔卵泡，大多数卵泡在此阶段闭锁。如果在初情期后有促性腺激素的刺激，有些卵泡通过周期性选择及生长，达到排卵。通过上述过程的周期性重复，最后卵泡的储备耗竭，动物的生育活动停止。

2. 初级卵泡

卵泡细胞发育成为立方形，周围包有一层基底膜，卵泡的直径约为 40μm。

3. 次级卵泡

卵泡细胞已变成多层不规则的多角形细胞。卵母细胞和卵泡细胞共同分泌黏多糖，并在 FSH 的作用下构成厚 3~5μm 的透明带，包在卵母细胞周围。卵母细胞有微绒毛伸入透明带内。

4. 三级卵泡

在 FSH 及 LH 的刺激下，卵泡细胞间形成很多间隙，并分泌卵泡液，积聚在间隙中。以后间隙逐渐汇合，形成一个充满卵泡液的卵泡腔，这时称为有腔卵泡。卵泡腔周围的上皮细胞形成粒膜。在卵的透明带周围，柱状上皮细胞排列形成放射冠。放射冠细胞有微绒毛伸入透明带内。

5. 成熟卵泡

又称格拉夫氏卵泡。这时的卵泡腔中充满由粒膜细胞分泌物及渗入卵泡的血浆蛋白所形成的黏稠卵泡液。卵泡壁变薄，卵泡体积增大，扩展到卵巢皮质层的表面，甚至突出于卵巢表面之上。粒膜层外围的间质细胞在卵泡生长过程中分化为卵泡鞘。卵泡鞘分为内、外两层，开始时内层为改变了的梭状成纤维细胞，以后增大成为多面形的类上皮细胞，是产生雌激素的主要组织，外层为纤维细胞。初级卵母细胞位于粒膜上一个小突起，即卵丘内。随着卵泡的发育，卵丘和粒膜的联系越来越少，甚至和粒膜分开。初级卵母细胞被一层不规则的细胞群所包围，游离于卵泡液中。

上述各类卵泡中包裹的卵母细胞都是初级卵母细胞，只是成熟卵泡中初级卵母细胞在排卵前完成第一次减数分裂，形成次级卵母细胞（受精前的卵子）。

不同动物个体卵巢上卵泡的数量差异很大，以牛为例，其数量从 0（完全不育）到 700 000个不等。卵巢上原始卵泡的数量在各种动物中相对稳定，牛在 4~6 岁前为 140 000个左右，之后迅速减少，10~14 岁时减少到 25 000个左右，20 岁时已近于零。从出生后 60 天到 10~14 岁，每头牛卵巢上的生长卵泡平均为 150~250 个，有腔卵泡为 5~30 个。15 岁以后其数量分别减少至 70 个和 12 个。

（二）充分生长的初级卵母细胞的形成及卵泡的发育

初级卵母细胞受卵巢内因子的调节开始生长，其生长与包围在外周的卵泡细胞的分裂增殖同步协调进行。在小鼠卵母细胞生长的同时，卵泡细胞由单层分裂增殖为3层。卵泡细胞数量增加，卵泡的直径加大，但尚未形成卵泡腔，透明带和卵泡膜最早出现在有2层卵泡细胞的无腔卵泡（直径约100μm）。当卵泡直径达到125μm以后，卵泡细胞迅速分裂增殖，直径达到250μm时出现卵泡腔隙，以后腔隙越来越大，并融合为一个完整的大卵泡腔。卵母细胞及其周围的卵丘细胞（COC）被挤至卵泡的一侧而成为卵丘，突入于卵泡腔内。在卵泡的生长发育过程中，卵母细胞与卵泡细胞之间存在间隙连接和桥粒两类连接结构。随着卵泡的发育成熟，卵泡腔逐渐增大，卵泡细胞分成两部分：包围在卵母细胞周围的卵泡细胞称为卵丘细胞，卵丘细胞外的卵泡细胞则称为粒细胞。卵丘细胞伸出细胞质突起，伸进透明带，为卵母细胞的生长提供所需要的物质，随着卵泡的生长，透明带和卵泡膜也相应增厚。

（三）次级卵母细胞的形成及卵泡的发育

哺乳动物在初情期之后的每个发情周期，随着卵泡的发育和增大，充分生长的初级卵母细胞恢复减数分裂，从第一次减数分裂的核网期进行到第二次减数分裂的中期（MⅡ期），在排卵之前（马、犬、狐除外）形成一个次级卵母细胞和一个第一极体（polarbody Ⅰ，pbⅠ），并再次停滞于这个时期，这个过程称为减数分裂成熟。排卵后到达输卵管内的MⅡ期次级卵母细胞即为成熟的未受精卵，发生受精或孤雌激活后，卵子才排出第二极体，完成减数分裂全过程。

生长充分的初级卵母细胞的生发泡，在受到卵泡内外因子的作用后破裂，伴随着细胞核的变化，细胞质中的细胞器和包含物也发生迁移和数量变化。如皮质颗粒数量增多，并进一步向卵子质膜下移动和散开而呈单层排列，还有少量提前向卵周隙内释放；线粒体群由皮质区向中央区迁移并散开，均匀分布；高尔基复合体消失；粗面内质网数量减少；卵黄散开；小脂滴减少，大脂滴相对增多。随着卵母细胞成熟，微绒毛由倒伏而竖起；卵子质膜与卵丘细胞、卵丘细胞与颗粒细胞之间的胞桥连接结构破坏，从而使卵母细胞与卵丘细胞及颗粒细胞之间的直接或间接联系完全中断。由于pbⅠ释放，微绒毛竖起和少量皮质颗粒外排等原因，卵周隙逐渐扩大。

（四）卵母细胞与卵泡细胞的关系

卵母细胞依赖于其周围的卵泡细胞完成生长发育、调控减数分裂、调节卵母细胞基因组转录，而且卵母细胞通过其产生的各种因子，与周围的卵泡细胞的双向交流不仅在卵泡生成中作用于周围的卵泡细胞而发挥作用，而且对排卵、受精及受精后的胚胎发育等也都具有重要作用。原始卵泡在形成时，卵母细胞就已经与周围的卵泡细胞建立了密切的细胞联系，在卵泡生成过程中颗粒细胞增殖，卵母细胞和颗粒细胞之间的交流受旁分泌因子的调节。LH 峰值之后及 COC 释放进入输卵管之前，卵母细胞重新开始减数分裂，发生 GVBD。受精之后，完成第二次减数分裂，雌雄原核发生染色质重组。

虽然对启动初级卵泡发育的因子尚不十分清楚，但体细胞产生的抗缪勒管激素（AMH）及活化素可能参与该过程。卵母细胞与周围卵泡细胞信号的双向交流对腔前卵泡发育到初级卵泡阶段是极为重要的。在小鼠的研究表明，卵母细胞产生的 TGF-β 超家族成员 GDF-9、卵母细胞表面表达的 Kit 受体及颗粒细胞产生的 Kit 配体 KitL 可能是腔前卵泡发育最为重要的调节因子。卵泡周围的体细胞形成多层后，卵泡的发育可能主要受卵泡外激素作用的调节，其中 FSH 及其受体的作用对排卵前卵泡的形成至关重要。如果敲除小鼠的 ZP2 或 ZP3 基因，则卵泡腔早期和排卵前卵泡的发育会出现异常，而且卵丘—卵母细胞复合体的形成及排卵也会出现异常，说明在此阶段卵母细胞仍然具有调控体细胞的功能。敲除 ZP2 或 ZP3 基因的小鼠，如果以其卵子进行体外受精，则形成的囊胚不能完成发育，表明透明带基质蛋白在调节颗粒细胞信号转导方面具有重要作用。

卵母细胞产生的 GDF-9 在卵泡发育中的主要作用包括：①通过诱导透明质酸合成酶 2、穿透素 2 和肿瘤坏死因子—诱导因子 6 及抑制尿激酶血纤蛋白溶酶原激活因子促进卵丘—卵母细胞复合体的形成及维持其完整性。②刺激前列腺素/黄体酮合成，刺激排卵前卵丘颗粒细胞的信号转导。③通过抑制 LH 受体表达，抑制颗粒细胞的黄体化。

卵母细胞产生的另一种 TGF-β 超家族成员骨形态发生蛋白 15（BMP15）与 GDF-9 发挥协同作用，维特 COC 的完整性。许多因素参与排卵前卵泡对 LH 的反应性，例如 CCAAT/增强子结合蛋白 β、环加氧酶 2 和黄体酮受体等，这些因子可能通过调节前列腺素和黄体酮的生成而发挥作用。

卵泡发育过程中，卵母细胞蓄积了影响早期胚胎发育的母体因子，其中胚胎需要的母体抗原（maternal antigen that embryos require，MATER）对胚胎发育超过 2 细胞阶段是必需的，同时在胚胎基因组转录中也发挥重要作用。另外一种因子 DNMT10 是卵母细胞特异性 DNA 甲基转移酶，其对胚胎发育的基因组印迹十分重要。在这两种情况下，在卵母细胞生长发育和卵泡发育中卵母细胞积累其表达的基因产物，一直到排卵之后才完成该过程。

第二节 母畜生殖功能的发展与繁殖季节

一、母畜生殖功能的发展

母畜生殖功能的发展与机体的生长发育同步，母畜从进入初情期开始获得生育能力，发育到性成熟时生殖能力基本达到正常；到体成熟时进入最适繁殖期；到一定年龄之后，随着母畜的衰老，生殖能力逐渐下降而进入绝情期。

（一）初情期

初情期是母畜初次表现发情并发生排卵的时期。初情期的开始和垂体释放促性腺激素具有密切关系。出生后，丘脑下部及垂体对性腺甾体激素的抑制作用（负反馈）极为敏感，性腺仅产生很少量的性腺激素就能抑制促性腺激素释放激素（GnRH）和促性腺激素（Gn）的释放。随着机体发育，丘脑下部对这种反馈性抑制的敏感性逐渐减弱，促性腺激素的释放不断增加，导致卵巢上出现成熟卵泡，并分泌雌激素，母畜出现发情。在初情期之前抑制促性腺激素水平的因素中，除性腺激素的负反馈作用之外，还可能存在与甾体激素无关的抑制 GnRH 分泌的因素。随着初情期的开始，丘脑下部 GnRH 脉冲式分泌的频率增加，促性腺激素分泌的水平也相应提高，性腺受到的刺激强度增大，并发挥其特有的功能。

达到初情期时，母畜虽已开始具有繁殖能力，但生殖器官尚未发育充分，功能也不完全。第一次发情时，卵巢上虽有卵泡发育和排卵，但因缺乏黄体酮，一般不表现发情症状（安静发情）；或者虽有发情表现且有卵泡发育，但不排卵；或者能够排卵，但不受孕，表现为“初情期不孕”。

幼畜在初情期前，生殖器官的增长速度与其他器官非常相似，但进入初情期后，生殖器官的增长明显加快。

大多数家畜初情期的年龄与体重密切相关，中国荷斯坦牛体重达到成年的 45%，绵羊体重达到成年的 60%时，可出现初情期。因此，营养是影响初情期的一个重要因素。一般来说，营养水平高、生长速度快的家畜，初情期比营养水平低、生长缓慢的家畜要早。此外，我国地方品种初情期一般早于引进品种；小型品种比中大型品种初情期要早。初情期的年龄除因品种基因型不同而有遗传上的差异外，还受饲养管理、健康状况、气候条件、光照、发情季节及出生季节等因素的影响。季节性繁殖的动物，初情期的年龄明显受季节的影响。例如1—2月出生的马，在翌年的5—6月即16~17月龄时达到初情期，而在7—8月出生的马可能要到隔年春季(21~22月龄)才出现发情。各种家畜初情期的年龄见表1-1。

表1-1 母畜生殖功能不同发展阶段年龄比较

母畜生殖功能发展阶段	牛	水牛	绵羊	山羊	猪	马	驴	骆驼	兔
初情期（月龄）	6~12	10~15	6~8	4~6	3~7	12	8~2	24~36	3~4
性成熟（月龄）	12~18	15~23	10~12	8~12	5~8	18	15	48	4~5
初配适龄期（月龄）	16~22	15~23	10~12	10~12	5~8	18	15	48	3~4
绝情期（年）	13~15	13~15	8~10	12~13	6~8	18~20	15~17	20~25	4~5

对绵羊到达初情期前后GnRH神经分泌系统及影响因素进行的研究表明，这些综合变化整合，增加GnRH的波动频率，驱动向成年期的过渡。启动雌雄两性初情期的因子有一定的差异，其中最为关键的GnRH分泌类型在绵羊与其他动物相同，主要表现为出生之前活动显著增加，之后出现持续时间不等的下降，再表现为初情期时的升高。出生之前对GnRH分泌的反应性的增加可确定出生后用于诱导性别特异性GnRH分泌信号的类型。虽然代谢信号也提供重要的信息，表明足够的生长已经发生，因此可以开始繁殖，但雌性羔羊并不能表达其性成熟状态，主要是因为此时的光照周期并不适合繁殖，性成熟状态受到屏蔽，卵巢保持静止状态，羔羊很快进入季节性乏情。一旦其必需的光照周期得到满足，如夏季的长日照之后秋季的短日照，则羔羊对甾体激素的负反馈调控的敏感性降低，出现高频的GnRH波动性分泌。其他反馈机制仍在发挥作用，因此启动卵巢周期而开始繁殖季节。通过这种策略使得母羔羊繁殖活动的开始与成熟的季节性繁殖的母羊同步化。

与此相反，雄性羔羊在子宫中对光照周期的感知与雌性羔羊相似，但并不采用光照周期来启动高频的GnRH波动性释放。在出生前对第一次GnRH升高发生反应及随后促性腺激素驱动睾丸发挥作用时，睾酮分泌引起光照神经内分泌系统雄性化，有效降低了生殖对白昼长度的反应。与其说是引起雄性化，还不如更准确地认为是去雌性化，因为睾丸甾体激素的作用改变了其固有功能，就像是在雄性将引起卵巢周期的不必要的反馈控制去雌性化。在雄性，通过除去表达高频 GnRH 分泌所必需的光照周期需要，在其代谢信号能够说明能量平衡足以开始繁殖活动时，启动其初情期。在达到进一步的成熟之后，2 岁时雄性羔羊的生殖系统开始受到光照信号的调控，这与在雌性羔羊相似，导致对 GnRH 分泌的负反馈调节更为敏感，因此由于代谢信号控制雌雄两性的丘脑下部的性成熟，出生前睾酮及其代谢产物所决定的发育程序的存在与否，决定了光照周期是否可作为启动繁殖活动的允许信号。从广义的角度而言，启动两性达到初情期的信号不同。代谢信号确定了雄性的初情期，而光照信号确定了雌性的初情期。在雄性，可能 1 岁时其光照周期控制之间的间隙对加强 GnRH/LH 控制睾丸功能及个体发育出与成年雄性竞争雌性的能力发挥重要作用。初情期启动这种在雌雄两性出现差异的策略表明，两性之间的基本机制其实是很保守的，只是在个体形成过程中对这种机制发生了适应性变化，因此可以在最佳的时间启动个体的繁殖活动。

（二）性成熟

母畜生长发育到一定年龄，生殖器官已经发育完全，生殖机能达到了比较成熟的阶段，基本具备了正常的繁殖功能，达到性成熟。但此时身体的生长发育尚未完成，故一般尚不宜配种，过早受孕不仅妨碍母畜继续发育，而且还可能造成难产，同时也影响幼畜的生长发育。各种母畜达到性成熟的时间见表 1-1。

（三）繁殖适龄期

母畜的繁殖适龄期是指母畜既达到性成熟，又达到体成熟，可以进行正常配种繁殖的时期。体成熟时母畜身体已发育完全并具有雌性成年动物固有的特征与外貌。开始配种时的体重一般应达到成年体重的 70% 以上。确定初次配种的时间，不仅要看年龄，而且也要根据母畜的发育及健康状况做出决定。母畜繁殖适龄期见表 1-1。

（四）繁殖年限

家畜的繁殖年限基本上取决于两个因素，其一，是衰老使繁殖功能丧失；其二，是疾病使生殖器官严重受损或其功能发生障碍，繁殖活动也将会停止。

奶牛的繁殖年限为 8~10 年，肉牛略长，为 10~12 年，但奶牛也有 16~18 岁，甚至 25 岁产犊的。马的繁殖年限为 18~22 年，虽有在 25~33 岁时仍然有产驹的报道，但一般在 24 岁后怀孕产驹的已经很少。羊的繁殖年限为 6~10 年，也有的在 16~20 岁时仍能产羔。猪的繁殖年限为 6~8 年，偶尔有在 10~15 岁时仍能产仔，但一般来说，窝产仔数在 4~5 岁后逐渐下降。

母畜至年老时，繁殖功能逐渐衰退，继而停止发情，称为绝情期。出现绝情期的年龄因品种、饲养管理、气候以及健康状况不同而有差异（表1-1）。但是在生产实践中为了追求母畜的最大经济利益，一般在母畜繁殖效率下降时将其淘汰，不会饲养到绝情期。

二、繁殖季节

季节变化是影响家畜生殖，特别是影响季节性繁殖动物发情的重要环境条件。野生动物大多为季节性发情并在春季产仔，以保证其繁殖效率，因此，依据不同动物的怀孕期，可以大致估算出该动物的发情季节。

（一）季节对动物繁殖的影响

家畜发情活动的季节性，是一定畜种在其漫长的进化过程中为适应环境而进行人工驯养和自然选择的结果（表1-2）。

表1-2 家畜的发情季节、次数及排卵特点

自发排卵动物			诱导排卵动物	
季节性多次发情	季节性一次发情	全年发情	季节性发情	全年发情
马、驴（春）	犬（晚春、早冬）	牛、猪、绵羊部分品种	猫（春、秋）	家兔
绵羊（秋、冬）		湖羊、寒羊	野兔（1~8月）	
山羊（秋、冬）		南方山羊	水貂（3~4月）	
牦牛（夏）			雪貂（春、夏）	
吉林鹿（秋、冬）			骆驼（冬、春）	

季节变化涉及的主要因素包括：光照、温度、湿度、饲草料等，其中有的因素对某种家畜起着比较重要的作用。但是，这些因素往往共同产生影响。

丘脑下部对性腺甾体激素负反馈作用的敏感性也随季节和光照长短而发生变化，从而改变GnRH和Gn的脉冲式释放，引起发情周期的出现或停止。动物对光照的变化发生反应，可能是通过松果体调节的。

绵羊是过了夏至光照缩短后不久开始发情，纬度越高的地区，发情的季节性越明显，而且气温较低时比气温较高时发情开始的早，这可能和气温高时甲状腺功能降低有关。如果夏季人工缩短光照，可使绵羊发情季节提早。赤道附近地区则因光照长度恒定，绵羊可以全年发情。

牛在温暖地区饲养管理好的条件下，全年都可以发情，配种无明显的季节性。但是牛在天气寒冷、饲养条件差时，发情表现微弱，或发生安静发情，受胎率低；奶牛在天气酷热时受胎率也低。这些动物在高寒地区粗放管理下，则有较为明显的配种季节，天暖时集中发情，寒冷时则不发情。牦牛是在7—9月发情，水牛多在下半年发情，以8—10月最为集中。因此，牛的发情不同程度上也受到季节变化（光照和温度）的影响。

（二）羊的繁殖季节

羊为多次发情的动物，但气候可引起生育力发生季节性变化。

1. 绵羊

在温带气候条件下，粗毛绵羊为在秋冬表现季节性多次发情的动物（短日照），人工刺激出现秋季的白昼长度及温度（降低光照长度及降低环境温度）可在季节性乏情的绵羊诱导排卵，但操控光照及温度发生反应所需要的潜伏期较长，因此这种方法并不实用。细毛品种的绵羊如果营养充足，可全年表现多次发情。绵羊的产羔一般是在乏情季节，因此其一直到下次的繁殖季节才能恢复发情。

2. 山羊

在温带气候条件下，山羊为从夏末到早春季节性多次发情（短日照）。周岁山羊繁殖季节的开始，可通过从冬季结束时每天暴露19h的人工光照共处理70天而提前。人工光照终止后可引起白昼长度相对缩短，刺激母羊出现发情及排卵。另外一种处理方法是将母羊每天暴露14~18h的人工光照，处理3个月，之后每天人工光照时间降低到6h。山羊的产羔也发生在乏情季节，因此其发情周期的恢复延缓到下次的繁殖季节。

第三节　母畜发情周期及发情鉴定

母畜达到初情期以后，生殖器官及性行为重复发生一系列明显的周期性变化称为发情周期（estrous cycle）。发情周期周而复始，一直到绝情期为止。但母畜在妊娠或非繁殖季节内，这种变化暂时停止；分娩后经过一定时期，又重新开始。在生产实践中，发情周期通常指从一次发情期的开始起，到下一次发情期开始之前一天止的这一段时间。而在科研上，通常指从排卵到下一次排卵之间的时间间隔，而将排卵日定为发情第0天。奶牛、黄牛、肉牛、水牛发情周期平均为21天，青年母牛为20天，而牦牛的发情周期一般为16~25天，有的可达30天以上；山羊也为21天；绵羊16~17天。

根据发情周期的表现形式，可将动物分为3类。第一类为单次发情动物，这类动物每年只有一个发情周期，并出现在固定的季节，例如大多数野生动物。第二类为多次发情动物，例如牛在全年大部分时间都有发情周期循环。第三类为季节性多次发情动物，其发情期集中，具有明显的季节性，例如绵羊。

一、发情周期的分期

根据卵巢、生殖道及母畜性行为等一系列生理变化，可将一个发情周期分为互相衔接的几个时期。在实践中发情周期通常分为四期或三期，有的把四期概括为二期。

（一）四期分法

四期分法是根据母畜在发情周期中生殖器官所发生的变化将发情周期分为发情前期、发情期、发情后期及发情间期。

1. 发情前期

发情前期也称前情期，在此阶段，由于受FSH的影响，卵泡开始明显生长，产生的E_2增加，引起输卵管内膜细胞和微绒毛增长，子宫黏膜血管增生，黏膜变厚；阴道上皮水肿，犬和猫阴道上皮发生角化。犬和猪阴门明显水肿，子宫颈逐渐松弛，子宫颈及阴道前端杯状细胞和子宫腺分泌的黏液增多，在发情前期的末期，雌性动物一般会表现对雄性有兴趣。此期持续时间为2~3天。

2. 发情期

发情期为母畜表现明显的性欲并接受交配的时期。发情期以母畜能接受交配开始，至最后一次接受交配结束。在此阶段，母畜一般寻找并愿意接受公畜交配。在发情期，卵巢上卵泡增大成熟，卵母细胞发生成熟性变化。卵泡产生的雌激素使生殖道的变化达到最明显的程度，输卵管上皮成熟，微绒毛活动性增强，子宫出现收缩。输卵管伞末端更靠近成熟卵泡，输卵管分泌物增多。有些动物子宫出现水肿，血液供应增加，黏膜生长加快，分泌黏液增多。子宫须松弛，轻度水肿。阴道黏膜明显变厚，出现许多角化的上皮细胞，这在犬和猫尤为明显。奶牛的阴门处黏液呈线状悬挂于阴门和尾根。此期结束时，迁移进入子宫腔的白细胞增多。大多数动物在发情期临近结束时发生排卵。

3. 发情后期

发情后期也称后情期，是紧接发情期后在LH的作用下黄体迅速发育的时期。在后情期，有些动物阴道上皮脱落。牛在后情期的早期，子宫阜覆盖的上皮充血，有些毛细血管出血，形成后情期出血，但这与灵长类的月经完全不同。灵长类的月经出现在黄体酮撤退时，与子宫内膜表皮丢失有关，而牛的发情后出血与雌激素下降有关。在后情期，子宫内膜黏液分泌减少，内膜腺体迅速增长。后情期的中后期，子宫变得松软。

4. 发情间期

发情间期也称间情期，是家畜发情周期中最长的一段时间，在此阶段，黄体发育成熟，大量分泌的黄体酮对生殖器官的作用更加明显。子宫内膜增厚，腺体肥大。子宫颈收缩，阴道黏液黏稠，子宫肌松弛。该期的后期，黄体开始退化，逐渐发生空泡化。子宫内膜及其腺体萎缩，卵巢上开始有新卵泡发育。各种动物发情周期各期的时间见表 1-3。

表 1-3 动物发情周期各期的时间

动物	发情期	后情期	间情期	前情期	发情周期
牛	10~24h	3~5 天	13 天	3 天	21（18~24）天
马	4~7 天	3~6 天	6~10 天	3 天	21（19~23）天
	2~4 天	3~4 天	9~13 天	4 天	21（18~24）天
绵羊	1~2 天	3~5 天	7~10 天	2 天	16.5（14~20）天
山羊	1~2 天	3~5 天	7~10 天	2 天	22（17~24）天
犬	9（4~12）天		75（51~82）天[a]		每年 1~3 个周期
猫	不交配为 8 天[b]， 交配为 5 天[c]				每年 1~2 个周期

注：a. 假孕后的乏情期为 125（15~265）天；b. 至下次发情的时间为 14~21 天；c. 至下次发情的时间为 42（30~75）天

（二）三期分法

三期分法是根据母畜发情周期中生殖器官和性行为的变化，将发情周期分为兴奋期、抑制期及均衡期。

1. 兴奋期

相当于四期分法的发情期，是性行为表现最明显的时期。本期卵巢中卵泡发育增大，生殖道发生明显的变化、母畜表现性欲及性兴奋，通常称为发情。此期最后是卵泡破裂排卵，发情结束。

2. 抑制期

此期是排卵后发情现象消退后的持续期，相当于四期分法中的发情后期和间情期。排卵后的卵泡开始形成黄体，产生黄体酮，抑制垂体前叶FSH的分泌；生殖道对雌激素所发生的反应消退，并在黄体酮的作用下，发生适应胚胎通过输卵管和在子宫内附植的变化。母畜因性中枢受到黄体酮的抑制，不再表现性行为。

3. 均衡期

卵子如未受精，则从抑制期向下次兴奋期过渡的时期为均衡期。此期卵巢中周期黄体开始萎缩，新的卵泡逐渐发育。生殖道在卵巢激素的影响下，增生的子宫黏膜上皮及子宫腺逐渐退化，生殖道的形态及功能又逐渐进入发情前的状态。母畜不表现性行为。随着黄体进一步退化，新卵泡迅速增大，进入下一个兴奋期。此期相当于四期分法中的发情前期。

（三）二期分法

母畜在发情周期中，卵巢的卵泡和黄体交替存在，因此可将发情周期分为卵泡期和黄体期。卵泡期从黄体开始退化到排卵，在此期间卵泡分泌雌激素，子宫内膜增殖肥大，子宫颈上皮呈高柱状，深层腺体分泌活动加强。从卵泡排卵后形成黄体，一直到黄体开始退化为止，称为黄体期，在此期间黄体分泌的黄体酮作用于子宫内膜，使其进一步生长发育，子宫内膜继续增长增厚，血管增生，肌层继续肥大，子宫腺分泌活动加强，为受精卵的附植创造条件。

二、发情周期中生殖内分泌变化

发情周期中生殖内分泌呈现明显的周期性变化，内分泌的变化可能是引起卵巢和其他生殖器官以及性行为出现周期性变化的原因。

在卵泡期，FSH随着卵泡的发育分泌量逐渐增多，发情时达到峰值，排卵后降至低水平，然后又呈现较平稳的脉冲式分泌。但在发情周期中，血浆FSH水平升高比LH早，可能是因为在黄体期GnRH分泌频率和量都相应减少，这种持续而缓慢的GnRH的刺激有利于FSH分泌，所以在黄体期晚期和卵泡期早期FSH水平即升高。在山羊的发情周期中，血浆FSH水平变化不太规则，其脉冲型与GnRH也不尽一致，且卵泡期早期单位时间内的脉冲次数和平均水平高于黄体中期。卵泡期LH的分泌量基本保持恒定，直到排卵前因雄激素的正反馈作用，GnRH分泌脉冲频率加快，分泌量增多，LH分泌开始增多，形成排卵前峰，引起排卵。排卵后，LH分泌量又逐渐减少，除在黄体期中期常出现一次小分泌峰外，在整个黄体期基本恒定在较低水平。

发情周期中，黄体酮（P_4）主要由黄体分泌。发情排卵后，随着颗粒细胞和内膜细胞向大、小黄体细胞分化，母牛黄体酮水平逐渐升高，到发情周期第 8 天前后，黄体完全形成，黄体酮水平达到峰值，并持续到周期第 17~18 天；之后黄体发生溶解，黄体酮水平迅速下降。在发情排卵之前，黄体酮水平已降至最低，在整个发情期维持在最低水平。在整个发情周期中，黄体期是相对较长的时期，黄体期的长短是发情周期长度的调节器。一旦黄体停止分泌黄体酮，很快就出现 LH 排卵峰，随之出现新的发情和排卵。

在发情周期中，雌激素的分泌与卵巢上卵泡的发育变化一致，同样具有周期性特点。在每个发情周期中，母牛卵巢上出现 2 或 3 个卵泡，雌激素分泌相应地出现 2 或 3 个波峰。只是雌激素波峰之间有一定交叉，掩盖了雌激素波峰之间的低谷。最后一个卵泡波的优势卵泡得以继续发育并最终排卵，产生的雌激素显著增多。雌激素在发情当天迅速降低，在排卵前降到最低值，由于只有在黄体溶解之后，最后一个卵泡波的优势卵泡才得以继续发育并最终排卵。结果表明，雌激素水平总是在黄体酮水平下降之后才表现大幅升高；接下来卵泡排卵后形成黄体，黄体酮水平是在雌激素水平下降之后才表现大幅升高。所以，在发情周期中雌激素水平与黄体酮水平之间大致呈现负相关。

三、发情周期中卵巢的变化

在发情周期，卵巢经历卵泡的生长、发育、成熟、排卵、黄体的形成和退化等一系列变化。卵泡的生长、发育和成熟前面已有介绍，这里重点讨论排卵以及黄体的形成和退化。

（一）排　卵

排卵是指卵泡发育成熟后，突出于卵巢表面的卵泡破裂，卵子随同其周围的颗粒细胞和卵泡液排出的生理现象。排卵是动物繁殖的前提，也是生殖生理活动的中心环节，正常排卵是保证动物繁衍后代的基础。

1. 动物的排卵方式

动物按其排卵方式可分为自发性排卵和诱导排卵两大类。

（1）自发性排卵：大多数动物为自发性排卵。在每个发情周期中，卵泡发育成熟后，在不受外界特殊条件刺激的前提下自发排出卵子。如果动物受精，则进入怀孕期；如果没有受精，动物又进入新的发情周期。因此发情周期的长度相对恒定。

自发性排卵的动物，根据排卵后黄体形成及发挥功能的方式又可分为两种：第一种为排卵后自然形成功能性黄体，其生理功能可维持一个相对稳定的时期，如牛、羊、马、猪等家畜；第二种为自发性排卵后需经交配才形成的功能性黄体，如啮齿类动物，这类动物排卵后如未经交配，则形成的黄体无内分泌功能，因而使下次周期缩短4~5天。

（2）诱导排卵：这类动物卵泡的破裂及排卵需经一定的刺激后才能发生，排卵之前出现的Gn排卵峰也要延迟到适当的刺激之后才能出现。其发情周期也完全不同于自发性排卵的动物，一般将它们的发情周期称为卵泡周期，由卵泡成熟期、卵泡闭锁期、非卵泡期和卵泡生长期4个阶段组成，而并非典型意义上的发情周期。

诱导排卵型动物按诱导刺激的性质不同，又可分为两种：第一种为交配引起排卵的动物，这类动物包括有袋目、食虫目、翼手目、啮齿目、兔形目、食肉目的某些动物，其中研究最多的有猫和兔。兔在交配刺激后10min左右开始释放LH，0.5~2h LH峰为基础值的20~30倍，9~12h后发生排卵。猫在交配后几分钟之内LH显著增加，排卵一般发生在交配后25~30h。第二种为精液诱导排卵动物，见于驼科动物，其排卵依赖于精清中的诱导排卵因子。在卵泡发育成熟后，自然交配、人工输精或肌内注射精清均可诱发排卵，精清进入体内4h后外周血浆中出现促性腺激素排卵峰，30~36h发生排卵。

2. 排卵过程

哺乳动物的卵巢表面除卵巢门外，其余任何部位均可发生排卵，但马属动物仅在卵巢的排卵凹发生排卵。

随着卵泡的发育成熟，卵泡液不断增加，卵泡体积增大并突出于卵巢表面，但卵泡内压并没有明显升高。突出的卵泡壁扩张，细胞间质分解，卵泡膜血管分布增加、充血、毛细血管通透性增加，血液成分向卵泡腔渗出。随着卵泡液的增多，卵泡外膜的胶原纤维分解，卵泡壁柔软且富有弹性。突出于卵巢表面的卵泡壁中心形成透明的无血管区。排卵前卵泡外膜分离，内膜通过裂口而突出，形成乳头状突起的排卵点，顶端局部贫血，卵巢上皮细胞死亡，释放出水解酶，使下面的细胞层破裂，卵泡液将卵母细胞及其周围的放射冠细胞冲出，被输卵管伞接受。输卵管纤毛上皮摆动，将卵母细胞送入输卵管中。

3. 排卵的机理及其调节

排卵是一个渐进性过程，受神经内分泌、内分泌、生物物理、生物化学、神经肌肉及神经血管等因素的调节。排卵之前，一般都出现促性腺激素排卵峰，在高水平的促性腺激素刺激下，卵泡主要发生3种明显的变化：其一是卵母细胞重新开始减数分裂，生发泡破裂，释放出第一极体；

其二是发生黄体化，卵泡基质细胞开始由主要分泌雌激素转变为主要分泌黄体酮；其三是排出卵母细胞。

（二）黄体的形成及功能调节

1. 黄体的形成

卵泡液流出后，卵泡壁塌陷，颗粒层向卵泡腔内形成皱襞，内膜结缔组织和血管随之长入颗粒层，使颗粒层血管化。同时，在 LH 作用下，颗粒细胞变大，形成粒性黄体细胞；梭形内膜细胞也增大，变为膜性黄体细胞。牛的排卵有时仅在卵泡破裂处有少量出血，在黄体形成之前也可形成红体。黄体形成以后，还可在突出卵巢表面部分内见到黑色血迹。而羊排卵处有时仅出现少数出血点或小的血凝块。但在超数排卵时，卵泡腔内充满血液，有时出血量多，致使卵巢变得很软。牛、马和肉食动物黄体细胞中含有较多的黄色素颗粒，因为黄色素多，黄体呈黄色。水牛的黄体在发育过程中为粉红色，萎缩时变为灰色。羊因黄色素少，黄体为平滑肌色或灰黄色。猪的黄体在发育过程中为肉色，萎缩时才稍带黄色，以后变为白色。

各种家畜的黄体形态还具有以下特点：牛的黄体大致呈圆形，一部分突出于卵巢表面，与卵巢本身之间有明显的界线。排卵后 3~5 天黄体直径约为 1cm，质地柔软；10 天时发育至最大，直径可达 2~2.5cm，比成熟卵泡大，质地变硬；14~15 天开始萎缩，18 天后迅速缩小。与此同时，黄色素浓缩，黄体逐渐变为鲜亮的橘红色，此遗迹可存在数个情期之久，最后成为白体而逐渐消失。绵羊黄体呈圆形，排卵后 6~9 天发育至最大，直径约为 9mm；排卵后 12~14 天开始萎缩。山羊周期黄体的最大直径约为 1.3cm。猪的黄体也呈圆形，突出于卵巢表面，大小很不一致，排卵后 8 天发育至最大，直径可达 1~1.5cm，较成熟卵泡大；排卵后约 15 天开始萎缩，40 天左右消失。马的黄体在形成初期（红体）为扁圆形，排卵后 14 天发育至最大，直径为 3~4cm；排卵后 17 天开始退化，缩小为圆锥形；2~3 个发情周期后仅为一端稍圆的梭形遗迹；至下次发情时，黄体迅速缩小，经过 2 到数周后体积更小，并被结缔组织所代替，颜色变白，称为白体。最后，白体也被吸收。

黄体酮是黄体产生的主要激素，在家畜，它是由形态和功能完全不同的两种类固醇激素生成细胞——大黄体细胞和小黄体细胞合成的。一般认为大黄体细胞起源于粒性黄体细胞，小黄体细胞起源于膜性黄体细胞。LH 受体主要存在于小黄体细胞，小黄体细胞在 LH 刺激下分泌黄体酮；大黄体细胞主要具有前列腺素 F2α（PGF2α）、前列腺素（PGE）和雌二醇（E_2）受体，对LH的刺激缺乏反应性，除维持基础水平黄体酮分泌之外，还具有分泌某些多肽激素（如催产素和松弛素）的功能。在绵羊，大黄体细胞直径平均为29.2μm，细胞核呈椭圆形，富含粗面内质网和分泌颗粒；小黄体细胞直径平均为15.8μm，核呈不规则形，含有大量的滑面内质网和脂滴。

排卵后7~10天（牛、羊、猪）或14天（马），黄体发育至最大。此后如已受精，黄体体积稍增大，形成妊娠黄体，是妊娠期所必需的黄体酮的主要来源。马在怀孕期130~180天之前还可以出现若干副黄体，副黄体也分泌黄体酮，对维持妊娠有一定作用。如未受精，排卵后14~15天（牛）、12~14天（羊）、13天（猪）、14天（马），机体在缺乏妊娠信号的情况下，PGF开始生成，逐渐使黄体萎缩。这时在垂体FSH的影响下，卵巢又有新的卵泡迅速发育，并过渡到下一次发情周期，这种黄体称为周期黄体，一般比妊娠黄体小。

2. 黄体溶解

黄体溶解是一个重要的生殖生理过程。周期黄体的正常溶解是发情周期正常和卵泡发育、排卵、受精的先决条件；妊娠黄体的功能正常却是妊娠得以维持的前提。

（1）子宫分泌的PGF2α是溶黄体物质：切除羊、牛、猪、马等动物的子宫，卵巢周期停止循环，黄体寿命延长，说明子宫可产生溶黄体物质。但灵长类动物（人、猴）切除子宫后卵巢周期长度或黄体寿命无变化，先天性无子宫妇女仍有卵巢活动周期。

在绵羊的研究表明，子宫静脉血中的溶黄体物质就是PGF2α。PGF2α呈阵发式分泌，每次持续1h，6~9h分泌1次。每个子宫角每小时大约能分泌25μg PGF2α进入子宫静脉，向子宫静脉注入此量的PGF2α可以引起同侧黄体提前退化，注入全身循环则无效。PGF2α通过肺一次，99%以上被代谢，说明PGF2α是一个局部激素。大剂量注入全身循环，因有代谢剩余，则PGF2α也可以引起黄体提前退化。PGF2α主动免疫、被动免疫，全身或局部使用消炎痛抑制PGF2α合成酶，都能推迟或阻止黄体溶解。

牛的子宫亦阵发式地分泌PGF2α，也存在有PGF2α子宫—卵巢逆流传递机理。PGF2α通过肺脏一次仅能代谢65%，所以PGF2α在牛可经全身循环作用于黄体。摘除一侧子宫角，发情周期仍正常；摘除一个卵巢，宫颈部移植一个卵巢，发情周期还能正常循环。

猪两侧子宫角的静脉有交叉，切除一侧子宫角，卵巢周期正常；如将本侧子宫角切除75%，对侧黄体就不退化，说明存在局部传递作用，子宫角注入 PGF2α，可使同侧黄体退化。猪 PGF2α 通过肺一次，60%被代谢，因此也存在全身传递方式。黄体在发情周期的前 10～12 天对外源性 PGF2α 不敏感，在黄体发育的晚期，猪黄体上 PGF2α 受体增加 7 倍，黄体对 PGF2α 作用的敏感性增加。妊娠时或注射 E_2，黄体上的 PGF2α 受体不增加，因此，E_2对猪有促黄体化作用。

马卵巢动脉与子宫静脉接触很少，PGF2α 通过全身传递来影响黄体。子宫半切除只影响单侧黄体，子宫全切除时黄体才不退化。

山羊子宫在发情周期 16～18 天时分泌 PGF2α，同时黄体酮下降；切除子宫，黄体能得以维持。给黄体同侧的子宫静脉注射 PGF2α 可诱发流产或分娩。山羊胎盘虽然能分泌黄体酮，但不足以维持妊娠，妊娠的维持完全依靠黄体酮。妊娠期满前任何时期摘除黄体，都会引起流产；注射黄体酮可避免流产的发生。

（2）子宫合成 PGF2α 的调节：PGF2α 是在子宫内膜合成的，磷脂酶 A_2（PLA_2）催化磷脂生成花生四烯酸，环氧化酶（COX）再催化花生四烯酸生成 PGF2α。

E_2增加子宫黄体酮、催产素和 E_2受体，增加 PLA_2和 COX 活性，促进子宫合成 PGF2α。黄体酮使子宫内膜积聚脂类，先期作用有利于子宫合成 PGF2α（允许作用）。黄体酮可降低子宫催产素受体和雌二醇受体，使子宫处于静止状态；黄体酮对自身受体降调，使黄体酮对子宫的上述作用随黄体期的持续而逐渐下降。催产素诱发子宫内膜分泌大量 PGF2α，这与子宫内膜上催产素受体数量成正比。子宫催产素受体数目在黄体期的前、中、后三期分别为中、低、高，外源性催产素在前、后期可诱发 PGF2α 分泌，机械性刺激子宫，在早、晚黄体期可使子宫产生 PGF2α。黄体酮的允许作用和撤退作用在灵长类子宫内膜合成 PGF2α 中起主要作用。在非灵长类，则子宫内膜先合成 PGF2α 来引发黄体溶解。

（3）子宫 PGF2α 阵发式分泌的调节：

①垂体后叶催产素：黄体溶解期间，绵羊外周血前列腺素代谢物 PGFM 峰与催产素峰、催产素运载蛋白峰重合。

摘除绵羊卵巢后子宫角内压表现出以 20min 为周期的节律性活动，每间隔 14. 3min 升高 5. 9min。绵羊发情时，催产素分泌间隔约从 8h 缩短到 1h，颈静脉催产素水平与子宫内压同期升高，抗利尿激素不增加，子宫内压第一次升高时催产素水平约为其后的 1 倍。

正常动物黄体溶解过程中第一次 PGF2α 分泌时，外周血催产素水平均约为 200pg/mL，激素处理摘除卵巢的羊则为 20pg/mL。因此，黄体溶解开始时垂体催产素占10%，黄体催产素占90%。然而，随着黄体溶解，黄体产生的催产素减少，垂体催产素比例增大。

②黄体催产素释放的调节：黄体开始溶解之前，垂体催产素波动性地分泌增加，促进子宫PGF2α低水平分泌，后者引起黄体催产素大量分泌，反馈性引起PGF2α分泌的进一步增加，从而在子宫内膜PGF2α分泌和黄体催产素分泌之间形成一个暂时性的正反馈回路。

注射PGF2α引起卵巢催产素分泌，在摘除卵巢的绵羊则无此现象。低水平长时间（10h）卵巢动脉灌注PGF2α5～100pg /min，可引起黄体催产素分泌，但不影响黄体酮分泌。

③绵羊黄体溶解的神经内分泌模式：动物丘脑下部和子宫内膜均具有黄体酮和E_2受体。在黄体期末期，黄体酮降调自身的受体，使E_2受体增加。黄体酮作用丧失，而E_2可直接作用于丘脑下部的催产素神经元，增加催产素释放频率。E_2使丘脑下部高频低幅分泌催产素，并上调子宫内膜催产素受体，垂体后叶催产素作用于子宫内膜催产素受体，引起子宫分泌亚溶黄体水平的PGF2α，低水平的PGF2α足以引起黄体催产素分泌；黄体追加性分泌催产素进一步放大子宫内膜PGF2α分泌，这时的PGF2α足以活化低敏感性的PGF2α受体，抑制黄体酮分泌，并进一步加强黄体催产素释放。子宫PGF2α与黄体催产素之间的这种封闭式的正反馈可使黄体PGF2α受体脱敏，黄体不再分泌催产素。

子宫下一次溶黄体性PGF2α释放可能取决于两个因素，即丘脑下部节律中枢引起垂体后叶发生下一次高频释放催产素和子宫内膜催产素受体的恢复。

因此，子宫发挥的作用更像是将神经信号催产素转变成子宫PGF2α分泌的转换器。反刍动物黄体催产素可作为放大神经信号催产素的补充性催产素来源，从而增加子宫溶黄体性PGF2α浓度。在猪、马等非反刍动物，黄体并不大量地合成催产素，子宫也呈节律性释放PGF2α，它可能是由中枢催产素节律释放单独控制的。发情周期中的猪、马和妊娠大鼠子宫内膜合成催产素，它可能在黄体溶解过程中和分娩中起放大子宫PGF2α产量的作用。催产素免疫、使用催产素受体拮抗物及持续性地低剂量催产素处理，均可推迟或阻止黄体溶解。排卵前除去牛卵泡70%的颗粒细胞，黄体期黄体酮水平明显降低，但周期仍正常。这种黄体中催产素水平也相应地减少，所以黄体催产素可能不是牛黄体溶解所必需的条件。

3. PGF2α溶解黄体机理

（1）前列腺素受体：黄体细胞膜上有PGF2α受体，PGF2α类似物的溶黄体作用与其对PGF2α受体的亲和力相平行。牛、猪黄体前期PGF2α受体数量少，对PGF2α不敏感。亚溶黄体浓度的PGF2α灌注卵巢动脉，可引起黄体分泌催产素，但不影响黄体酮分泌。这种处理持续1h后，黄体对亚溶黄体剂量的PGF2α脱敏持续6~9h，此时若用大剂量PGF2α则立即引起催产素分泌和黄体酮下降。不同浓度PGF2α可能激活黄体细胞内不同信号传递系统。

（2）功能性黄体溶解：功能性黄体溶解指黄体酮分泌降低。绵羊功能性黄体溶解持续24~36h，灵长类48h左右，大剂量PGF2α使这个过程很快开始并且很快结束。灌注1h停6h，PGF2α引发永久性黄体溶解，与持续灌注比较只需持续方式1/40的PGF2α，说明短间隔多次PGF2α分泌是溶黄体所需要的。

（3）抗类固醇激素合成作用：类固醇侧链裂解酶P_{450}位于线粒体内膜，是将胆固醇转变成孕烯醇酮的限速酶。黄体的内皮细胞和类固醇激素生成细胞都有PGF2α受体。PGF2α引起内皮素升高，抑制黄体酮合成，内皮素受体拮抗剂可阻断这种作用。PGF2α、催产素、抗利尿激素可增加内皮素分泌。

（4）血流：黄体酮产量下降50%之后数小时才可见到黄体血流减少。所以，血流减少不是黄体功能性溶解的起始原因。随着黄体溶解的继续，血流量随黄体酮下降而减少。

（5）组织性黄体溶解：组织性黄体溶解指腺体的细胞结构发生变化，黄体逐渐萎缩成由胶原纤维和结缔组织构成的白体。组织性黄体溶解与功能性黄体溶解相对应，但不能将两者完全分开。黄体溶解的主要表现是细胞凋亡，实际没有细胞成分的溶解。

4. 妊娠阻止黄体溶解

如果排卵之后受精，其后形成的黄体不会在正常周期黄体期的末期发生溶解，而会由周期黄体转变为妊娠黄体，其主要原因是在妊娠识别期间，胚泡与母体互作，产生了抗PGF2α分泌和（或）促黄体作用的各种因子。

孕体产生的干扰素抑制E_2受体基因转录，阻断了E_2对催产素受体的升调节，同时阻断了子宫内膜生成环氧化酶和PGF合成酶，减少或停止了PGF2α阵发式分泌，挽救了黄体寿命。猪胚泡产生E_2使PGF2α进入子宫腔，将子宫内膜PGF2α由内分泌状态改变为外分泌状态。马胚泡为圆球形，妊娠识别期间（排卵后14~16天）每2h横跨子宫一次，从而与整个子宫内膜保持接触，胚泡产生的特殊因子改变了PGE_2/ PGF2α生成的比例，PGE_2促进cAMP生成，扩张血管，在短时间抵消PGF2α的溶黄体作用。妇女怀孕8~12天起胚泡产生人绒毛膜促性腺激素（hCG），其促黄体作用挽救了黄体寿命。

四、发情周期中生殖道的变化

发情周期中随着激素的周期性变化，生殖道也相应发生变化。发情前期，在雌激素作用下，整个生殖道（主要是黏膜基质）开始充血、水肿。黏膜层稍增厚，上皮细胞增高（阴道则为上皮细胞增生或出现角质化），黏液分泌增多；输卵管上皮细胞的纤毛增多；子宫肌细胞肥大，子宫及输卵管肌肉层的收缩及蠕动增强，对催产素的敏感性升高；子宫颈稍开张。

发情时，雌激素的分泌迅速增加，生殖道的上述变化更为加明显。此时输卵管的分泌、蠕动及纤毛波动增强；输卵管伞充血、肿胀；子宫黏膜水肿增厚，上皮增高（牛）或增生为假复层（猪），子宫腺体增大延长，分泌增多，由于水肿及子宫肌的收缩增强，触诊有硬感，这在牛表现特别明显；子宫颈肿大、松弛柔软；黏膜上皮杯状细胞的分泌物增多、稀薄，牛与猪常有黏液流出阴门之外，黏液涂片干燥后镜检有羊齿状结晶；阴道黏膜充血潮红，上皮细胞层数大为增多；前庭腺分泌增加，阴唇充血、水肿、松软。上述变化均为交配及受精提供了有利条件。

排卵后，雌激素分泌减少，黄体逐渐形成并开始产生黄体酮。由雌激素引起的生殖道变化逐渐消退。子宫黏膜上皮细胞在雌激素消失后先是变低，以后又在孕激素的作用下增高（牛）。子宫腺细胞于排卵后2天（牛）或3~4天（猪）开始肥大增生，腺体弯曲，分支增多，腺细胞中含有糖原小滴，分泌增多。子宫液主要含有血清蛋白及少量子宫所特有的蛋白，它为胚胎早期发育供给必需的营养物质。子宫肌蠕动减弱，对雌激素的反应降低。子宫颈收缩，分泌物减少而变黏稠。阴道上皮细胞脱落，黏液少而黏稠。阴门肿胀消退。如未受精，黄体萎缩后，孕激素的作用降低，卵巢中又有新的卵泡发育增大，并在雌激素的影响下，又开始出现下一次发情前的变化。

五、发情周期中性行为的变化

母畜在发情周期中，受雌激素及孕激素的相互交替作用，性行为也出现周期性的特征性变化。发情时，雌激素分泌增多，并在少量孕激素的协同作用下，刺激母畜的性中枢，使之产生性欲及性兴奋。

性欲是一种性反射，在母畜表现为愿意接受交配、性欲明显时母畜表现不安，常鸣叫、乱转，甚至翻墙跳圈，主动寻找公畜；有的母畜则先嗅闻或用嘴抵触公畜的肋下或阴囊，与公畜亲昵（诱情）；常作排尿姿势，尾根抬起或摇摆，公畜接近时，静立接受交配。食欲因兴奋而减弱，乳产量下降。

发情初期，性欲表现不甚明显，母畜虽然与公畜接近，但常不接受爬跨。以后随着卵泡发育，雌激素分泌增多，逐渐出现明显的性欲。排卵后，性欲逐渐减弱，以致消失，不允许公畜接近。

第四节 公畜繁殖功能的发生发展与调节

从初情期开始，公畜具有生育能力；随着年龄的增加，生育力达到高峰，然后逐渐减退。

一、生殖功能的发生发展

（一）胎儿期和初生期

在胎儿期和初生期，丘脑下部—垂体—睾丸轴系已具有重要的内分泌功能。

1. 性别分化

雄性胚胎早期形成的生殖嵴包括将来分化为曲细精管中支持细胞的生殖腺索、分化为睾丸间质细胞的间充质细胞和演变为精原细胞的原始性腺细胞。尽管胚胎的遗传性别在受精时就已被确定，但如果在生殖导管和外生殖器分化之前缺乏雄激素的作用，则生殖导管和外生殖器将向雌性方向发展。起源于胚胎睾丸生殖嵴的支持细胞可以产生缪勒管退化因子，引起缪勒管退化；间质细胞分泌睾酮和二氢睾酮（DHT），诱导生殖导管和外生殖器向雄性演变。胎儿期雄激素的另一个重要作用是破坏丘脑下部的周期中枢，仅保留了紧张中枢，这是雄性生殖活动缺乏周期性变化的原因。

2. 睾丸下降

睾丸下降指睾丸在腹腔移行至内侧腹股沟环，并经腹股沟管由腹腔进入阴囊的过程。睾丸下降与促性腺激素水平有关，牛、羊的睾丸在出生前已经降入阴囊，马在出生前后两周内降入阴囊。

3. 性腺发育

从胎儿期开始，Gn 的分泌基本与雄激素的分泌和间质细胞的分化同步，但性原细胞数目的增长不依赖于 Gn。猪和牛出生前 Gn 和雄激素分泌下降，而在初生期分泌出现暂时性增加。在此期间，曲细精管主要表现为长度和弯曲增加，可见有丝分裂；睾丸出现前间质细胞，这些前间质细胞与胎儿期间质细胞可能属于两类不同的细胞群。在此期间分泌的激素主要是雄烯二酮，其生物活性较低，仅为睾酮的12%。

（二）初情期

公畜的初情期是指公畜不但表现完全的性行为，而且精液中开始出现具有受精能力的精子的时期。由于雄激素的产生早于精子生成，所以公畜一般先表现性活动，然后才能从精液中发现精子，进入初情期的公畜虽然已有生殖能力，但精液中精子的活力和正常精子百分率都不及性成熟的公畜，即表现出所谓“初情期不育”现象。

1. 初情期的内分泌调控

初情期的启动有赖于丘脑下部—垂体—睾丸轴系的成熟，表现为丘脑下部对睾丸类固醇激素负反馈作用的敏感性降低，GnRH分泌的幅度和频率明显增加；垂体对丘脑下部GnRH的敏感性以及睾丸对FSH和LH的敏感性增加。在睾丸内，间质细胞和支持细胞都由未成熟型转化为成熟型；睾丸产生的雄激素主要为睾酮，雄烯二酮的比例下降；5α-还原酶的出现使睾酮转化为活力更强的DHT；雄激素结合蛋白（ABP）在支持细胞内合成；精原细胞出现活跃的增殖和分化，有丝分裂明显，精子生成的过程逐渐出现，公畜的睾丸到此时才真正具有了产生精子和内分泌两种功能。

2. 影响初情期的因素

动物达到初情期的时间主要受遗传因素影响。一般说来，小型品种的初情期早于大型品种；杂交后代早于纯种；乳用品种早于肉用品种；我国猪的地方品种早于欧洲品种。而近亲繁殖后代达到初情期的年龄较迟。表现季节性繁殖的动物，达到初情期的月龄与其出生时间有关，在繁殖季节后受胎出生的绵羊与繁殖季节早期受胎出生的绵羊比较，达到初情期的月龄可能更短。

动物达到初情期的时间与体重的关系比年龄更为密切，营养水平高会使初情期提前；营养水平低将使初情期推迟。温度也可以影响动物的初情期，生活在热带的动物初情期较生活在温带和寒带的动物提前。

（三）最适繁殖期

进入初情期的公畜虽然已经具有生殖能力，但开始时精液品质差，表现为精子稀少、活力差、死精和畸形精子比例高。性成熟期表示性机能完全成熟，公畜具有正常的生殖能力。再经过数月后，精液品质显著提高，公畜个体达到或接近正常，逐渐进入最适繁殖期。各种公畜初情期前生殖细胞的发育和达到初情期、性成熟和体成熟的月龄见表1-4。一般开始用于配种的年龄牛为2岁、羊为1.5岁、猪为10~12月龄、马为4岁、犬约为1岁。睾丸产生精子的能力和精液品质随年龄增长而下降，公犬到8岁后性欲和精液品质显著下降，胚胎死亡数和返情率增加。由于家畜大多在完全丧失生殖能力之前淘汰，对老龄影响生殖功能的研究少有报道。作为种用公畜，可供繁殖期一般牛10年、绵羊8年、山羊6年、猪5年、马15年、兔4~5年、鸡2~3年。

表1-4　公畜精子生成、初情期、性成熟和体成熟的月龄

公畜精子生成发育的不同阶段	牛	羊	猪	马	驼	犬	猫
曲细精管中出现精子	8	4	5	12		5~6	5
精液中出现精子（初情期）	10	4.5	5.5	13	36	8~10	6~7
性成熟	24~36	>6	>7	24~36	36~48	12~13	9
体成熟	24~36	12~15	9~12	36~48	60~72		

二、精子发生及其调节

在胚胎发育早期，原生殖细胞迁移到生殖嵴发育为原始生精细胞，进行一段时间的有丝分裂繁殖后，部分细胞进入减数分裂，并进一步分化为成熟的精子。

（一）精子发生

精子发生是指精原细胞经过一系列分裂增殖、分化变性，最终形成精子的过程。包括精原细胞分裂增殖、精母细胞减数分裂、精子细胞形态变化和精子在附睾中成熟。睾丸的曲细精管是精子发生的主要场所。曲细精管的基底膜由扁平肌样细胞、成纤维细胞和胶原纤维细胞、初级精母细胞、次级精母细胞、圆形精子细胞及精子细胞组成。这些细胞从基底部向管腔按发育阶段有规律地呈现多层排列，称为生精上皮。支持细胞贴着于曲细精管的基底层，支持着整个生精上皮，并穿过生精上皮伸向管腔。相邻支持细胞间细胞膜连接处形成间桥连接，是血睾屏障的结构成分，并将生精上皮分为间隔的两部分，即基底侧的基底室（包含精原细胞和前细线期精母细胞）和管腔侧的中央室（包含处于减数分裂的精母细胞和发育中的精子细胞），为处于不同发生阶段的生精细胞提供了适合的生理环境。

精子发生可分为在曲细精管中发生的3个明显不同的阶段：第一阶段为精母细胞生成，即精原细胞通过一系列有丝分裂形成初级精母细胞的阶段；第二阶段为减数分裂，即初级精母细胞（$4n$）通过染色体的减数分裂形成次级精母细胞（2*n*），最后形成圆形单倍体（1*n*）精子细胞的阶段；第三阶段为单倍体精子细胞通过精子形成发生一系列形态变化，最后形成延长的有尾部的精子的过程。

1. 精母细胞生成

在曲细精管基膜室，生殖细胞发生增殖。精子发生起源于原始的A型精原细胞，不进入精子发生周期的A型精原细胞继续保持有丝分裂的能力，称为“储存的生殖干细胞”。部分A型精原细胞仍以有丝分裂形式，经过A1、A2、A3、A4等中间型精原细胞的变化，形成B型精原细胞。B型精原细胞发育为初级精母细胞，进入减数分裂期。

牛和绵羊在精母细胞生成期间发生4次有丝分裂，从一个精原细胞形成16个初级精母细胞，在此过程中还形成并维持生殖干细胞库（休眠的A1和A2精原细胞），其将来可提供新的精原细胞（干细胞更新），因此成年雄性的精子产生为连续过程。在此过程中可能由于细胞变性而有一定程度的细胞消失，这些细胞可能由Sertoli细胞通过细胞吞噬过程而吸收。

通过有丝分裂连续产生精原细胞，而减数分裂则是B型精原细胞减数分裂形成单倍体的精母细胞，减数分裂过程不仅使精母细胞的染色体数目减半，且也通过DNA复制及互换这些随机过程产生遗传上不同的单个精子，因此确保了遗传多样性。DNA的复制和互换发生在第一次减数分裂时，而第二次减数分数则形成单倍体精母细胞。曲细精管中可见到不同发育阶段的精母细胞，主要是由于精子生成过程的减数分裂期较长，公牛的精子生成持续18~21天。在减数分裂过程完成时，每个B型精原细胞可产生4个单倍体精子细胞，而从单个A3型精原细胞总共可生产64个精子细胞。

减数分裂的特点是细胞连续进行两次分裂而DNA只复制一次，结果产生只含单倍体遗传物质的细胞。初级精母细胞进行最后一次染色体复制，同源染色体配对重组，出现第一次减数分裂，形成次级精母细胞，这一变化过程可能持续20天以上。次级精母细胞不再发生染色体复制，很快进行第二次减数分裂，产生单倍体的圆形精子细胞。

2. 精子形成

精子生成的最后阶段是圆形精子细胞分化或转化为长形有鞭毛的高度凝聚的成熟精子，之后精子释放进入曲细精管管腔，这一过程在家畜很相似，包括一系列极为复杂的事件，使得精子细胞发生变形，最后形成高度组织化的有活动能力的细胞结构。精子细胞的分化过程主要包括四个阶段，这四个阶段均发生在Sertoli细胞之间的近腔室，即高尔基体期、核帽期、顶体期和成熟期。在高尔基体期，精子细胞胞质中小的高尔基体融合形成大的复合结构，即顶体泡或顶体。

顶体为一种膜结合囊泡或溶酶体样结构，其含有多种酶类，如酸性水解酶、顶体素、酯酶、透明质酸酶及透明带裂解酶等。随着分化的进展，顶体开始迁移在细胞核上形成帽状结构。在成帽期，顶体囊泡扁平，覆盖约 1/3 的细胞核。同时，细胞核和细胞质延长，细胞核开始占据精子细胞的头部区。当头部区延长时，中段和尾部开始形成，由此启动成熟期。线粒体迁移到细胞质，在细胞核后的尾部形成螺旋状结构，确定了精子细胞的中段。精子的尾部起源于中心粒，而远端中心粒形成轴丝，轴丝由 9 对微管在两个中心丝周围呈放射状排列形成。轴丝连接到细胞核基部，通过中段延伸，形成精子细胞的主段或尾部。由于精子细胞的细胞质在形成尾部时排出，因此在精子的颈部形成胞质滴。一旦变形过程完成，则已经形成鞭毛及延长的精子细胞就称为精子。这些变形过程是极为重要的发育步骤，确保了精子不仅具有活动能力，而且在遇到卵母细胞时能够受精及传递遗传物质。

从曲细精管任何一个部位的横断面上看，在精子生成过程中，由于一定区域内一代生殖细胞同步发育，相隔一段时间后，又出现同样变化的现象，称为生精上皮周期。生精上皮周期人为 10 天，牛和大鼠为 13 天，羊和兔为 10 天，小鼠为 8. 6 天。各类生精细胞按细胞群在曲细精管的任何一个区域精密而有序地发生和发育，规律性地间隔重复出现，维持了任何时间都有一定数量的精子产生。沿曲细精管长轴观察，一定时间内，不同生精细胞类型呈现有序的分布，这种现象称为生精上皮波。“周期”是时间概念，“波”是空间概念。

虽然精子生成是连续过程，但仍可将该过程分为曲细精管周期的不同阶段，在特定动物，阶段的数量是由精子生成过程中形态的明显变化确定的。虽然对各阶段以观察到的细胞之间的关系进行分类，但最常用的分类方法是按曲细精管的形态及顶体发育进行。按曲细精管形态进行分类时，是依据是否存在延长的精子细胞、延长的精子细胞是否深深地包埋在曲细精管上皮内或是在排精前衬在曲细精管管腔内，采用这种方法分类时，通常可将精子生成过程分为 8 个阶段。根据顶体形态进行分类时，主要根据精子生成过程中顶体发育的阶段分类；大多数动物的精子生成过程用这种方法可分为 12~15 个阶段。

曲细精管周期的所有阶段在任何时间点上可见于单个的曲细精管内，由于这种特点，使得睾丸可以稳定连续的随时释放出精子。此外，这些段沿着曲细精管的长度按顺序排列，因此如果一个片段中含第三阶段，则其后的阶段肯定为第四、第五、第六阶段。这种排列就是精子生成波，这种波的特性可发生微小的调整。

3. 精子排放

精子生成的最后发育阶段是形成的精子释放到曲细精管管腔，即精子排放或排精。随着精子生成最后阶段的完成，精子从曲细精管尾部近管腔向Sertoli细胞顶端移动，在从睾丸网通过附睾迁移及射精过程中，精子排出胞质滴，但在射出的精子中并非所有精子均正常。在精子能够受精之前必须要在附睾中成熟。获能为精子成熟的最后阶段，此时精子获得穿过透明带的能力。

4. 精子生成效率

在成年动物，每天曲细精管可产生数十亿的精子，各种动物精子的生成效率见表1–5。例如，公马在繁殖季节两个睾丸每秒可产生70 000个精子，但单个精子的产生过程需要57天。精子从曲细精管上皮输出后液体携带着这些精子通过曲细精管进入直细精管及睾丸网管道，通过睾丸输出小管快速转运到附睾近端。

表1–5 哺乳动物的精子生成效率

动物	2个睾丸的重量（g）	精子日产量		曲细精管周期（天）	精子生成过程（天）
		每克睾丸实质（10^6个/g）	2个睾丸（10^9个）		
人	34	4.4	1.025	16.0	72
牛（海福特）	650	10	5.9	13.5	61
奶牛	725	12	7.5	13.5	61
犬	34	12	0.37	13.6	61
马	340	16	5.37	12.2	57
绵羊	500	21	9.5	10.4	47
大鼠	3.7	24	0.086	13.3	60
兔	6.4	25	0.160	10.7	48

（二）精子发生的调节

1. 精子发生的基因表达调控

精子发生和成熟分化是一系列特定基因程序性表达的过程。睾丸特异性基因表达，产生新的酶类或其他蛋白分子，调控生精细胞DNA的合成、染色体的变化、基因的转录和转录后加工、mRNA的翻译以及蛋白的活性及稳定性。但目前在生殖细胞中表达的基因被证实和报道的并不多。

kit 是一种原癌基因，其表达产物是细胞膜上的酪氨酸蛋白激酶受体。干细胞因子（SCF）是一种水溶性的膜结合蛋白，其与生殖细胞表面 *kit* 受体互作，调控一系列信号通路，诱导原生殖细胞发育、扩增并向生殖嵴转移。初级精母胞中 X 和 Y 染色体之间存在大量非配对区，基因转录失活对维持正常精子发生可能是必要的，X 染色体上某些基因的表达可能不利于精子的发生。原癌基因 *myb*、*c-myc*、*c-fos*、*c-jun* 和 *Hox*-1.4 及 *Esx*-1基因通过在不同阶段编码转录因子调控精子发生过程。DNA 错配修复蛋白 MLH1 及其表达基因与减数分裂前同源染色体的联会有关。还有一些基因通过调控 mRNA 转录和翻译的时间以及相关蛋白的活性和稳定性影响精子生成。

2. 精子发生的激素调节

影响精子发生的主要激素是垂体分泌的 FSH 和 LH 以及睾丸间质细胞产生的雄激素，正常的精子发生有赖于这 3 种激素的相互配合协调，睾丸内局部调节因子在协调不同类型细胞的功能上具有重要作用。

（1）FSH 与 Sertoli 细胞上 FSH 受体结合，刺激产生 cAMP，激活蛋白激酶，促进 ABP 的合成。

（2）LH 与 Leydig 细胞上 LH 受体结合，促进睾酮的分泌。一部分睾酮经主动运输或扩散进入曲细精管；大部分经血流或淋巴循环到达全身靶细胞。

（3）睾酮在支持细胞可转变为 DHT，并与 ABP 结合生成 ABP-睾酮和 ABP- DHT。ABP 将雄激素带至生殖细胞并与雄激素解离，高浓度的雄激素促进精子发生；另一部分雄激素与 ABP 的复合物可以进入曲细精管腔并进入附睾，以保证精子细胞完成变态并逐渐成熟。解离的 ABP 可以重新与雄激素结合；ABP 与雄激素的复合物还可以促进 ABP 的生成。因此，FSH 只起一种始动作用，生精功能发动后单独由雄激素可以维持。

（4）FSH 还可以诱导支持细胞将雄激素转变为雌激素，雌激素在调节曲细精管的成熟和发育上具有重要作用。PRL 可以增强 LH 诱导的间质细胞雄激素的分泌；支持细胞分泌的抑制素选择性地抑制垂体 FSH 分泌，对公牛和公羊进行抑制素免疫可以促进精子生成。

（5）垂体促性腺激素和睾丸类固醇激素均不能直接作用于生精细胞，需要通过调整支持细胞的功能，创造适合于精子发生的微环境。实验证明，生精过程的正常进行必须要有支持细胞参与。垂体和睾丸激素通过影响睾丸内不同类型细胞局部调节因子的产生，并以这些因子的旁分泌和自分泌作用控制支持细胞的功能，从而为精子发生过程提供必要的物质基础和适宜的环境。在精子发生周期中，处于不同发育阶段的生精细胞还可能提供不同的信号，使支持细胞呈现周期性的活性变化。

三、公畜生殖功能的内分泌调节

公畜生殖功能主要受丘脑下部、垂体和性腺所分泌激素的反馈调节；睾丸内部各种类型细胞所产生的局部调节因子通过旁分泌和自分泌等形式协调不同类型细胞的功能，也是维持公畜正常生殖功能的重要因素。

（一）丘脑下部—垂体—性腺轴

1. 丘脑下部激素对垂体前叶的内分泌调节

公畜的丘脑下部在胎儿期即因为雄激素的作用而破坏了周期中枢，只保留了紧张中枢。在丘脑下部的促垂体区中具有两类神经元：肽能神经元和单胺能神经元。在中枢神经系统传递的外界环境变化（如光照、温度、性刺激、应激等）所引起的刺激和垂体、性腺的反馈调节下，肽能神经元可以分泌 GnRH，通过垂体门脉循环到达垂体前叶调节垂体促性腺激素的分泌；单胺能神经元可以释放神经递质调节肽能神经元的分泌，例如多巴胺可以调节 GnRH 的释放，并能刺激促乳素抑制因子的分泌。

2. 垂体促性腺激素对性腺激素分泌的调节

垂体分泌的 LH、FSH 和 PRL 直接调节睾丸激素的分泌。LH 作用于间质细胞，促进雄激素和多种局部调节因子的合成和分泌；FSH 主要作用于支持细胞，诱导雌激素的芳香化，刺激 ABP 和多种生精过程所必需的物质的合成；PRL 对 LH 刺激雄激素的合成和分泌具有协同作用。

垂体前叶在 GnRH 刺激下分泌 LH 和 FSH；LH 和 FSH 可以通过负反馈抑制 GnRH 的分泌。

3. 睾丸分泌的激素及其反馈调节作用

睾丸 Leydig 细胞主要受 LH 作用分泌睾酮，Sertoli 细胞主要受 FSH 作用分泌雌激素，公猪和公马的睾丸都能产生大量的雌激素，这些雌激素对精子的生成、第二性征的发育，特别是性欲的维持具有重要作用。支持细胞还分泌抑制素和 ABP。睾酮可以反馈抑制 LH 的分泌，其作用部位可能既包括垂体，也包括丘脑下部，但主要可能是后者。睾酮对丘脑下部的抑制作用可能是睾酮在丘脑下部转变为雌激素后作用的结果。睾丸分泌的抑制素可选择性地抑制垂体 FSH 的分泌。

（二）睾丸内不同类型细胞间的相互调节作用

FSH、LH 和睾酮是调节公畜生殖功能的主要激素，但在大多数表现不育的临床病例中，这些激素的水平却基本正常。性腺可产生一些局部调节因子，如 EGF、IGF-Ⅰ、IGF-Ⅱ、FGF、NGF-β、SGF、IL、TNF、INF、TGF-α、TGF-β 等，这些因子大多产生于睾丸内不同类型细胞，包括免疫系统的巨噬细胞。它们通过旁分泌和自分泌影响相邻和自身细胞的分化、增殖、蛋白和类固醇的合成及酶的活性。LH 受体主要存在于 Leydig 细胞，FSH 受体主要存在于 Sertoli 胞；到目前为止还没有十分肯定的证据说明生殖细胞上存在 LH 受体和 FSH 受体。因此，垂体促性腺激素对睾丸功能的调节作用在很大程度上是以影响这些局部调节因子的旁分泌和自分泌作用为中介。大量实验证明，精子生成过程必须要有 Sertoli 细胞参与，睾丸内生殖细胞的数量与 Sertoli 细胞数量和合成能力直接相关，也说明了睾丸内局部调节因子在协调不同类型细胞功能上的重要性。

（三）环境变化对生殖功能的影响

环境变化主要是指光照和温度的变化。野生哺乳动物的繁殖活动几乎都表现明显的季节性变化，繁殖季节出现的时期主要决定于妊娠期长短，一般妊娠期在 10 个月以上的动物，多在春、夏发情配种，妊娠期在 5 个月左右的动物在秋冬交配，以保证出生后的幼畜有丰富的食物和适宜的温度。在家畜中，马、绵羊和山羊活动的季节性变化较明显；牛、猪和兔的变化不明显，终年均可以繁殖配种。

在各种随季节变化的外界因素中，对家畜性活动影响量大的是光照的改变。光照的周期性变化对丘脑下部—垂体—性腺轴系有直接作用。日照增长对马类动物和少数其他哺乳动物可以刺激促性腺激素的分泌，诱导繁殖季节的出现，因此这类动物又称为“长日照动物”；而对羊和鹿等大多数哺乳动物则需要减少日照才能达到上述效果，因此称为“短日照动物”。光照的周期性变化还可以改变中枢神经系统对类固醇负反馈作用的敏感性。对于公绵羊来说，随着光照的逐日缩短，这种敏感性减弱，促性腺激素和性腺激素的分泌增加，精子生成机能增强，睾丸重量增加。使用人工控制光照逐渐缩短光照时间，可以使绵羊和山羊的配种季节提前。光照周期变化还可以通过调节松果体激素、甲状腺激素和 PRL 的分泌影响公畜的性活动。

长时间过高的环境温度可以降低许多动物睾丸的精子生成和内分泌功能。比如，在炎热的夏季，公兔睾丸缩小，精液品质下降，性欲减退；长毛兔停止与母兔交配或交配后受胎率下降，胚胎死亡率增高，被称为“夏季不育”。在夏季，对公猪和公牛也应采取遮阳、通风、洒泼凉水等措施，以防止高温对生殖功能的不利影响。

第五节　公畜的性行为

公畜发育到初情期时，在生殖激素和神经机制的共同作用下，对母畜产生一系列性反射，并以一定的行为表现出来，称为性行为。从广义上讲，公畜的性行为不仅指使雄性配子进入雌性生殖道的交配行为，还包括与求偶活动有关的其他行为。比如威胁的表现、挑战行为、领域占有行为、寻找和驱赶母畜、触推行为以及看守母畜的照管行为等。在自然状态下，公畜正常的性行为是使母畜受精、妊娠和物种繁衍的保证。

性反射在本质上是哺乳动物在进化过程中逐渐形成的一种无条件反射，但是公畜可以通过自身的性经验而逐渐对发情母畜和配种环境形成条件反射。家畜繁殖工作人员如果善于利用性反射的各种因素对公畜进行调教，可以在一定程度上提高精液品质和公畜的利用率。但如果把影响性反射的不良因素与配种活动联系起来，则可导致公畜的异常性行为或不能交配。

一、公畜的性行为

从狭义上讲，性行为主要指一系列顺序发生的交配行为。性行为在不同家畜虽然可能有不同的表现方式，但其出现的顺序大体上形成一个性行为链：性兴奋—求偶—阴茎勃起—爬跨—插入—射精—爬下和性不应。在行为链上，公母双方均有相应的表现，相互配合，但公畜表现强烈而主动，母畜则较被动。

（一）性兴奋

性兴奋也叫性激动或性欲。通常，当公畜发现有发情母畜接近时，表现出一种兴奋、焦急的状态，力图接近发情的同种母畜。马和驴常高声嘶鸣；公羊嘴唇发出噼啪声；公猪喉部发出咕噜声，且口吐白沫。被拴住的牛、马、驴等公畜常用前肢刨地，试图挣脱缰绳。公羊和公猪常顶撞圈门，公猪经常跳墙出圈。处于性兴奋状态的公畜不易控制，可能伤人或造成自体受伤，应引起配种人员和饲养人员的重视。

（二）求　偶

求偶也叫诱情，公畜常表现多种形式的求偶行为。最经常的形式是嗅舐母畜。除猪以外，有蹄动物常表现出典型的性嗅反射，公畜伸展头颈、收缩鼻翼、上唇上圈、嗅闻母畜的尿液和会阴。此时母畜也可能舐嗅公畜的后躯和阴囊，相互的嗅闻使两者呈现环旋运动。性嗅反射使异性的特殊气味容易进入犁鼻器。公畜嗅舐母畜的行为说明通过嗅觉传递化学信息对诱导动物性行为的重要性。求偶行为的另一种表现是触推行为。公畜常用前肢、肩或前躯触推母畜，触推的部位常为母畜的后躯或颈部。绵羊和山羊甚至顶撞母羊的后躯，并可能出现前肢刨地、低吼等行为。公马常嘴咬母马的颈部、后躯和跗关节，使母马向前运动。对于公畜的触推行为，发情母畜一般呈现站立反射，做出接受交配的姿势；母山羊和绵羊还表现出头向后转，母猪出现耸耳和母马闪露阴蒂等动作。公畜在出现求偶行为时，通常还表现出尾根抽动，排出少量尿液。公牛甚至还可排出少量粪便。一般公畜在出现求偶行为时均表现出试图爬跨的行为。

（三）勃　起

勃起是指公畜阴茎充血、体积膨大伸出包皮腔，硬度及弹性增加，敏感性增强的一个生理过程。勃起反射是公畜性交的先决条件，在正常情况下，公畜阴茎的勃起一般需要有发情母畜在场，通过嗅觉、触觉、视觉和听觉等方面的刺激，引起中枢神经系统发出冲动。

由于各种家畜阴茎解剖学结构的差异，因此其勃起的状态也有所不同。马的阴茎属于血管—肌肉型，富含海绵体组织，勃起的阴茎比软缩时不但坚硬得多，而且体积明显增大。但公马阴茎勃起过程较慢，甚至在出现1~2次爬跨行为后才能充分勃起。因此，公母马间的相互嗅舐和触推等诱情行为对阴茎的充分勃起有着重要的作用。阴茎插入阴道后，龟头才充分勃起而呈蕈状。龟头勃起消退的原因是它的血液仅由包皮内层的动脉供给。龟头的充分勃起使龟头感受各种刺激从而引起射精，并对阻止精液外流具有重要作用。牛、羊、猪的阴茎属纤维伸缩型，比马的细得多，勃起时仅稍增粗，阴茎变硬后“S”状弯曲消失变直，长度增加。牛、羊阴茎勃起的过程较马快，勃起前诱情时间较马短。猪的阴茎勃起时前端呈明显的螺旋状。公犬阴茎呈两期勃起，开始时动脉扩张，阴茎海绵组织充血，阴茎部分勃起，由于公犬阴茎具有阴茎骨，部分勃起的阴茎可以插入阴道；阴茎根部肌肉和母犬阴门括约肌收缩，压迫阴茎背侧静脉，使阴茎龟头球和阴茎头延长部的弹性组织充血膨大，而在阴道内形成锁结状态。公猫阴茎勃起后指向发生变化，由指向后下方变为指向前下方，与水平面呈20°~30°角。阴茎勃起时尿道外口常滴出稀薄透明的液体，这主要是尿道球腺的分泌物。

母畜的勃起反射表现为子宫、阴道和外阴部充血，阴蒂勃起，母马阴门频频开闭，闪露阴蒂。

(四) 爬 跨

公畜爬跨时由后向前将前躯跨在母畜背上，以其前肢夹住母畜体躯，紧紧抱住母畜，并将其下颌靠在母畜背上或颈部，马、驴有时还啃咬母畜的颈部。有些公猪和公马在交配前反复爬跨数次，公牛和公羊一般爬跨一次即完成交配。发情母畜对公畜爬跨行为表现出站立反应，即安定地接受公畜爬跨。特别是母猪在发情时，以手压发情母畜的背部，母猪也表现出明显的站立反应。发情的母牛、母羊和母猪还爬跨别的同种母畜，这种行为在母马不多见。

(五) 插 入

公畜爬跨时依靠腹肌特别是腹直肌的收缩，使公畜的阴茎正对母畜的阴门并插入。牛和羊一般只是臀部做一次急剧的前冲即可完成射精，时间持续仅数秒钟。马和猪的阴茎需要在阴道内前后抽动，持续时间马为数十秒到几分钟，公猪一般需要几分钟至20min。公犬阴茎在母犬阴道内被锁结后，公犬骨盆部快速推动，阴茎停止抽动后射出精液。然后公犬爬下，转身，公母犬尾对尾相连，阴茎保持锁结状态达5~30min，待阴茎充血和勃起状态消失后，方可将阴茎从阴道中抽出。公猫阴茎插入阴道后很快射精，但在阴茎抽出时可能由于角质化突起对阴道的刺激，使母猫发生尖叫。阴茎在阴道内感受的主要刺激是温度、压力和润滑度。各种家畜对上述条件要求达到的程度不一，因此，在使用假阴道采精时，要特别注意控制假阴道的各种条件。牛、羊主要对阴道内的温度敏感；马对阴道内的压力、温度和润滑度均要求适宜；公猪阴茎头一般插入子宫颈，对压力的感觉敏感，甚至在没有适宜热刺激的情况下也可以引起射精，因此可以用拳握法采出精液。公畜的阴茎插入阴道及在阴道内抽动，其动作猛烈，在阴茎未及阴门位置时发生插入动作，可能造成阴茎弯折而使血管破裂。在采精时应选择个体相宜并处于发情期的母畜作为台畜，以免因母畜骚动造成对公畜阴茎损伤或对采精人员的伤害。母畜的相应反射是将臀部紧靠公畜的阴茎，猪和马表现尤其明显。

(六) 射 精

当阴茎感受到适当的温度和压力、经过一段时间的摩擦后，阴茎头上神经感受器将兴奋传入中枢，引起高级射精中枢兴奋；待兴奋积累加强到一定程度时，冲动回传至脊髓射精中枢，并进一步经交感和副交感、阴部和盆神经等协同作用，引起附睾尾、输精管、前列腺、精囊腺、尿道球腺和尿道平滑肌的收缩以及坐骨海绵体肌、球海绵体肌和骨盆一些横纹肌的节律性收缩，将精子及副性腺的分泌物（精清）射出，称为射精。如果母畜不安，使插入的阴茎滑出，或公畜阴茎尚未插入阴道，因性兴奋亢进而将精液排出体外，称为无效射精。正常的射精活动包括 3 个生理过程，泄精即将前列腺液、精囊腺液和精子排入后尿道；射精—后尿道的精液达到一定量后，经尿道外口射出体外；尿道内口闭合—射精的同时，膀胱内括约肌关闭，外括约肌放松，以防止精液逆流至膀胱。

牛、羊精液射在子宫颈附近，猪射入子宫内，马主要射入子宫内。公羊和公牛射精时间十分短促，射精时发生强烈而全面的肌肉收缩，臀部向前一冲即完成。公马射精时较安静，前腿伸直，头下垂，会阴及肛门发生节律性收缩，尾根也出现节律性回缩，臀部轻微抽动。在公马射精过程中包括 5~10 次喷射，各次喷射精子数和精液量相继按 50%递减，前 3 次喷射占总射精精子数和精液量的 70%~80%，较后的喷射伴随着勃起的衰退和阴茎从阴道中缩回，少量的精液可能射入阴道内。公猪射精时更为安静，仅阴囊可见轻微的节律性收缩。猫的射精量约 0.5mL；犬为 2~15mL，牛和羊射精量不大（牛 5~8mL、羊 1mL），射出精液已经充分混合，精子密度很高。马的射精量为 60~100mL，猪 150~250mL，射出精液可分为 3 部分先后排出，第一部分稀薄透明，不含或含少量精子；第二部分呈乳白色、浑浊，内含密度很高的精子和输精管壶腹、前列腺的分泌物；第三部分清亮，内含冻胶样分泌物和少量精子。

（七）爬下和不应期

射精后公畜很快从母畜背上爬下，阴茎立即缩回包皮腔内，但公犬爬下时仅射完第二部分精液，阴茎仍在阴道呈锁结状态。马阴茎从阴道中抽出后还可能排出仅含少量精子的尾滴。绵羊爬下后伸展头和颈，山羊常舐其阴茎。大多数公畜在交配后短时间内无性活动表现，称为不应期。不应期的持续时间变化很大，除了物种和品种的差异外，一般随着交配次数的增多，不应期持续时间增长。不应期持续时间的长短还与环境刺激有关。总的来说，公牛和公绵羊的不应期较公马和公猪短。曾观察到有的公牛在 24h 内交配超过 80 次，在 6h 内超过 60 次；长期未进行性交的公绵羊，第一天交配可达 50 次，以后大大减少。公马和公猪达到性衰竭的射精次数也较公牛和公羊少。测定单位时间内公畜的交配次数可以了解公畜的配种能力。公猫在第一次交配后几分钟至 1h 左右可出现第二次交配。母猫通常可连续接受多次交配。母猫是诱导排卵型动物，多次交配以及交配时公猫阴茎角质化突起对母猫阴道的强烈刺激是引起 LH 大量释放和诱导排卵的重要原因。交配 1 次的母猫仅有 1/12~1/4 排卵，如果连续交配 3 次，5/6 的母猫可以排卵。

二、公畜性行为的调节和影响因素

灵长类动物与低等动物、家养动物及野生动物在性行为的表现和机制上存在较大的差异，对动物性行为的研究目前仍处于观察阶段，很难对各种行为给予合理的解释。研究家畜性行为的调节机制和影响因素的目的，是希望通过人为的管理措施，提高动物的繁殖能力。

（一）公畜性行为的机制

公畜性行为的机制十分复杂，就目前的研究结果看，性行为主要受神经和内分泌系统的调节，嗅觉、触觉、视觉和听觉器官是传递性信息的主要感觉器官。

1. 感觉器官对诱发性行为的作用

以交配为中心的性行为的发生可以分为3个主要阶段：公畜和母畜的相互寻求、公畜对母畜生理状态的辨认和公畜出现爬跨反应。

雌雄两性的相互寻求依靠的是嗅觉、视觉和听觉等感觉器官，其中起主要作用的是视觉。在放牧条件下，公畜不断地通过嗅闻阴门和后躯搜寻发情母畜。有经验的公畜可以发现处于发情期、甚至发情前的母畜，并与之交配。但也可能积极地追随一头不发情的母畜，而对一头发情母畜视而不见。一般说来，公畜需要与母畜接触后根据母畜是否出现站立反应才能确切鉴别发情母畜。母畜在发情期间活动性增强，强烈地吸引公畜并引起公畜主动接近。公畜释放的外激素是公畜吸引母畜的主要刺激物，发情的母绵羊也释放对公绵羊有吸引力的外激素，从而使公羊可以选择发情母羊。公猫尿液中含有的外激素可以诱导母猫发情，外激素还具有标示公猫领地的作用，除警示其他公猫外，还能诱导母猫发情。

公畜和母畜的接触、公畜的触推反应和爬跨尝试使发情的母畜出现站立反应，并呈现出接受交配的姿势。对于母猪来说，公猪包皮分泌物的气味和求偶的哼叫声可以使部分发情母猪出现站立反应，但其作用不如公、母猪直接接触有效。

一般来说，出现交配姿势的母畜可立即被公畜爬跨，这一反应似乎主要是由触觉和视觉引发，一头受约束的母畜即使不在发情期也会被有性经验的公牛或公羊爬跨；如果把发情和不发情的母绵羊拴在一起，公绵羊会无选择地与之交配。就爬跨而言，母畜的静止和外表对公畜的刺激是主要的，发情母畜的其他信息可能是次要的，但却能增进公畜的性反应。

2. 性行为的神经机制

各种经过感觉器官传递的刺激主要达到大脑，经过中枢神经系统综合，兴奋不同的性中枢，使动物表现不同的性行为。勃起和射精主要受副交感神经影响，中枢位于荐部脊髓内。因此，影响自主神经系统的药物可以用来改变射精过程；而对荐神经进行电刺激可以引起勃起和射精，这一现象已经在电刺激采精上得到应用。

3. 性行为的内分泌机制

调节性行为的内分泌因素主要是性腺类固激素的作用。类固醇激素作为调节性行为的重要因子，是与丘脑下部相应激素受体结合发挥作用的，其作用主要是对性行为的启动效应和调节垂体促性腺激素的分泌。在雌性动物，丘脑下部中有周期中枢和紧张中枢参与垂体促性腺激素的调节与控制；而雄性动物只具有紧张中枢。两性间丘脑下部对促性腺激素分泌调控的区别，使两性性腺类固醇激素分泌范型呈现明显的差异。雌性动物性激素的分泌存在着明显的周期性变化和季节性变化，发情和接受交配的行为仅局限于发情期的数小时至数天之内。雄性动物常年都可能具有交配行为，每天激素水平虽然也有一定的节律性变化，但激素分泌的总量却基本一致；即使表现出一定季节性变化规律的动物，每日之间激素水平的变化也不很明显。由此说明，公畜性行为与性激素的相关性不如母畜明显，雌雄两性间行为链的开始是由母畜启动的。

公畜性腺主要产生雄激素，但公马和公猪也产生大量的雌激素。睾酮对中枢神经系统性中枢的作用有赖于芳香化酶将睾酮转变为雌激素，外周组织和器官中的睾酮也需要在5α-还原酶的作用下转变为DHT才能发挥生理效应。睾酮转化为雌激素和DHT是性行为充分表现的基础。去势对雄性动物性行为的影响存在着广泛的物种差异，也与去势时动物是否具有性经验有关。性行为的恢复需要使用大剂量的雄激素进行较长时间的处理。配合使用雌激素可以增强雄激素恢复性行为的效果，单独使用雌激素也可以使去势公绵羊的雄性活动基本恢复。

公畜的性活动对母畜的繁殖特性也有影响，在小母猪群中引进公猪，可使初情期提前并出现发情同期化；公猪的存在可以提高“站立反应”和发情母猪的检出率；在人工输精前让公猪对母猪进行短暂的求偶活动可提高母猪的受胎率和产仔数。在羊群中引进公羊可使母羊的繁殖季节提前和延长。产后哺乳期有公牛做伴的母牛在产后60天内出现正常发情的比例明显提高。

（二）影响公畜性行为的因素

公畜性行为的形式及强度主要受遗传、环境、自身生理状况和经验的影响。家畜由于品种、品系或个体不同，其性行为及性欲反应有快慢强弱的差异，乳用品种公畜比肉用品种公畜活泼，黄牛比水牛性欲反应更强烈。

外界环境的改变对公畜性行为的影响比对母畜明显。有些人工饲养的动物仍表现一定的领地属性，如公猫和笼养公兔只有在较长时间熟悉环境并在认为是其领地后，才与雌性动物进行交配，因此可以把母猫和母兔送到公猫和公兔的饲养地进行交配。畜群中增加新的发情母畜、改换试情母畜或台畜、改变采精地点，可以刺激性反应迟缓的公畜的性欲，增强公畜的性行为。隔离圈养的公猪性活动下降，再将其圈养在母猪附近，数周后性活动可以恢复正常。改善性刺激条件，采用适当的采精程序，可以使牛的精子产量从每周 80 亿~100 亿个增加到 300 亿~400 亿个。对公羊和公猪还可以通过假爬跨和限制其与台畜的接触等延长性准备时间，提高采精量和精子的质量。在进行自由交配的放牧畜群中，公畜过多时可出现“等级统治”现象，即壮年强健的优势公畜将与大部分母畜交配，并限制较弱公畜的性活动，而在每一个马的母系群中只有一匹居支配地位的公马。但是这些优势公畜并不总是繁殖力最好的公畜，如果优势公畜中有不育或遗传性能差的个体，则可能降低全群的繁殖率。因此，畜群中应该配备年龄相当、数量适当的公畜，并对公畜经常性地进行精液品质检查。

尽管公畜全年都可能出现性活动，但季节性繁殖动物的性腺活动和性行为在繁殖季节增强；性行为的强度在炎热的天气下降。牦牛、绵羊和山羊在非繁殖季节，公畜可能离开母畜群单独活动。

营养水平对性行为的影响不明显，但瘦弱公畜和因疾病造成肉体痛苦的公畜的性行为严重减退。性经验对公畜的交配行为具有明显的影响，初情期公畜第一次交配时通常动作笨拙，显露阴茎较慢，屡经爬跨才能交配成功，且射精量少。随着性经验的增多，公畜寻找和识别发情母畜的效率得到改进，逐渐达到正常交配水平。去势对公畜性行为的影响在很大程度上取决于去势时公畜所处的状态和物种差异，一般说来，在初情期前去势的动物很少再出现爬跨等交配行为；但在初情期后去势，在一定时间内公畜可维持爬跨、勃起、插入甚至射精等行为。公牛和公羊即使在初情期前去势，也可能表现爬跨行为。

（三）异常性行为

常见的异常性行为有同性性欲、性欲过强、性欲减退和自淫。这些异常的性行为可能是由于遗传因素、内分泌或神经系统失调或管理错误所致。一般情况下，圈养的动物较野生动物更容易出现异常性行为。

同性性欲是指公畜间、特别是在初情期青年公畜相互之间的性行为。

自幼在同一性别环境中饲养的公畜还可能出现性欲受损伤的个体。同性性欲个体在接触母畜后可以转变为异性性欲。性欲过强是指公畜表现持续而强烈的性兴奋，过于频繁地进行交配，甚至一些形状和大小与母畜相似的物体、静立不发情母畜和公畜都可诱发其性冲动。性欲减退可见于多种生殖疾病，表现为长期性欲缺乏、勃起缓慢、不爬跨，或虽有勃起但不射精。自淫行为常见于公马和公牛，这些公畜的性反应可以自我激发，阴茎勃起后伸出包皮腔摩擦下腹部并出现射精。饲喂高蛋白饲料的公牛阴茎黏膜对触觉刺激更敏感，精子生成增加，容易出现自淫行为。

第二章　牛羊发情及发情周期

发情周期代表着促使雌性动物从繁殖的非接受态转变为接受态，从而便于发生交配及建立怀孕的卵巢的周期性变化，长期自然选择和人工驯养的结果是，不同动物发情季节、发情次数、发情周期长度、发情持续时间及发情行为的表现、排卵时间、排卵数及排卵方式（自然排卵或诱导排卵）均有不同。掌握不同动物发情周期的特点，有助于加强母畜的管理，及时准确地鉴定发情母畜，确定最适配种时间，从而提高繁殖效率。

第一节　牛的发情与发情周期

牛的发情周期为18~24天，由黄体期（14~18天）和卵泡期（4~6天）组成。卵泡生长波最初是在发育的初情期前的早期建立的，其可发生在整个发情周期，但只有最后一个与卵泡期吻合的卵泡波的一个优势卵泡发生最后的成熟而排卵。卵巢功能（卵泡生长、排卵、黄体形成及溶解）受某些丘脑下部激素（GnRH）、垂体激素（FSH及LH）和卵巢激素（黄体酮、雌二醇及抑制素）以及子宫激素（PGF2α）等的调节。

一、初情期

牛一般可在7~12月龄时达到初情期，2~2.5岁即可产犊。初情期前大多数青年母牛卵巢上有直径为0.5~2cm的卵泡发育，第一次排卵前20~40天卵泡的发育明显加快。第一次发情时，大多数青年母牛表现安静发情。

二、繁殖季节

在饲养管理条件良好时，特别在温暖地区，牛表现全年多次发情，发情的季节性变化不明显。但发情现象在气候温暖时比严寒时明显。春秋两季，奶牛的受胎率比夏冬两季高（我国南方地区冬春季的受胎率较高）。

三、发情周期

牛的发情周期平均为21天，青年母牛较成年母牛约短1天，绝大多数的青年及成年牛发情周期为18～24天，发情周期中表现有性欲及性兴奋的时间平均为18（10～24）h；排卵发生在发情开始后28～32h，或发情结束后12（10.5～11.5）h。发情开始后2～5h，垂体前叶释出LH排卵峰，然后经过20～24h即排卵，因此，牛是家畜中唯一排卵发生在发情停止后的动物。80%的排卵发生在凌晨4：00到16：00，交配能促使排卵提前2h发生。从开始发情到发情现象消失后6h这一时段配种，受胎率较高。通常在发情现象出现后数小时和发情结束时两次配种（间隔约12h）即可以获得很高的受胎率。

发情期中，通常只有一个卵泡发育成熟，排双卵的情况仅占0.5%～2%。根据对黄体进行统计分析的结果，右侧卵巢的排卵功能较强，排卵数为总数的55%～60%。卵泡发育至最大时，直径为0.8～1.5cm（有的可达2cm）。

四、发情周期的内分泌变化

牛是多次发情的动物，其发情周期受某些丘脑下部激素（GnRH）、垂体激素（FSH和LH）、卵巢激素（P_4、E_2及抑制素）和子宫激素（PGF2α）的调节。这些激素通过正负反馈系统控制发情周期。

GnRH对发情周期的控制是通过作用于垂体前叶调节LH和FSH的分泌而发挥的。丘脑下部紧张中枢GnRH的基础分泌及峰值中心排卵前的峰值分泌均呈波动性，由此阻止了垂体前叶促性腺激素细胞上GnRH受体的脱敏。GnRH从丘脑下部经垂体门脉系统转运到垂体前叶后，与促性腺激素细胞表面的G蛋白偶联受体结合，引起细胞内钙的释放，激活MAPK信号传导途径，导致胞质中储存的FSH和LH的释放。LH在细胞质的分泌囊泡中只储存较短时间，而LH则在发情周期储存较长时间。

在发情周期的卵泡期，由于黄体的退化而产生的黄体酮仍能形成一个基础黄体酮浓度的激素环境。由于优势卵泡的快速发育而产生的E_2浓度增加，同时伴随有血液循环中黄体酮浓度的降低，诱导出现GnRH峰值，母牛表现发情行为，表现出性接受现象，站立等待爬跨。这种GnRH排卵前峰值诱导同时出现LH和FSH排卵峰。只有当血清黄体酮浓度处于基础水平，LH波动每40～70min一次，持续2～3天时，优势卵泡才能排卵。排卵发生在发情结束后10～14h，之后为发情周期的黄体期。黄体期的开始也称为后情期，典型情况下持续 3~4 天，其主要特点为从塌陷的排卵卵泡形成黄体（血体）。排卵之后，由于黄体的形成而黄体酮浓度开始增加，排卵的优势卵泡其粒细胞和壁细胞发生黄体化，产生黄体酮发挥作用，便于怀孕的维持及建立或便于发情周期的恢复。在间情期，黄体酮浓度持续升高，重复发生的卵泡生长波一直仍然由垂体释放 FSH 启动，但由此形成的在周期的黄体期出现的优势卵泡不发生排卵。在周期的黄体期，黄体酮的作用占优势，其通过负反馈作用只允许高幅低频的 LH 分泌，因此不足以引起优势卵泡排卵。在周期的前情期，当黄体对子宫分泌的 PGF 发生反应而退化时，黄体酮浓度降低。

五、发情鉴定

牛的发情期虽短，但外部特征表现明显。因此，发情鉴定主要靠外部观察，也可进行试情。阴道及分泌物的检查可与输精同时进行。对卵泡发育情况进行直肠检查，可以准确确定排卵时间。

（一）发情的外部表现

母牛开始发情时，表现不安，常与其他牛额对额地相对站立，而且同性性行为增多。如与牛群隔离，常大声哞叫；拴住时喜欢乱转，放开后追逐并爬跨其他牛。性兴奋开始后数小时，母牛常作排尿姿势，尾根高举并常摇尾。其他牛嗅其外阴或爬跨，当触及其外阴时，举尾不拒。常用舌舔接近的公牛，或嗅闻公牛的会阴及阴囊部；公牛用下颌轻压其尻部或嗅触其外阴，则静立等待交配，有时还回顾公牛。发情时，食欲、反刍及乳产量均有下降。年龄较大、舍饲的高产奶牛，特别是产后第一次发情时，它们的外部表现不很明显，需注意观察或利用公牛试情。

有些牛在发情后 1~3 天，阴道排出的黏液中含有不凝固的血液。这是由于发情期中从排卵前开始子宫黏膜的实质水肿充血，至发情后 E_2 在血液中的含量急剧下降，增生组织迅速消退时，表层（尤其是子宫阜）微血管出现淤血，血管壁变脆发生破裂及血细胞渗出，穿过黏膜上皮进入子宫腔，混在黏液中排出。第一次发情母牛约有 90% 或多或少发生这种现象，成年牛约占 50%。发情后少量出血与受胎无关，但大量出血一般都有碍于受胎。

泌乳奶牛及小母牛的平均排卵间隔分别为 22.9 天和 22.0 天，站立等待爬跨是牛发情最为主要也是最为可靠的症状。雌激素，特别是 E_2 是向大脑传递的最为主要的信号是引起母牛表现发情，但这种作用只有在缺乏黄体酮时才发生。能引起血液皮质醇浓度升高的应激能够延缓或阻止排卵前 LH 峰值，影响发情行为的表达，但不改变前情期血液 E_2浓度。近来的研究表明，奶牛站立发情的持续时间平均为8.1h，在表现站立发情时平均有9.1次的站立或爬跨。随着产奶量的增加，站立发情的持续时间缩短(产奶25kg及55kg的牛站立发情的时间分别为14.7h和2.8h)。在小母牛，站立发情的持续时间较长，为12~14h。肉牛在户内饲养时，站立发情的持续时间不到8.5h。站立发情的时间及表现发情的强度受许多环境因素的影响，包括地面类型、性活动组的大小及是否存在公牛。30%的奶牛在草场上时可表现站立发情被打断的静止状态。在奶牛、肉牛及小母牛的观察表明，站立发情的开始或发情的结束没有明显的昼夜节律。

(二) 生殖道及其分泌物的变化

母牛发情时，阴道、子宫颈及其分泌物的变化有一定的规律，可参考进行发情鉴定、不孕症诊断及确定输精时间。

发情期，子宫颈及阴道，尤其是阴道前端充血，呈鲜红色，有轻度水肿，分泌的黏液透明，量多。发情旺期排出的黏液牵缕性强，垂于阴门之外，俗称“吊线”。子宫颈明显肿胀，管腔开放。黏液的流动性取决于酸碱度，碱性越大越黏。乏情期的阴道黏液比发情期的碱性强。发情开始后，黏液碱性最低，故黏性最小；发情旺期，黏液碱性增高，故黏性增强，可以拉长。

发情旺期母牛的子宫颈黏液如在涂片干燥后镜检，则呈现典型的羊齿植物状的结晶花纹，排列长而整齐，保持时间长达数小时以上，其他杂物如上皮细胞、白细胞等很少。如果结晶结构较短，呈短金鱼藻或星芒状，且保持时间较短，白细胞较多，这是发情末期的表现。

(三) 发情周期卵泡发育的动态变化

根据直肠检查，母牛的卵泡发育过程可概括为4期。

1. 卵泡出现期

卵泡稍增大，直径为0.5~0.75cm，直肠触诊为较硬的隆起，波动不明显。这一期中，母牛一般开始有发情表现。从发情开始计算，第一期持续约10h；但有些母牛在发情出现以前，第一期已开始。

2. 卵泡增大期

卵泡发育到1~1.5cm，呈小球状，波动明显。这一期为10~12h。在此期后半段，发情表现已开始减轻，甚至消失。在卵巢功能减弱的母牛，此期的时间较长。

3. 卵泡成熟期

卵泡不再继续增大，卵泡壁变薄，紧张度增强，直肠触诊有一触即破的感觉。这一期持续 6~8h，但也可能缩短或延长。

4. 排卵期

卵泡破裂，排卵，卵泡液流失，卵泡壁松软，成为一个小的凹陷。排卵后 6~8h，原来的卵泡已开始被新形成的黄体物质和血液充填，此时直肠检查可摸到质地柔软的血体。

如果在发情前后 1~2 天进行直肠检查，会发现子宫壁紧张，由于雌激素对子宫肌层和组织的刺激，子宫轻度水肿。发情开始时进行直检，可发现卵巢上有直径为 1cm 左右卵泡，表明光滑、紧张，有轻度的波动感。排卵前的卵泡直径可达到 1~2cm。

排卵后，黄体发育很快，48h 后直径达 1.5cm，7~8 天后黄体达到最大，直径为 2~2.5cm。

卵泡的生长、发育及成熟是家畜高繁殖效率的基本过程。在胎儿发育过程中，卵泡生长需要 3~4 个月依赖于促性腺激素和不依赖于促性腺激素的阶段而形成数量固定的原始卵泡。牛依赖于促性腺激素的卵泡生长波以每个周期 2~3 个波的形式出现，每个生长波包括卵泡的出现、选择及优势化过程，之后优势卵泡或者闭锁，或者排卵。FSH 和 LH 在卵泡发育中发挥重要作用。由于卵泡参与丘脑下部—垂体—性腺（HPG）轴系的正、负反馈调节，因此 LH 和 FSH 在牛发情周期的调节中发挥控制作用。

促性腺激素依赖性卵泡发育开始的主要特点为出现由 5~20 个直径≥5mm 的卵泡群，与此同时 FSH 浓度短暂升高，由此也标志着卵泡生长依赖于 FSH 的开始，在卵泡波的第 3 天，FSH 受体（FSH-R）定位于卵泡的粒细胞，使得 FSH 通过该受体发挥下游信号传导作用，包括促进细胞生长及增殖。FSH 的短暂升高也导致卵泡粒细胞芳香化酶活性增加，将雄激素转变为雌激素。随着优势卵泡从卵泡群的出现，其直径增大，成为该卵泡群中最大的健康卵泡。卵泡体积的增大导致卵泡液中 E_2 和抑制素浓度增加，通过负反馈作用抑制垂体前叶释放 FSH，FSH 浓度降低到基础浓度。

选择的优势卵泡对 LH 的反应性增加，虽然 FSH 浓度降低，但其继续生长。无论卵泡生长时处于发情周期阶段如何，从依赖于 FSH 转变为依赖于 LH 主要是由粒细胞上存在的 LH 受体（LH-R）发挥作用而引起的。LH-R 在卵泡发育的不同阶段定位于健康卵泡的壁层和粒细胞，随着卵泡生长，壁细胞 LH-R 增加，正在通过选择而成为优势卵泡的卵泡粒细胞也获得 LH-R。在卵泡选择时出现的血液循环中 LH 浓度的短暂增加使得优势卵泡继续产生 E_2，而且能在 FSH 浓度较低的情况下继续生长。

在黄体期早期，LH 的波动幅度较低，但频率较快（每 24h 20～30 次），在黄体期中期，LH 的波动幅度增加但频率降低（每 24h 6～8 次），在这两种情况下幅度及频率均不足以引起优势卵泡最后的成熟及发生排卵。因此在周期的黄体期产生的优势卵泡发生闭锁，产生的 E_2及抑制素降低，对丘脑下部—垂体的负反馈作用消除，FSH 的分泌增加，出现新的卵泡波。

产生高浓度的 E_2是优势卵泡的主要特点，也是卵泡直径出现差异之前的主要特点；将来要形成优势卵泡的卵泡与其他卵泡相比，其卵泡液中 E_2浓度更高。E_2的合成依赖于壁细胞产生的雄激素及随后在粒细胞通过芳香化形成雌激素。生长卵泡产生的 E_2依赖于足够的波动频率，LH 与其在壁细胞上的受体结合，驱动胆固醇通过一系列催化反应生成睾酮。壁细胞产生的睾酮扩散进入粒细胞，在粒细胞中由芳香化酶转变为雌激素。E_2不仅对卵泡发育发挥局部调节作用，也可通过正反馈机制作用于丘脑下部及垂体而发挥全身作用。在发情周期的卵泡期，当黄体酮处于基础浓度时，排卵前优势卵泡产生的高浓度 E_2诱导丘脑下部释放 GnRH，形成峰值，引起的 LH 峰值以足够的幅度和频率刺激优势卵泡的最后成熟及排卵。升高的 E_2也可诱导母牛表现发情行为。

卵巢内产生的其他因子在调节发情周期中或通过间接改变 E_2的合成或通过直接的负反馈作用调节丘脑下部及垂体前叶而发挥作用。IGF 超家族包括 IGF-I 和 IGF-II 两种配体及 IGFR-I 和 IGFR-II 两种受体及许多结合蛋白和蛋白酶（IGFBP1～6、怀孕相关蛋白-A），通过这些因子调节卵泡对 IGF-I 的利用。IGF-I 的生物可利用性调节将来形成优势卵泡的卵泡生长、细胞增殖及甾体激素合成，间接影响 E_2对丘脑下部和垂体的负反馈作用。通过这种作用及正在选择的卵泡的粒细胞层获得 LH 受体，是促进卵泡选择的主要机制。

（四）发情周期中黄体的功能

黄体由排卵卵泡的细胞组成，LH 为牛主要的促黄体化激素，对刺激排卵卵泡的壁细胞及粒细胞黄体化形成黄体细胞发挥重要作用。黄体的主要功能是在发情周期的黄体期及怀孕期产生足够量的黄体酮，以便在怀孕时发挥维持怀孕的作用，其也能降低促性腺激素的分泌及阻止出现发情行为。此外，发情周期的黄体期黄体酮浓度的持续增加可改变子宫的基因表达。在黄体期中期，持续升高的黄体酮下调子宫内膜腔上皮中核孕酮受体基因的表达，这种极为关键的改变使得子宫内膜启动子宫接受态的基因的表达同步增加或降低，而与动物的怀孕状态无关。如果在发情周期的第 16

天母体怀孕识别信号尚未达到足够的量，则可发生黄体溶解。牛的子宫分泌 PGF，其为反刍动物最为主要的溶黄体激素。子宫中的催产素受体与催产素结合，引起子宫突发性地分泌 PGF，之后 PGF 通过子宫静脉和卵巢动脉之间的逆向交换，引起黄体溶解，血液循环中黄体酮浓度下降，在动物进入周期的卵泡期时 E_2浓度升高，丘脑下部 GnRH 释放增加。

（五）最佳配种时间

牛在排卵前 7~18h 输精时受胎率最高，如果在排卵后或在发情结束后 10~18h 输精，则受胎率明显下降。因此，最佳输精时间是从发情中期到发情后 6h 或站立发情开始后的 6~24h。

六、产后发情

产后正常发情多出现在产后 35~50 天。气候炎热或冬季寒冷时可延长至 60~70 天。如果挤奶次数多、产后患病，发情则更延迟。耕牛及牧区的牛大都带犊哺乳，加之饲养管理条件较差，发情一般均较迟，常在产后 60~100 天，有的营养差的牛可能延迟至来年才发情。如果发生早期流产或犊牛死亡，发情常出现较早，奶牛产后第一次发情时表现为安静发情者较多，以后则逐渐减少。因此，对牛的产后发情须注意观察，以免漏配。但配种不宜过早，应在子宫完全复旧后进行，这一时期在产后 30~40 天。

产后 15 天内卵巢上就可能有卵泡发育及排卵，形成的黄体约有 90%是在前次怀孕子宫角的对侧，15~20 天后该比例降低到 60%。怀孕黄体在产后 4 天退化到直径为 1cm 左右，16 天后直检不再能摸到。有 3%~6%的怀孕牛会表现发情症状，特别是在怀孕的前 1/3 阶段，因此会发生误配。

在怀孕期的前 2/3 阶段，卵泡能以 7~10 天的间隔继续生长；在怀孕后期来自黄体及胎盘的黄体酮和来自胎盘的雌激素通过强烈的负反馈作用抑制卵泡生长所必需的 FSH 的升高，因此在怀孕的最后 20~25 天卵泡波停止。分娩时，黄体酮及雌二醇降低到基础浓度，引起 FSH 在分娩的 3~5 天内分泌增加，产后 FSH 分泌的增加刺激出现第一个有腔卵泡发育，产后 7~10 天形成优势卵泡。第一个产后卵泡波形成的优势卵泡取决于其分泌足够的雌二醇诱导促性腺激素峰的能力。优势卵泡分泌雌二醇依赖于同时发生的 LH 波动频率、优势卵泡的大小及 IGF-I 的作用，这些激素综合作用，决定了产后期早期优势卵泡的命运。

引起产后早期优势卵泡排卵的主要因素是 LH 的波动频率，引起这种优势卵泡排卵所需要的 LH 波动频率为每小时至少 1 次。奶牛在产后大多数在15~45天之内恢复正常的卵泡活动及排卵，以18~24天的间隔表现规律的发情周期，而带犊的肉牛一般要到产后30~130天才恢复排卵。产后各种卵巢功能的异常可延长产后排卵恢复的时间，例如不排卵性乏情、黄体期延长、卵巢囊肿、发情周期停止等。

第二节　水牛的发情与发情周期

水牛可乳用、肉用和役用，因此在许多发展中国家具有重要的经济价值。虽然水牛可适应严酷的环境，但其繁殖性能受这些条件的影响，性成熟迟，产后乏情期长，发情表现不明显，受胎率低，产犊间隔时间长。

一、初情期

水牛初次发情的年龄差异很大。河型水牛初情期为15~18月龄；我国洞庭湖地区的滨湖水牛平均为15~19月龄。初情期发情配种的母水牛通常不易受胎，或受胎后易发生流产。滨湖水牛初配年龄一般应到19~26月龄。大多数水牛在体重达到250~275kg时可以配种受胎。

水牛小母牛通常在达到其成体重的55%~60%时达到初情期，但初情期的年龄差别很大，范围为18~46个月。影响初情期年龄的因素包括基因型、营养、管理、社会环境、气候、出生季节及疾病等。在有利的自然条件下，河水牛在15~18月龄表现第一次发情，而沼泽型水牛则为21~24月龄。初情期时的体重强烈受遗传型的影响，沼泽水牛为200~300kg，河水牛为250~400kg。虽然水牛的初情期比牛迟，但其繁殖寿命较长。

初情期后的水牛卵巢只有10 000~20 000个原始卵泡，而牛为100 000个。水牛的成熟卵巢比牛的小，重2.5g，在活动期重4g，有少数几个三级卵泡。直检时沼泽型水牛的成熟卵泡直径很少超过8mm，突出于卵巢表面，有时可误认为是发育早期的黄体。水牛的黄体比牛的小，常常不明显突出于卵巢表面，因此直肠检查准确评判水牛的卵巢结构要比在牛更为困难。超声检查表明水牛的成熟卵巢大小为直径1.3~1.6cm，成熟黄体为1.2~1.7cm。

水牛的子宫及子宫颈比牛的小，未孕时生殖道完全位于骨盆腔内，子宫紧密卷曲。子宫颈口比牛的狭小。

二、发情季节

水牛不同季节发情率差异十分显著，而且有品种和地区性差别。滨湖水牛全年发情，以8—11月发情率最高，4—6月最低。气温对水牛发情影响显著，我国北方的寒冷气候是水牛北移的限制因素。高温或直接暴晒于烈日之下时，水牛的性活动骤减，水牛在冷水中浸泡或采取其他防暑降温措施，可明显地减少卵巢静止和安静发情的发生，提高夏季配种的受胎率。

水牛可全年多次发情，但在许多国家繁殖活动表现明显的季节性。在热带地区，光照相对恒定，降雨量的变化可影响发情周期，因此气候和营养对繁殖活动的影响很为明显。炎热的夏季热应激是引起水牛乏情的主要因素，此时血液循环中催乳素（PRL）水平升高，降低黄体酮水平而影响卵巢活动及引起生育力降低。在温带地区，如果用平衡饲料饲喂，水牛仍可表现明显的季节性繁殖，这可能与光照周期的影响有关。

三、发情周期

水牛的发情周期一般为21~28（18~36）天，滨湖水牛为22.36天±4.03天，青年水牛的发情周期可能稍长一些。水牛前后两个发情周期的长度常有变化。如果出现很短的发情周期，有可能是发情后未排卵所造成的。据报道，在母水牛中，大约有30%为双周期（平均长度为43.94天±0.94天），11%为三周期（平均长度为69.28天±1.022天）。这些异常周期的出现，可能是中间出现过未被察觉的安静发情，或者是妊娠后发生过胚胎死亡的缘故。

（一）发情周期及发情期的时长

水牛发情周期的时长与牛的相似，平均为21天，范围为17~26天，但发情周期长度的变化很大，短周期及长周期的发生率很高，这可能与环境条件、营养及卵巢甾体激素分泌的不规律性有关。

河水牛与沼泽水牛发情期的长度相似，为5~27h，排卵发生在发情开始后的24~48h（平均34h），或发情结束后的6~21h（平均14h）。在炎热的气候条件下，发情持续的时间较短，母牛只在傍晚或早晨表现发情症状。

摩拉水牛发情期一般为59~62h，沼泽型水牛为53h，滨湖水牛为46.86h±8.86h，其中青年水牛为36~48h，经产水牛为36h。一般年龄较大的（10岁以上）经产母牛和从未配过种的处女牛的发情持续时间较长，温暖季节发情持续期亦较长。

（二）生殖激素及其与排卵和发情的关系

水牛发情周期血液及乳汁中黄体酮浓度的变化与牛的相似，但峰值浓度相对较低。发情周期的卵泡期脱脂奶中黄体酮浓度通常低于 1nmol/L（0. 3ng/mL），黄体期及怀孕期为 3～12nmol/L（1～4ng/mL）。如果黄体酮浓度在 3nmol/L 以上，则可表明存在有功能性黄体，如果低于 1nmol/L 则说明没有黄体。卵泡期血液 17β-E_2的浓度也比牛的低，这也可能是水牛发情症状不太明显的原因。

水牛在发情周期 LH 和 FSH 的变化范型与牛的相似，排卵前 LH 峰值出现在发情当天，持续时间为 7～12h。从 LH 峰值到排卵的时间差别较大，在 AI 后受胎的水牛为 25h±13h，未受胎的水牛为 46h±18h。在发情周期的中期可观察到 FSH 浓度出现 3 次升高，这可能与同期出现的抑制素水平降低及 17β-E_2浓度升高有关，表明在水牛抑制素和 17β-E_2对 FSH 的分泌具有负反馈调节作用。

（三）发情周期中的卵泡发育波

水牛在发情周期卵泡的生长基本与牛的相似，主要特点为卵泡波的招募、生长及退化，但每个周期卵泡波的数量及卵泡的生长和退化具有很明显的差异，少数水牛具有一个卵泡波，多数具有 2 个，第一个卵泡波出现在排卵当天，而第二个卵泡波则分别出现在 2 波及 3 波周期的第 10. 8 天和第 9. 3 天，第三个卵泡波出现在 3 波周期的第 16. 8 天。具有 2 个或 3 个卵泡发育波的发情周期其黄体期的平均长度（分别为 10. 4 天和 12. 7 天）及排卵之间的间隔时间（分别为 22. 3 天和 24. 5 天）具有明显差别，但也有研究表明大多数发情周期具有 3 个卵泡发育波。在发情周期具有 2 个卵泡发育波的水牛，最大卵泡的生长速度及直径在小母牛明显比成年牛小。在沼泽型水牛，第一次产后排卵之后大多数可出现一个短的发情周期（10. 2 天±0. 38 天）。

（四）生殖器官的变化

水牛在发情前后的外部可见变化包括阴门水肿及前庭黏膜潮红，因此有规律地检查可发现上述变化。发情时子宫颈的黏液性分泌物没有牛的多，通常也不垂吊在阴门，但可在阴道中蓄积，水牛躺下时可流出，因此拴系或舍饲的水牛可通过检查地面是否有黏液来协助进行发情鉴定。

（五）发情行为

水牛和牛发情行为上的主要差别是水牛的发情症状没有牛的明显，雌性之间的同性性行为罕见。如果没有公牛，则主要的行为变化是不安、鸣叫及经常性地排出少量尿液，但有些水牛并不表现这些症状。如果有公牛在现场，则公牛会对接近发情的母牛感兴趣，发情母牛会站立等待公牛爬跨。在气候炎热时发情的持续时间可能很短，只是在夜晚或早晨才表现发情症状。

四、发情鉴定与配种适期

水牛发情时的性欲、性兴奋以及生殖道变化均不明显，发生安静发情的比例可达14%~18%。通常在安静发情之后常伴随着一个不规则的发情周期。但总的来说，沼泽型水牛的发情表现要比河流型明显一些。水牛典型的发情症状是：在发情早期，兴奋不安、食欲减退、乳量减少、偶尔哞叫、常站于一侧，昂首、摆尾，此时常有公牛跟随，但母牛不让公牛爬跨，外阴部湿润、轻微红肿，子宫颈口微张，有少量具有牵丝性的透明黏液；发情盛期，阴部和子宫颈潮红肿胀更加明显，子宫颈口开张增大，流出的牵丝状很强的黏液增多，但与奶牛、黄牛发情时比较其分泌的黏液量要少得多，此时，母牛愿意接受爬跨。随着发情的进展，外阴红肿现象逐渐消退，子宫颈口变小，颜色变淡，皱褶增多，分泌的黏液黏性变差，由透明变成半透明，最后呈乳白色。如此时试情，公牛不理睬母牛，母牛亦无求偶表现，表示发情已经停止。青年母牛症状要比经产牛明显，以老母牛最不明显。老母牛发情时阴部不红肿，仅流出少量黏液。水牛发情开始的时间多在夜间或凌晨，排卵则多在白天，且多在发情结束时或结束后不久发生。在发情高潮时通过直肠检查触摸卵巢会感觉到质软，卵巢上通常有大如黄豆或小如绿豆的卵泡。卵泡多为1个，偶有2个，当感到卵泡明显紧张而有波动时，则预示接近排卵，此时为水牛配种的最佳时间。右侧卵巢排卵多于左侧卵巢。发情鉴定除观察外部表现外，还可采用公牛试情，也可作为发情依据。民间为提高水牛配种受胎率流行的经验是：“少配早（当日配），老配晚（三日配），不老不少配中间（二日配）。”滨湖母水牛配种最适时间是在发情后32~42h。

五、产后发情

水牛产后第一次发情在产后55天左右（26~116天）。体况良好的母水牛发情较早；经产老龄及营养不良者则较迟，长的甚至可拖延到产后120~147天才开始发情。河流型水牛一般在产后42天左右，滨湖水牛平均在产后63~143天第一次发情。产犊季节和其他因素会影响产后第一次发情时间。一般说来，春夏季产犊的母牛，从产后到再受胎的间隔时间最长。产后一月内开始发情的水牛配种受胎率很低，随着时间的推移受胎率将会逐步提高。

与牛一样，水牛的子宫复旧通常在产犊后25~35天完成，哺乳刺激可缩短子宫复旧时间。产后乏情期通常在水牛比牛长，在最佳管理条件下，水牛可在30~90天内开始发情，但营养不良、哺乳管理及气候等均有明显影响。水牛的产后乏情是影响水牛繁殖力的最为重要的因素，在世界各地的研究表明，34%~49%的水牛在产犊后90天内可表现发情，但31%~40%的水牛乏情持续时间超过150天。产后的第一次排卵之后常常出现一次或数次短的发情周期（<18天），25%的水牛由于不能排卵或黄体期延长而在第一次或第二次排卵后卵巢活动停止。

在产后期早期，水牛的LH分泌一直很低，在开始出现卵巢活动前数周可以检测到LH的波动性分泌；营养较好及限制哺乳的水牛LH波动性分泌开始的时间比营养不良或经常哺乳的水牛早。对产后乏情期较长的水牛可在产犊前给予充足的营养，限制犊牛哺乳及较少应激等方法处理。牛群中公牛的在场对母牛是一种有效刺激，可减少发情周期的不规律及提前产后第一次发情的时间。

第三节　牦牛的发情与发情周期

一、初情期

母牦牛一般在18~24月龄开始第一次发情，营养状况良好，发育快的小母牛，13月龄即有卵泡发育，16月龄出现发情表现并接受交配。母牦牛的性成熟一般在2~3岁，初配年龄为2.5~3岁，繁殖年限为2.5~15岁。

二、发情季节

牦牛为季节性多次发情的动物，但70%的个体在发情季节中只发情一次，发情开始的时间受海拔高度、气温及牧草质量的影响较大。在海拔3 000m左右时地区发情季节为6—10月，4 000m以上的地区为7—10月。非当年产犊的牦牛，发情多集中于7—8月；而带犊哺乳牦牛多在9月以后，个别产犊晚但营养好的牦牛也有在11—12月甚至1月发情的。

三、发情周期

一般为20（19~21）天，但各地差异较大，其原因除了严酷的生态环境和粗放的饲养管理之外，某些卵巢疾病、早期胚胎死亡、安静发情等所导致的观察不准确，也可能是重要因素。此外，壮龄、营养好的牦牛发情周期较为一致，老龄和营养较差的牦牛发情周期较长。有些青年牦牛和个别老龄牦牛在发情季节中第一次发情前，首先表现出短发情周期，然后其周期转为正常。

四、发情持续期

牦牛的发情期持续12~36h，但各地差异较大，青海为24~36h，新疆为16~48h，云南为48~72h。差异较大的原因是牦牛的发情受年龄、天气、温度的影响很大。年轻牦牛发情持续期一般较成年的短；烈日不雨且气温高的天气，发情症状明显且持续期长，阴雨天或气温降低的天气，发情表现不明显且持续期短；在气温趋于下降的7—9月中，持续期逐月缩短。

五、发情鉴定

牦牛发情的外部表现比较明显，发情鉴定主要靠外部观察。发情牦牛可于发情旺期及间隔半天后配种两次。

（一）发情表现

1. 发情前期

牦牛在乏情季节结束和第一次发情开始之前，绝大多数都不定期地有幼年公牦牛或犏牛追随，并有母牦牛之间相互爬跨的现象，在上述表现持续26天±12天后即开始发情。

2. 发情期

发情母牦牛采食时不安静，相互爬跨，喜欢接近公牦牛；成年公牦牛、公黄牛、犏牛和骗牛紧跟其后，追随不舍，且频繁爬跨。刚发情时外阴微肿，阴道黏膜呈粉红色，阴门中流出少量透明黏液；发情进入旺期时外阴明显肿胀，阴道黏膜潮红，阴门中流出蛋白样黏液。发情开始后12~15h LH出现排卵峰，在该峰作用后24~34h内排卵。

3. 发情后期

成年公牦牛已不再追随，犏牛和（或）骗牛可能仍跟随1.5天±0.7天；但母牦牛拒绝爬跨，其精神及采食恢复正常，外阴肿胀消退，阴道黏膜的颜色转为淡红色，黏液变稠，呈草黄色。

（二）卵泡发育

牦牛的卵巢较小，有经验的检查者可以触摸到其卵泡的发育情况。发情初期，卵泡较小，略有隆起，波动不明显；发情达旺期时，卵泡呈小球状，波动明显；排卵后卵巢扁软而无弹性，排卵处出现凹陷。与公牛隔开者，其卵泡发育较慢，发育成熟需 3~4 天，卵泡大小为 0.9~1.2cm，从发情到排卵的时间为 60~72h。未将公牛隔开者，其卵泡发育较快，经 1~2 天可达成熟，从发情到排卵的时间为 36~48h。牦牛与奶牛和水牛似乎不同，其左侧排卵的机会较多，约占 64%；有 80%的牦牛排卵后所形成的黄体不突出于卵巢表面，直肠检查时只能感到卵巢体积明显增大。

六、产后发情

牦牛的发情具有季节性，其产后发情的时间在很大程度上受产犊时间的影响。产犊月份离发情季节越远，产后发情间隔时间越长；产犊过晚的，当年多不发情。

哺乳、挤奶以及草场质量和个体营养状况对产后发情亦有较大的影响。产犊后犊牛死亡而又未挤奶的牦牛，在当年的发情季节内可能再出现发情；膘情差、带犊而又挤奶者，当年一般不再发情，一般要到次年、甚至有相隔两年才发情的。在牧草退化和草场畜群严重过载的地方，多数牦牛产后当年不发情。在冬春季合理补饲和在挤奶高峰期只挤一次奶，可使产后发情率提高 30%左右。

产后第一次发情时间的差别很大，与牦牛的安静发情、发情表现不明显有关。因此，对产后的牦牛需注意发情观察，以免漏配。

第四节　绵羊的发情与发情周期

绵羊为季节性多次发情的动物，正常的卵巢周期在北半球的大多数品种是在秋季和冬季。绵羊发情周期的长度在整个繁殖季节非常恒定，一般只有很小的差异，通常不同品种的绵羊发情周期长度的差异不超过 1 天，年龄的影响也很小。成年未孕绵羊的繁殖活动主要表现为两个节律，一个为 16~17 天的发情周期，另一个是季节性出现的卵巢活动，即卵巢活动依赖于季节的变化而表现静止（乏情）或恢复卵巢周期（繁殖季节），这种季节性变化只见于温带气候条件下饲养的绵羊。

一、卵泡生成及黄体功能

（一）卵泡发育的阶段

绵羊卵母细胞的发育通过有丝分裂阶段而进入减数分裂，之后启动卵泡生成，在出生前开始早期卵泡发育。达到减数分裂前期的双线期时，卵母细胞周围包围有一层鳞状前粒细胞，建立了原始卵泡库，在羔羊数量为40 000~300 000个。由于尚不清楚的原因，绵羊卵巢中大量与原始卵泡有关的生殖细胞在从怀孕中期到出生之间及在生后发生凋亡。原始卵泡通过旁分泌因子的激活不断离开非生长的卵泡库，同时形态及粒细胞和壁细胞的增生速度也随着发生改变。原始卵泡的主要特点是由一单层的立方状粒细胞包围着卵母细胞，当卵泡变为次级卵泡时就具有2~3层立方状的粒细胞。在成熟的有腔卵泡（三级卵泡或格拉夫卵泡）形成期间，壁细胞开始分化，在卵泡内形成数个充满液体的腔体，这些腔体融合形成卵泡腔。在卵泡生成的早期阶段结束时，卵泡可对促性腺激素发生反应，这是确保有腔卵泡生长和成熟的必要条件。随着到达初情期，卵泡发育进展到排卵前阶段，减数分裂进展到中期Ⅱ。随着卵泡直径增大到1~2mm，可以采用卵巢的超声检查研究有腔卵泡发育、排卵及黄体形成等动态变化。从原始卵泡生长达到排卵前阶段，在母羊需要超过6个月的时间；从原始卵泡生长到达卵泡腔早期阶段（直径达到0.2mm）需要大约130天；直径达到0.5mm则还需要24~35天，达到2.2mm时再需要5天，排卵前卵泡的直径至少应达到4mm，典型情况下再需要4天即可达到。

（二）有腔卵泡发育的卵泡波

绵羊卵泡生长达到排卵时的大小，其生长在繁殖季节的所有阶段及在整个季节性乏情时均呈明显的卵泡波生长。在繁殖季节，无论是多羔品种还是少羔品种，均会出现3个或4个卵泡生长波。有腔卵泡发育的这种特点与血清FSH浓度每天的周期性升高具有密切关系，每天FSH短暂增加的峰值正好发生在卵泡波出现之前。此外，在出现卵泡波时，血清雌二醇浓度也开始短暂性增加，连续出现的卵泡波中最大卵泡生长的结束期与血清雌二醇浓度的峰值出现的时间是一致的。FSH主要控制有腔卵泡生长的初始阶段，但卵泡的随后发育和消失则不依赖于FSH的功能。

在绵羊的卵泡波中，1~4个卵泡达到相似的最后发育阶段，在多羔品种，发情周期中最后及倒数第二个卵泡波形成的有腔卵泡可同时发生排卵；一个卵泡波中一个以上的卵泡可获得达到排卵大小的能力，两个连续卵泡波的卵泡可同时排卵，由此表明绵羊的卵泡优势化作用很为弱小或缺如。此外，在出现发情周期及季节性乏情的绵羊，如果用生理剂量的FSH在卵泡间隔时间内处理，可诱导一个卵泡波形成最大生长卵泡，该最大卵泡不能抑制新的卵泡波的出现。

（三）多羔及少羔绵羊品种有腔卵泡发育的主要差别

在少羔的Western White Face绵羊，卵泡波平均出现（生长直径超过

5mm的卵泡最早检查到其直径达到 3mm 的时间）在排卵后的第 0、第 5、第 9 和第 12 天；在多羔的 Finn 绵羊出现在第 1、第 6、第 10 和第 13 天。Finn 绵羊的有腔卵泡最大体积相对较小，因此在其发育的所有阶段，包括卵泡募集形成卵泡波时，卵泡均相对较小。以往对多羔及少羔基因型的绵羊卵泡发育的动态变化进行的研究也发现，在多羔绵羊，卵泡达到成熟状态时直径较小，说明排卵率不同的绵羊品种，在卵泡获得对激素刺激发生反应的能力时卵泡的大小存在差异。

Finn 绵羊在发情周期倒数第二个卵泡波，发育形成排卵前有腔卵泡的比例为 50%；所有这些卵泡可与出现在最后一个卵泡波而在黄体溶解开始时生长的卵泡一同发育到排卵。Western White Face 绵羊发情周期倒数第二个卵泡波卵泡的排卵为零星的（10%），在最后一个卵泡波出现的所有能到达排卵大小的卵泡中一部分（23%）可发生闭锁而不能排卵，而 Finn 绵羊这类卵泡 100%发生排卵。显然，多羔的 Finn 绵羊在发情周期结束时有些大的有腔卵泡得到挽救，加入下一次发情之前出现的排卵卵泡中，使得其排卵率比少羔的 Western White Face 绵羊更高。在 Finn 绵羊，由倒数第二个卵泡波形成的排卵卵泡在同一个卵泡波中，要比非排卵卵泡的出现迟大约 48h。因此，这些卵泡的退化可被下次血清 FSH 浓度的升高和/或前情期 LH 的波动频率的增加所阻止。Western White Face 绵羊发情周期最后一个卵泡波中的有些有腔卵泡不能排卵，可能是由于排卵前血液循环中 FSH 浓度与 Finn 绵羊相比更低所致，但目前还不清楚绵羊排卵率的增加是否是由于 FSH 分泌增加所引起。

（四）黄体生成、周期中期黄体的功能及黄体退化

发情周期中绵羊黄体主要是由 LH 引起破裂卵泡的粒细胞和壁细胞的一系列功能及表型的变化而形成的。LH 的支持作用对黄体的生长及细胞分化必不可少。在排卵后 3～4 天，绵羊的黄体直径为 6～8mm，大约在 6 天后达到 11～14mm 的最大直径。绵羊黄体在排卵后 12～15 天突然发生萎缩。

绵羊的黄体包括 4 种主要的细胞类型，即小黄体细胞、大黄体细胞、成纤维细胞及毛细血管内皮细胞。小黄体细胞和大黄体细胞为甾体激素生成细胞，分别来自壁细胞和粒细胞，但用 LH 处理绵羊可促进小黄体细胞转变为大黄体细胞。小黄体细胞和大黄体细胞均与发情周期早中期黄体大小的增加有关。大黄体细胞在周期的第 4 天和第 12 天增大，但其数量一直到黄体溶解开始前保持稳定。与此相反，小黄体细胞的大小不发生变化，但由于有丝分裂，周期的第 4～8 天，这些细胞的数量明显增加。毛细血管内皮细胞及黄体成纤维细胞的数量分别在周期的第 4～12 天和第 8～16 天明显增加。研究表明，在某些条件下，成纤维细胞可分化形成小黄体细胞，因此在绵羊的黄体中有些细胞的形态处于成纤维细胞和小黄体细胞之间。

绵羊有腔卵泡的发育主要特点为卵泡以波的动态变化发育，两个卵巢上 1～4 个小卵泡（直径为 2～3mm）同步生长达到排卵大小，这种变化发生在血液循环中 FSH 浓度的升高之后。卵泡波的发育只有在怀孕期及产后期早期被打断。出现每个卵泡波之前均会出现 FSH 浓度的峰值，但在初情期前的羔羊及向乏情期过渡的有些成年绵羊的 FSH 峰值并不能启动卵泡波。绵羊的发情周期大多数具有 3 个或 4 个卵泡波，不同品种及年龄的绵羊，其发情周期的时长（17 天）相对恒定，因此每排卵间隔期间具有 4 个卵泡波的绵羊，其发情周期并不会像牛那样通过延长而包含有另外一个卵泡波，而是连续两个卵泡波之间的间隔时间缩短。大量的研究表明，FSH 分泌的周期性及卵泡波的出现并不受卵泡产物的控制，绵羊的最大卵泡对小的有腔卵泡并不像在牛那样发挥抑制作用。连续两个卵泡波形成的卵泡可同时排卵，特别是在多羔绵羊更是如此；诱导的卵泡波并不抑制或延缓 FSH 峰值及随后的卵泡生长波。此外，在绵羊出现的 FSH 的节律性及内源性的变化和持续时间可能在周期绵羊受黄体酮的调节。

二、发情周期的内分泌学

绵羊的发情周期与一系列受 GnRH 调节的内分泌事件的互作密切相关；垂体分泌 FSH 和 LH 及催产素，卵巢的有腔卵泡分泌雌激素和抑制素；黄体分泌黄体酮和催产素，子宫内膜分泌 PGF2α。卵泡的发育与成熟、甾体激素生成、排卵及黄体的形成主要受垂体促性腺激素的控制。促性腺激素的分泌及生物可利用性依赖于多种内外环境因素之间的相互作用。内部因子包括局部产生的氨基酸和多肽/蛋白激素、卵巢甾体激素及其他卵泡激素，如抑制素、活化素及卵泡抑素、神经递质及神经调质以及子宫产物；外部因子包括光照信号、雄性外激素、营养和应激等，这些因素也影响丘脑下部—垂体—卵巢轴线的功能。这些因素可直接通过调节 GnRH 的分泌，或间接通过改变垂体对 GnRH 的反应性或卵巢对 Gn 的敏感性、局部血流或淋巴与血液之间激素的逆向交流而发挥作用。

（一）促性腺激素的分泌

GnRH 的排卵前分泌及随后引起的 LH 和 FSH 的分泌约在排卵前 14h 达到峰值，Gn 峰值是由发情周期的最后阶段黄体酮浓度的降低及雌二醇浓度的升高启动及维持的。由 GnRH 引起的 LH 的节律性波动在绵羊的所有繁殖阶段均会出现，包括 Gn 排卵峰前、峰值阶段及峰值后期。LH 波动频率及幅度的增加预示着 LH 排卵峰的出现。LH 增加的幅度在峰值的下降阶段似乎比在上升阶段更大，峰值期 LH 也表现基础分泌（非波动性）。

黄体酮及雌二醇共同发挥作用调节 LH 波动性分泌的频率及幅度，LH 的波动性释放与血液循环中黄体产生的黄体酮水平呈负相关。在后情期及间情期早期，血清 LH 的基础水平及 LH 的波动频率逐渐降低，而 LH 波动的持续时间及 FSH 的波动频率增加。黄体期早期最大卵泡生长期结束时 LH 波动的幅度增加，在血清黄体酮浓度升高到基础浓度之上后 1 天，LH 波动的幅度及持续时间均增加。

在出现卵泡波时平均及基础血清 FSH 浓度增加，在间情期早期最大有腔卵泡生长期间 FSH 的波动频率增加，而黄体的形成则与平均及基础 FSH 水平和 FSH 波动频率的暂时下降有关。在周期结束时，随着黄体酮浓度降低，平均及基础 LH 浓度（即 LH 不再波动后的浓度）及 LH 波动的频率增加；在排卵间期，平均及基础 FSH 浓度在卵泡波出现的当天达到峰值，之后在最后一个卵泡波出现后 2 天降低到最低点。在发情周期最后一个卵泡波出现或倒数第二个卵泡波最大卵泡生长期结束时，LH 波动性分泌的基本特征没有明显变化。促性腺激素分泌特征的这些变化表明绵羊发情周期的黄体期 LH 的分泌主要反映了黄体的发育及分泌活性；只有在周期的早期 LH 波动幅度的增加与卵泡波出现的生长期有联系。FSH 的平均及基础浓度在绵羊的整个发情周期与卵泡波的出现时间具有密切联系，FSH 的波动频率在发情周期的中期卵泡生长期增加，但在黄体分泌的黄体酮开始增加时下降。血液循环中 FSH 浓度每天有规律的波动以及大约每 4 天出现一个周期，这种现象出现在整个卵巢周期及表现季节性乏情的母羊，摘除卵巢的绵羊也可检测到这种变化。

在排卵前期，FSH 分泌的主要特点是连续出现两个峰值，第一个峰值与排卵前 LH 峰值同时出现，第二个峰值则出现在 20~36h。第二次的 FSH 释放幅度较小，但持续时间较长（20~24h；排卵峰持续 11~12h）。FSH 排卵峰之前 FSH 水平相对较低，而血清 LH、雌二醇及抑制素浓度则增加，表明排卵前 FSH 峰值的出现可能是由于 GnRH 的作用所致。第二次 FSH 峰值出现在排卵之后，可有效终止卵泡 FSH 抑制因子的分泌。

（二）卵巢甾体激素的分泌

1. 雌二醇的分泌及其对有腔卵泡生长的影响

在绵羊的发情周期，血液循环中雌二醇浓度有 3~4 次明显的增加。

第一次增加发生在黄体溶解开始后的当天，与 LH 波动频率的增加有关；发情周期卵泡期雌二醇的持续增加反映了排卵前卵泡中 LH 受体密度的增加。在出现 LH 排卵峰期间，卵泡液中黄体酮浓度增加，在 LH 峰的 16~24h 期间雌二醇浓度降到最低。一旦 LH 浓度超过 5ng/mL，最大卵泡不再对 LH 发生反应而产生雌二醇。随后雌二醇的增加出现在整个黄体期，每次增加的间隔时间为 3~4 天。在少羔的绵羊品种，与在间情期出现的非排卵卵泡波相关的雌二醇波动的幅度与排卵前增加的雌二醇分泌没有明显不同。在多羔绵羊品种，排卵前出现的雌二醇峰值浓度明显比发情周期的黄体期的高。

2. 血清黄体酮浓度及与黄体发育和卵泡发育动态的关系

绵羊在排卵之后（第 0 天）及黄体形成早期出现非常低浓度的黄体酮，在第 3~7 天其浓度明显增加，第 12 天时达到平台期，随后快速降低，在下次发情及排卵前达到最低。表现发情周期的绵羊血液循环中黄体酮浓度的变化准确反映了黄体的生理变化，但黄体大小的变化只是在黄体形成和黄体溶解的短时间内与血液循环中黄体酮浓度有关。

在多羔绵羊，排卵卵泡较小，黄体也较小。多羔绵羊与少羔绵羊相比，似乎产生更多但更小的黄体，因此在后情期及间情期少羔绵羊产生的黄体酮比多羔绵羊更多。虽然黄体的数量与其大小呈反比，但黄体本身也可能对共同存在的黄体发挥抑制作用。在多羔的 Finn 绵羊，绵羊在黄体生长期间，黄体组织的增加比血液循环中黄体酮浓度的增加快，但在黄体溶解期间，黄体体积的缩小与血液循环中黄体酮浓度降低平行，但在少羔的 Western White Face 绵羊则并非如此，其黄体体积的缩小比血液黄体酮浓度的降低缓慢。

在绵羊的发情周期，第一个及随后出现的卵泡波中最大卵泡的生长可能存在差异；第一个卵泡波的最大卵泡半衰期比所有以后在黄体期出现的非排卵卵泡长。此外，在发情周期的第一个卵泡波开始前后及排卵前后，小的有腔卵泡（直径 1~3mm）的数量出现短暂性增加。在少羔绵羊，这种变化似乎更为明显，这可能主要是由发情周期血液循环中黄体酮浓度的变化所引起；黄体期早期卵泡生长时间的延长可能与正在发育或未完全发挥功能的黄体分泌的低水平的黄体酮有关。黄体产生的黄体酮对卵泡半衰期的影响为局部性还是全身性的（即由 FSH/LH 分泌所介导），或者两种机制均发挥作用，目前还不很清楚。

在单侧卵巢排卵的绵羊，不能继续生长的直径为 3mm 的小卵泡的数量在含黄体的卵巢明显减少，表明黄体结构可能会局部抑制卵巢上生长达到 3mm 的卵泡的生长，但黄体对直径更大的卵泡的生长则没有抑制作用。此外，黄体结构的存在似乎并不影响直径超过 5mm 的卵泡半衰期的长度，也不影响每个卵巢的排卵数量。总之，这些观察结果表明黄体酮对大的有腔卵泡的生长的影响似乎是全身性而不是通过局部机制发挥作用。

在表现发情周期的 Western White Face 绵羊，如果其出现 4 个卵泡波，则与具有 3 个卵泡波时相比，血清黄体酮浓度较高，FSH 浓度较低。因此，黄体酮可能是控制血清 FSH 浓度周期性增加及卵泡波数量的关键内分泌调控因子。在绵羊的发情周期，黄体酮可能通过两种机制调节 FSH 峰值的数量及周期性。第一种机制为 GnRH 刺激垂体促性腺激素细胞合成及释放 LH 和 FSH，在 GnRH 的波动性分泌较低时，FSH 比 LH 优先分泌。因此，在黄体酮的影响下，产生 FSH 的 Gn 细胞对 GnRH 的敏感性增加，导致垂体分泌的 FSH 增加。第二种机制为血液循环中的黄体酮浓度可能指导血液循环 FSH 的清除速度。FSH 以多种异体从垂体分泌，在存在黄体酮时产生的 FSH 糖基化程度较低，其半衰期较短。由此表明黄体酮诱导 FSH 较早出现峰值及提早卵泡波的出现可能是由其对 FSH 不同异体比例的改变所引起。高浓度的黄体酮（例如在每个周期出现 4 个卵泡波时）可改变 FSH 的比例，因此有利于出现更多糖基化程度高的异体，FSH 的浓度达到卵泡募集更早所需要的阈值；而低浓度的黄体酮（在具有 3 个卵泡波时）可使糖基化程度低的 FSH 异体的比例增加，因此使得 FSH 以更快的速度从血液循环中清除，难以达到 FSH 的峰值浓度。

三、乏情季节向繁殖季节过渡期的内分泌变化

绵羊在从繁殖季节向乏情期过渡时，卵泡波的出现暂时性地与 FSH 的分泌脱离，有些 FSH 峰值不能启动卵泡波的出现。过渡到乏情期时，与繁殖季节中期相比，雌二醇的产生明显减少，黄体酮浓度降低。FSH 峰值与卵泡波的出现不同步以及雌二醇的产生减少，并非是由 FSH 分泌发生改变所致，更有可能是由卵巢对促性腺激素的敏感性降低所引起。

在繁殖季节的第一次排卵前，母羊血液循环中黄体酮浓度明显增加，但此时有些动物的卵巢上并没有黄体结构，而有些绵羊的卵巢上具有黄体化的未排卵卵泡。繁殖季节前出现的血液循环中黄体酮浓度的增加并不改变卵泡波的发育，因此其可能只是在诱导发情行为、将发情行为与 LH 排卵峰值同步化及阻止随后的黄体期黄体提早溶解中发挥作用。每天 FSH 浓度的波动并不受乏情终止的影响，FSH 峰值与卵泡波的出现形成密切联系。与乏情绵羊相比，雌二醇可能恢复其分泌，但在繁殖季节的第一次黄

体期开始之前并不与最大卵泡的生长完全同步。

第五节 山羊的发情与发情周期

山羊能适应各种严酷的环境（对热应激及干旱有较好的抗性，能更好地利用草场），因此可在各种气候条件下养殖。山羊的饲养见于热带地区，主要用于产肉，在有些地区也用于产奶、纤维及皮革生产；在温带地区，山羊主要用于产奶，也用于产肉和纤维。

山羊的繁殖活动表现季节性，这主要与光照周期的变化有关。全年中繁殖季节的开始及持续时间依赖于各种环境及生理因素（如纬度和气候、饲草料、品种及繁殖方法）。

一、发情周期

山羊的发情周期卵巢和生殖道所发生的所有形态及生理变化导致母羊表现发情行为（对公羊表现性接受性）、排卵及生殖道准备接受交配、受精及胚胎附植。在繁殖季节，母羊可出现数个连续的发情周期，发情周期的数量取决于繁殖季节的长度及山羊的品种。山羊的发情周期平均为21天，但变化范围较大。对Alpine山羊繁殖季节进行的观察发现，正常发情周期中，77%为17~25天，14%为短周期（平均为8天），9%为长周期（39天），说明其短周期较为常见，而且在繁殖季节前或繁殖季节诱导排卵，则短周期更多见。

（一）卵巢周期及内分泌调节

在山羊的发情周期，卵巢发生形态（卵泡募集及生长）、生化（卵泡成熟）及生理（内分泌调节因子）变化，最后导致排卵。性腺的这些周期性变化也称为卵巢周期。

山羊整个发情周期中的卵泡也呈波状生长，可出现2~6个卵泡波，其中3个或4个卵泡波为常见，最后一个卵泡波形成排卵卵泡。如果发生排双卵，则排卵卵泡通常来自相同的卵泡波，但有时也可来自两个连续的卵泡波。

山羊的卵巢周期可分为卵泡期和黄体期。卵泡期为卵泡发育提供排卵卵泡的阶段，包括依赖于促性腺激素的卵泡的成熟一直到排卵（生长终止）的阶段。在卵泡期，垂体分泌的FSH刺激卵泡生长，一群直径为2~3mm的依赖于促性腺激素的有腔卵泡募集，卵泡进入其终末生长阶段。这些卵泡中只有 2~3 个可达到直径为 4mm，被选择而进入优势卵泡阶段。在 LH 的影响下，这些卵泡达到排卵前阶段（直径为 6~9mm），而亚优势卵泡则发生退化（卵泡闭锁）。外周血液循环中大卵泡分泌的 $17\beta-E_2$增加，诱导母羊表现发情行为；雌二醇也可发挥正反馈作用调节性腺轴系，GnRH 分泌增加，诱导出现 LH 排卵峰，其在 20~26h 后引起排卵，随后卵泡细胞发生黄体化。卵泡期开始于出现明显的发情行为之前，因此也称为前情期。发情期包括从开始表现发情行为到发生排卵的阶段。

季节和营养均影响山羊的排卵率。典型情况下安哥拉山羊在大多数生产条件下排单卵，但在非常好的营养条件下可排双卵。波尔山羊的平均排卵率为 1.7 个，我国的马头山羊平均排卵率为 2.1 个。

黄体期开始于排卵时，大约在发情开始后 5 天；排卵卵泡的细胞转变为黄体细胞，形成黄体，黄体分泌的黄体酮浓度升高，可维持>1ng/mL 以上的高浓度达 16 天。在黄体期，依赖于 Gn 的卵泡继续以卵泡波的形式生长，但黄体酮抑制其排卵。黄体期结束时，未孕子宫产生的 PGF2α 诱导黄体溶解，分泌的黄体酮减少。血浆黄体酮浓度的下降逐渐消除了对促性腺激素分泌的抑制作用，新的卵泡期开始。黄体期也称为发情后期，可分为血液循环中黄体酮浓度开始升高的后情期及外周黄体酮浓度升高一直到黄体开始溶解的间情期。

（二）生殖道的细胞学及分泌的周期性变化

在山羊的发情周期，生殖道发生各种变化，以促进精子转运及受精和为胚胎附植做好准备。阴道、子宫颈及子宫黏膜在发情时由于高的雌激素浓度而充血水肿。此外子宫、子宫颈及阴道腺体分泌大量的黏液，这些黏液在发情开始时清亮，之后随着发情的进展而变得黏稠。

子宫颈黏液通过控制及指导精子的迁移而发挥重要作用。雌激素刺激子宫颈内大的子宫颈皱褶底部的黏液细胞分泌黏蛋白，子宫颈皱褶顶部的黏液细胞也可分泌部分黏蛋白。发情时，子宫颈黏膜湿润，易于被精子穿过，使得精子迁移通过子宫颈。排卵后外周血液循环中黄体酮水平升高，抑制子宫颈分泌物的产生。山羊发情周期生殖道可发生典型的细胞学变化，阴道脱落细胞和卵巢甾体激素分泌的周期性变化之间具有一定的关系，因此可利用这些脱落的细胞估计发情周期的状态。研究发现，表面细胞与前情期、发情期和后情期早期有关；中间及旁基底细胞则以较大的数量见于黄体酮作用占优势的黄体期。阴道腔的脱落细胞是外周雌激素浓度升高引起阴道壁变厚所致。随着最外层远离血液供应，细胞发生角质化，从阴道壁脱离。

肥大细胞的分布也因发情周期生殖道的生理性增厚及卵巢组织的变化而不同。卵巢、子宫、子宫颈及输卵管中肥大细胞的数量在前情期最高，后情期最低。肥大细胞来自造血细胞前体，是变态反应性疾病最为关键的效应细胞，这些细胞可发挥岗哨细胞的作用协助调节子宫的宿主反应系统，在胚胎附植中可能发挥重要作用。

（三）发情行为

山羊的发情行为包括两个阶段：接受态前期及接受期。接受态前期母羊主要表现为找寻及刺激公羊；接受期则表现为母羊对公羊的推动表现不动反射，包括连续爬跨及交配。发情开始时，接受期之前总是出现接受态前期，之后同时表现两种行为。

发情行为持续的时间大约为36h，但依年龄、个体及品种的差异、季节及是否有公羊在现场，持续时间范围可达24~48h。安哥拉山羊及Mossi山羊发情期最短，分别只有22h和20h。Creole山羊的发情行为持续27h，法国Alpine山羊发情可持续31h，波尔山羊发情期持续时间平均为37h，我国的马头山羊为58h。

从发情开始到出现LH峰值的时间依品种及个体而不同，Alpine山羊为14.5h，Mossi山羊为14~22h，波尔山羊为8h。排卵相对于发情开始的精确时间有一定差异，范围为9~37h，一般来说发生于站立发情结束时。公羊在现场的存在及在发情期的交配可缩短发情持续的时间，但不影响排卵时间或排卵率。

二、繁殖季节

一般认为，山羊为季节性繁殖的动物，但不同品种及不同地理位置的山羊其季节性存在一定的差异。山羊繁殖季节的开始及持续时间依赖于许多因素，如纬度及气候、品种、生理阶段、公羊的存在、配种方法等，但主要受光照周期的影响。

影响小反刍动物季节性繁殖的主要环境因素是白昼长度的年度变化。光照周期对繁殖的调控主要是通过松果体褪黑素分泌的昼夜节律调控的，而褪黑素影响GnRH波动节律的产生和丘脑下部—垂体—性腺轴系的反馈通路。热带及赤道地区饲养的山羊由于光照周期及温度变化不大，繁殖季节比温带及极地地区饲养的山羊长。

第二章　不　育

生育力是指动物繁殖和产生后代的能力。不育应当是专指动物受到不同因素的影响，生育力严重受损或被破坏而导致的绝对不能繁殖；但目前通常亦将暂时性的繁殖障碍包括在内。

由于各种因素而使母畜的生殖机能暂时丧失或降低，则称为不孕，不孕症则为引起母畜繁殖障碍的各种疾病的通俗统称。在生产实践中，对未孕母畜有时还用空怀这一称谓，但空怀是生产统计所用的一个名词，只适用于已列入繁殖计划而未妊娠的母畜，无繁殖能力而未列入繁殖计划者不属于空怀之列。因此在养殖场，虽然消灭了空怀现象，但不一定就没有不孕母畜；相反，如果存在空怀现象，则必然有母畜是不孕的。

第一节　评价母畜生育力和不育的标准

为了评判动物的生育力，人们制定了各种衡量标准或在正常情况下应该达到的指标，这些指标也可作为判断畜群不育的准则。由于饲养方法及生产系统的差异很大，因而文献资料中见到的指标不尽一致，加之评判生育力的目标不同，涉及的因素也千差万别。一般说来，家畜的生育力主要受环境、管理及生物因素相互制约，其衡量标准大多与经济效益有关。

一、牛的生育力

1. 平均空怀期

平均空怀期是指奶牛从产犊之日到配种受胎之日所经历的天数，如果配种日期不明，则是指空怀 60 天以上而检查出来的日期。在奶牛群，一般要求在 115 天以下。

2. 受配百分比

用来评定牛群的发情鉴定准确与否，即牛群中受配母牛所占的比例，一般要求至少达到 70%～85%。

3. 配后发情检查

为衡量配后母牛返情及返情后发情周期分布的指标，检查内容包括：①在3~17天和/或25~35天的发情间隔期后再配种的牛，其所占百分比应该小于10%。②在正常发情期间检出的发情牛数与在其倍数内检出的牛数比率（例如18~24天检查到的发情牛数/36~48天检出的发情牛数），是衡量发情鉴定效果的重要指标，正常应为6∶1左右。

4. 3次或3以下次输精受孕率

3次或不到3次输精受孕的牛数与产犊至第一次配种的间隔时间、生殖道的状况、发情鉴定的准确程度、精液的质量、输精人员的技术水平以及牛群的营养状况等有关，如果在产后45天左右配种，3次或3次以下输精受孕的牛应该高于90%。

5. 直肠检查确诊的妊娠率

配种后35~60天内通过直肠检查出的妊娠率是衡量发情鉴定效果的另一指标，正常时未孕牛应该小于10%。

6. 输精的妊娠牛数

发情鉴定不准确，则会导致给妊娠牛错误输精，从而引起流产。管理条件良好，错误输精的妊娠牛应该低于5%。

7. 有问题牛的百分比

牛群中有问题的牛所占的百分比很大，说明输精技术不熟练，使用的精液有问题，母牛的生育力低下或者有繁殖疾病或传染性疾病。在正常情况下，其百分比应小于15%，计算方法是：检查时繁殖牛群中空怀超过100天的牛数除以总牛数，再乘以100%。

8. 前12个月（一年）的配种情况

包括：①配种的次数。②成功的百分比。③每一受胎的配种次数。④连年第一次配种的受胎率。这些数据对于评价繁殖效率十分重要。如果每受胎的配种次数多，或者成功的百分比低，则说明所用的母牛或公牛的生育力低下，或者发生了早期胚胎死亡，输精技术不熟练等。这些参数的计算方法如下。

（1）输精成功百分比：前12个月妊娠牛的数量/输精次数，应大于50%。

（2）每一受胎输精次数：应低于2.5。

（3）第一次配种的受胎率（如果在产后45天配种）：应高于55%。

（4）妊娠牛的平均配种次数：应少于1.5。

9. 繁殖淘汰率

正常目标应小于8%。

10. 流产率

妊娠 45~270 天应低于 8%；妊娠 120 天以后应低于 2%。

11. 胎衣不下发生率

产后 12h 内不能排出胎衣的母牛应少于 8%。

12. 犊牛死亡率

是指死亡的犊牛头数所占犊牛数的百分比，包括出生及出生后 24h 内死亡的犊牛。该参数反映了围产期的管理水平，影响因素主要有：①母牛的体况。②公牛的选择。③分娩时的管理和护理。④发生难产时的助产技术。该参数在青年母牛低于 8%，成年母牛低于 6%。

为了简化起见，可以以超过正常的产后配种期 85 天为基数，超过此天数之后多少天未能妊娠就算多少天不孕，例如产后 87 天受孕，则算作 2 天不孕。采用这一标准计算与每头牛每年应产一胎的目标相吻合，如果平均妊娠期按 280 天计算，再加上配种期 85 天，恰巧是 365 天。

一般认为，奶牛群应达到下述指标：第一次配种的受胎率在 60% 以上，每受胎的配种次数平均为 1.5~1.7 次，产犊间隔时间为 12~13 个月，从产犊到受胎的空怀期不超过 100 天，即认为生育力正常。

关于母牛不育的标准，即在特定的情况下，经过多长时间未能怀孕才应算作不育，目前尚无统一标准。有人认为，在奶牛，无论从兽医角度或是从畜牧生产出发，每年繁殖一胎是合适的。因此超过始配年龄或产后的奶牛，经过 3 个发情周期（65 天以上）仍不发情，或繁殖适龄母牛经过 3 个发情周期（或产后发情周期）的配种仍不受胎或不能配种的（管理利用性不育），就是不育。

二、羊的生育力

羊的生育力通常用整群羊的繁殖效率表示，也可用每只母羊每年断奶的羔羊数表示。影响羊繁殖效率的主要因素包括 3 个方面：①生育力，即母羊能否怀孕产羔和羊群中空怀羊的比例。②生育能力，即每怀孕所产羔羊的数量。③存活率，即羔羊生存至断奶时的百分比。

一般来说，绵羊的空怀率为 6%~7%，其生育能力主要受遗传选育、母羊的年龄、营养状态和环境等因素的影响。羔羊的存活率则主要受管理、营养和环境的影响，但通过遗传选育良好的母性行为，可在一定程度上增加羔羊的存活率。绵羊第一次配种的怀孕率一般可以达到 90% 以上，3 次配种之后的怀孕率可以达到 99%。采用 AI 技术时则受胎率较低，但采用腹腔镜技术进行子宫内输精，鲜精输精的怀孕率仍可以达到 70%。

如果不发生严重的传染病，山羊一般不会因不育而引起严重的损失，每个配种季节结束时也只有少数山羊空怀。

第二节　不育的原因及分类

引起母畜不育的原因比较复杂，按其性质不同可以概括为7类，即先天性（或遗传）因素、营养因素、管理利用因素、繁殖技术因素、环境气候因素、衰老、疾病。每类中又包括各种具体原因。为了有效防治不育，迅速从畜群中找出引起不育的原因，制订切实可行的防治计划，并对不育获得一个比较完整的概念和便于在防治工作中查考，现将母畜不育的主要原因及其分类列于表3-1。

表3-1　不育的原因及分类

<table>
<tr><th colspan="3">不育的种类</th><th>引起的原因</th></tr>
<tr><td colspan="3">先天性不育</td><td>先天性或遗传性因素导致生殖器官发育异常或各种畸形</td></tr>
<tr><td rowspan="11">后天获得性不育</td><td colspan="2">营养性不育</td><td>营养不足而瘦弱、营养过剩而肥胖、维生素不足或缺乏、矿物质不足或缺乏</td></tr>
<tr><td colspan="2">管理利用性不育</td><td>运动不足、哺乳期过长、挤奶过度、厩舍卫生不良</td></tr>
<tr><td rowspan="4">繁殖技术性不育</td><td>发情鉴定</td><td>未注意到发情而漏配、发情鉴定不准确而错配</td></tr>
<tr><td rowspan="2">配种</td><td>本交：未及时让公畜配种（漏配）、配种不确实、精液品质不良（公畜饲养管理不良，配种或采精过度）、公畜配种困难</td></tr>
<tr><td>人工输精：精液处理不当，精子受到损害；输精技术不熟练</td></tr>
<tr><td>妊娠检查</td><td>不及时进行妊娠检查或检查不准确、未能发现未孕母畜</td></tr>
<tr><td colspan="2">环境气候性不育</td><td>由外地引进的家畜对环境不适应；气候变化无常影响卵泡发育</td></tr>
<tr><td colspan="2">衰老性不育</td><td>生殖器官萎缩，生殖机能减退</td></tr>
<tr><td rowspan="2">疾病性不育</td><td>非传染性疾病</td><td>配种、接产、手术助产消毒不严，产后护理不当，流产、难产、胎衣不下及子宫脱出等引起的子宫、阴道感染；卵巢、输卵管疾病以及影响生殖机能的其他疾病</td></tr>
<tr><td>传染性疾病和寄生虫病</td><td>病原微生物或寄生虫使生殖器官受到损害，或引起影响生殖机能的疾病或结核病、布鲁氏菌病、沙门氏菌病、支原体病、衣原体病、阴道滴虫病等，而使生育力减退或丧失</td></tr>
<tr><td colspan="2">免疫性不育</td><td>精子或卵母细胞的特异性抗原引起免疫反应，产生抗体，使生殖机能受到干扰或抑制，导致不育</td></tr>
</table>

第三节 不育的检查

为了准确查出引起母畜不育的原因并使其及时得到纠正，对不孕母畜应进行全面检查。检查时先从病史调查入手；其次是临床检查，其中包括外部检查、阴道检查和直肠检查。在进一步检查时还需要进行激素分析及其他特殊检查。

一、病史调查

调查不育母畜的病史对判断不育的性质、程度及范围等具有重要意义。病史资料的可靠程度主要取决于资料的来源，如果管理良好，则繁殖记录是非常可靠的病史资料之一，但在我国畜牧业现行的饲养管理条件下，尤其是在农牧区及个体饲养户，有完整繁殖记录的为数不多，因此收集病史着重要进行询问，尽可能收集最为详尽的各种资料。进行病史调查应详细询问有关人员，按拟定的内容收集资料，详细了解动物个体及群体的繁殖状态。

1. 询问病史

向有关人员（饲养员、配种员、挤奶人员等）详细询问各种情况，乃是检查母畜不育的一项极为重要的项目，因为这些人员经常饲养、管理、使用家畜，能够对家畜进行长期观察，而且有的人员对家畜的疾病还有相当丰富的经验，所以全面细致地了解家畜的情况，征询他们的看法，可能得到对诊断极为有用的资料。某些营养性、管理利用性、繁殖技术性和衰老性不育，有时根据病史就可做出初步诊断。即使病史与检查情况不完全符合，也能启发进一步思考，使做出的诊断更为全面。

询问的内容主要包括以下几个方面。

（1）不育母畜的数量：根据患畜的多少，可以估计不育的原因是带有共同性的，还是仅为个别情况。

（2）母畜的年龄：利用年龄结合发情配种情况，可以推测是否有先天性或衰老性不育的可能。

（3）母畜的饲养、管理和利用情况：例如饲料的种类、数量、质量及来源，是舍饲或放牧，有无棚圈以及运动、使役和产乳等情况，可以确定是否为营养性和管理利用性不育。

（4）母畜过去的繁殖情况：例如询问怀胎的次数，上次妊娠的过程，是否发生过流产等妊娠期疾病，尤其是分娩的时间、过程和产后经过；如是否发生过难产、胎衣不下及子宫脱出；产后发情周期恢复的时间以及发情周期的次数和规律，发情的时间和现象；配种次数、时间、方法和技术是否熟练等。根据这些资料，有时就可初步诊断母畜的不育是否为繁殖技术性的或为疾病性的。

（5）母畜生殖系统状况：母畜是否常常努责，是否患有生殖器官疾病，患病时间的长短、表现症状、开始如何、结果又如何等。除了全身情况（食欲、反刍、泌乳等）以外，特别应注意询问生殖器官出现的特征症状及发情现象，例如阴门中有无液体排出，其性状如何、数量多少等。

（6）母畜患病情况：母畜以前是否患过其他（内、外科）疾病，特别是相关传染病和寄生虫病，因为有些疾病可能影响母畜的全身健康或生殖道而导致不育。

（7）种畜及配种情况：畜群中种公畜的数目，饲养管理、健康、年龄、配种能力、精液及精子状况、配种定额和过去的繁殖成绩等。不育不仅与母畜有关，而且有时是由种公畜和繁殖工作组织不当所引起，所以询问病史时不应忽略公畜的情况。

（8）分娩情况：分娩日期在分析不育的原因上很重要，分娩的性质及是否正常在一定程度上决定了动物以后的繁殖能力；胎衣的排出情况、产后期生殖道分泌物的性状等在确定不育的性质上也是十分重要的资料。

应当明确调查询问获得的病史资料，在进行诊断时只可作为参考，而不是诊断的唯一依据。在母畜不育的检查项目中，临床检查仍然是最重要的方法。

对没有发情周期循环、产后期过后阴道仍然排出异常分泌物、发情的间隔时间短于15天或持续发情、发情周期长于28天或不规律、上次妊娠曾经发生流产或难产、分娩之后曾经发生胎衣不下或子宫脱出的母畜，最有可能发生不孕，必须仔细检查。

2. 流行病学调查

在引起动物不育的原因中，传染性因素也是一个极为重要的方面。进行不育的流行病学调查，其主要目的是摸清引起不育的传染性疾病的原因和条件，以便及时采取合理的防疫措施，迅速消灭传染病的流行。通过流行病学调查，可以研究某一或某些地区影响动物生育力的传染病发生的一切条件；发病时在疫区内进行系统的观察，查明传染病发生和发展的过程，诸如传染源、易感动物、传播媒介、传播途径、影响传染散播的因素和条件、疫区范围、发病率和死亡率等，有助于拟订有效的防治措施。流行病学调查可从以下几个方面着手。

（1）询问了解：这是调查流行病主要的方法之一。询问的对象主要是与家畜直接有关的人员，通过询问、座谈等方式，力求查明传染源和传播媒介。

（2）现场察看：除询问、座谈外，调查人员还应仔细察看疫区情况，以便进一步了解疫病流行的经过和关键问题所在。在进行现场察看时，可根据疾病种类的不同进行重点项目调查。

（3）实验室检查：实验室检查的目的是确定诊断，发现隐性传染源，证实传播途径，摸清畜群免疫水平和有关病因等。流行病学调查一般说来虽然应以对该传染病已经获得的初步诊断为前提，但为了确定诊断，往往还需要对可疑病畜应用微生物学、免疫学、尸体剖检等各种诊断方法进一步检查。

（4）统计学方法：对调查获得的数据须用统计学方法加以处理，调查完毕，应对全部资料进行分析讨论，并做出相应的结论。

二、临床检查

不育的临床检查包括外部检查、阴道检查和直肠检查 3 个方面。现以牛为例，将各种检查方法分别介绍如下。

1. 外部检查

外部检查主要是对母畜进行视诊；有时从母畜的外部形态就能断定生殖器官是否存在异常情况。视诊检查需从以下几个方面考虑。

（1）体形体态：观察体形体态可以发现某些病理情况。例如，在有些患卵巢囊肿的母牛其头颈部变粗；异性孪生的不育母犊其外生殖器官往往有特征性的变化，在某种程度上表现出雄性特征。

（2）外生殖器官的状况：主要检查阴门及骨盆部的状态，即检查荐结节、荐坐韧带、尾椎、缩肛肌、肛门外括约肌、前庭缩肌等。这些组织的结构特点及张力变化可以反映母牛所处的生理阶段或存在某种病理情况。

（3）阴道分泌物的状况：阴道分泌物可能会粘在尾根或后腿上，因此可以直接或间接进行观察。正常情况下，阴道分泌物比较清亮，在发情前期及发情期逐渐增多，为发情的症状之一。如果分泌物颜色暗红、染有血液或含有子宫内膜碎片，则可能为产后期排出的恶露。正常情况下，产后第 2 周恶露排出的数量达到最大，至第 3 周末即明显减少。生殖道分泌物中含有脓性颗粒，表明生殖道存在有化脓性炎症，分泌物可能是黏脓性的，即清澈的黏液性分泌物中含有脓状絮片或为脓性的，即为纯粹的脓液：其数量不仅在个体之间差别很大，而且在同一动物不同时间也有很大差异。其来源可能是生殖道的任何部位，因此在做出诊断前必须弄清其出处。但有些母牛即使患有子宫积脓，在阴道中可能见不到任何分泌物；而在正常妊娠后期，有些母牛也会排出大量的脓性分泌物。有时在卵巢囊肿患牛可以见到阴门内存有灰色分泌物，而大多数患牛，尤其是在表现持续发情时，常可见到有少量的黏液性分泌物。

（4）乳房：乳房增大或肿胀在正常母牛只在分娩之前和产后才可见到；未孕动物的乳房萎缩变小，往往表明可能患有繁殖疾病。

（5）行为：观察动物的行为只有在它自由活动时才比较可靠；在母牛必须注意观察其发情行为表现有无异常。

2. 阴道检查

一般说来，在实施阴道检查之前应对所用的开膣器及术者手臂彻底充分消毒，准备工作繁杂，而且这种方法对大多数不育病例并不具有决定性的诊断意义，在某些病例，只可作为一种辅助方法帮助解释直肠检查的结果，因此阴道检查应用较少。

阴道检查包括徒手检查和开膣器检查两种。

（1）徒手检查：徒手阴道检查比较少用，检查前术者应将手臂彻底清洗消毒，被检动物的阴门及会阴部亦须用无刺激性的肥皂水洗涤干净，检查时兽医人员应带上塑料手套，并充分涂敷润滑剂。这种方法用于检查产后牛生殖器官的变化有一定的实用价值，可以查明阴道和子宫颈的损伤、胎衣滞留情况以及子宫颈的开张程度。

（2）开膣器检查：应用开膣器可以直接观察子宫颈的位置和开张程度，子宫颈及阴道分泌物的颜色、性状，是否有损伤及其他异常。

牛和马正常的阴道黏膜为粉红色，且较湿润，但马在发情及妊娠时阴道黏膜的变化与牛不尽相同。一般来说，大多数动物发情时内生殖器的黏膜轻度充血，子宫颈外口及阴道中有清澈的黏液；发生病理变化时，子宫颈内可排出脓性分泌物，有时阴道中也积聚有异常分泌物，阴道及前庭黏膜有时严重充血，颜色苍白，并形成溃疡或结节。

有些牛前庭黏膜上出现红色的小肿块，表明存在有淋巴组织浸润，这种肿块多见于前庭底部，有人见到50%以上的繁殖母牛都有这种情况，可能为结节性阴道炎，但也有人发现，妊娠及未孕母牛出现这种结节的比例几乎相等，因此认为可能对生育力无大的影响。

3. 直肠检查

迄今为止，直肠检查仍然是母畜科临床上最为经济、准确、广泛应用的方法。

(1) 子宫颈的检查：在检查牛的生殖道时，首先要查明子宫颈的位置，其位置变化可以提示一些重要迹象。检查牛的子宫颈时，可将手伸直骨盆入口处，然后手指微弯，沿着一侧骨盆腔内壁向下滑动，越过骨盆底到达另一侧，则会发现牛的子宫颈呈圆柱状，较硬，在骨盆底的中线耻骨前沿，也会直接触到圆柱状的子宫颈；应仔细触诊其形状、大小，并查明其准确位置。

子宫颈的大小随年龄、繁殖阶段及有无异常而有变化，一般来说正常未孕牛的子宫颈长7~10cm，子宫颈后端的直径为3~4cm，青年母牛的子宫颈略小。随着年龄增长及胎次增多，子宫颈逐渐变大，尤其后端变粗更为明显。

妊娠牛的子宫颈在临产松弛之前不会变大，但在分娩的第一阶段及第二阶段则会充血。产后子宫颈的复旧基本与子宫同步，但过程略为缓慢，因此当子宫角已复旧时子宫颈仍然较大，流产后也有这种现象，可用来帮助判断动物发生流产与否。

各种病理情况可以引起子宫颈的大小发生明显变化，同时也会使子宫颈的形状和质地明显改变。在异性孪生不育母犊，直肠检查可能会发现子宫颈不在原来位置，且为一个狭窄的带状结构，有时甚至缺如。

子宫颈的形状一般不随生理状态的改变而发生变化，但在一些老龄母牛，由于多次分娩，子宫颈可能遭受不同程度的损伤而发生形态变化。在临床上常见的子宫颈形态异常主要发生于子宫颈炎及子宫颈周围脓肿的病例，患子宫颈炎时，子宫颈的形状有不同程度的改变。

在正常未孕母牛，子宫颈大多位于骨盆腔内，但在有些品种，尤其是经产奶牛，子宫颈可能位于腹腔入口处。由于子宫颈是位于膀胱之上，因此膀胱充满尿液时子宫颈的位置可能偏移。

由于子宫颈直接由阔韧带、间接由阴道固定，游离性颇大，直检时可以向各个方向移动，但其游离性在很大程度上受子宫重量的制约。子宫重量增加时会将子宫颈拉向骨盆边缘。在妊娠初期，子宫颈仍然可以自由移动，但在妊娠60~70天时移动起来就比较困难。产后10~14天的复旧子宫仍然很重，因此子宫颈多难自由移动。如果子宫中有液体，子宫颈的活动性也会降低，例如患子宫积脓、子宫积液或者子宫肿瘤等以及胎儿浸溶和胎儿干尸化的病牛，子宫颈可能会被固定而难于移动。在某些生理及病理情况下，牛子宫颈的位理及活动性的变化见表3-2。

表 3-2 牛子宫颈位置及活动性的变化

子宫颈位于骨盆腔且可自由移动	子宫颈位于腹腔位置固定
正常未孕	妊娠 70 天以上
妊娠 60~70 天	子宫积脓或子宫积液，而且液体容量在 2L 以上
分娩后子宫复旧已经历 14 天以上	子宫中积聚的液体超过 2L
子宫积脓及子宫积液，但液体容量少于 2L	子宫广泛形成淋巴细胞瘤样损伤
慢性子宫炎但子宫中积聚的液体不多	广泛粘连
	胎儿干尸化或浸溶
	卵巢肿瘤

（2）子宫的检查：如果直肠检查时子宫颈可以移动，表明子宫内容物不多，子宫的重量小，此时应将子宫向后拉并翻转过来进行详细检查；用中指抓住子宫腹面的角间韧带即可将它向后拉回骨盆腔内。

检查牛的不育时，必须触诊子宫的各个部分，注意其大小有无变化。在正常情况下，只在妊娠及产后期子宫的大小和质地才发生明显的改变，否则为病理情况。在临床上具有诊断意义的子宫变化主要是子宫的大小及其收缩力量的改变。

妊娠时，子宫逐渐增大；在产后期，子宫则从分娩时的大小逐渐恢复到正常未孕的状态。一般来说，产后 3~4 天子宫即明显开始复旧，子宫角缩小比子宫颈快，产后 2 周之前虽然子宫角的长度变短，但其壁仍然较厚；子宫颈的复旧更为缓慢，全部完成需 3 周左右。

发情前 1~2 天子宫肌层的张力及敏感性逐渐增加，母牛接受爬跨时达到高峰，此时子宫角紧缩卷曲，壁变厚，用手刺激时变化更加明显，排卵后 48h 子宫肌的敏感性消失。

在各种病理情况下，子宫可以发生明显的特定变化，其中有些变化虽然并不导致不育，但可降低受胎的机会。

（3）卵巢的检查：为了查明母畜的不育，定期检查卵巢对诊断某些疾病具有决定性意义。检查卵巢时应注意其大小、形状、质地及位置的变化。

正常未孕母牛的卵巢随着卵泡的发育和黄体的退化而出现周期性变化，如果患有某种疾病，则卵巢的周期性变化紊乱或完全停止。通过直肠检查可以查出卵巢的变化情况。如果有卵泡发育，则卵泡突起形成表面光滑的圆形，在发育的中期直径约 1cm，在发育达到峰期时直径增大为 2.0~2.5cm，触诊有波动感；由于卵泡腔中有液体积聚，因此其壁紧张，直到排卵前才变得较软。排卵后黄体发育，排卵后 12~24h 可以摸到排卵凹，卵巢上有一环状的柔软区，直径一般不超过 1cm，有时略微突起。

排卵后 5~7 天黄体迅速发育。排卵后 2~3 天开始，牛新发育的黄体（红体）中只积有少量血液。触诊的主要特征是，卵巢的体积逐渐增大，至发育完全，黄体的直径达 2.5~3.5cm 时，卵巢的体积可增大一倍。卵巢上存在黄体时，其形状发生变化，黄体组织以不同的大小突出于卵巢表面形成冠状结构，如果整个黄体包埋在卵巢中间，卵巢形状的变化就不很明显。黄体的表面形状及质地与卵巢不同，较硬，触诊有分叶状感觉，因此比较容易与卵巢本身区别。

随着发情周期的循环，卵巢发生明显的特定变化，利用卵巢上卵泡或黄体的大小及质地变化可以推测母牛所处发情周期的大致阶段。牛发情周期不同阶段中行为及生殖道的变化见表 3-3。

表 3-3　牛发情周期中卵巢、子宫及行为的变化

发情周期（天）	直肠检查		外部症状
	卵巢	子宫	
1~4	有新黄体形成，第 4 天时直径可达 15mm，旧黄体直径小于 5~6mm，硬而纤维化	发情后子宫内膜持续肿胀 2~3 天	发情后 1 天有少量的分泌物和轻微的发情症状，发情后 2 天出现出血
4~15	第 8 天时黄体直径为 18~20mm，第 10 天时为 20~30mm	子宫松软	前庭黏膜轻度充血
16~18	黄体，20 ~ 25mm；卵泡，8~10mm	子宫张力略有增加	无发情症状
19~20	黄体，10 ~ 15mm；卵泡，12~15mm	子宫有张力，刺激后的反应不规律	表现发情前期的症状，阴门略微胀大，前庭稍红，阴道有分泌物
21	黄体，小于 10mm；卵泡，20 ~ 22mm，软而光滑，排卵，后形成排卵凹	子宫肌层的活动增加，子宫内膜充血，子宫张力明显增加	阴门肿胀，前庭很红，阴道有大量分泌物

一般来说，牛的卵巢上存在有直径小于 1cm 的卵泡，这些卵泡对判断

发情周期的阶段无多大意义，在排卵后第16~17天，母牛表现发情高峰时卵泡的体积达到最大。

此外，在发情周期的各阶段，子宫、卵巢及母牛行为依发情周期各阶段而变化（表3-3）。如牛的发情周期以21天计算，根据卵巢和子宫的检查结果也可推算距下次发情的天数；一般来说，在发情前期及周期的前6~9天估算出的时间比较准确。

4. 特殊检查

通过生殖器官的检查并结合病史，通常对大多数病例可做出诊断，有时还需要借助特殊的实验手段进行确诊。进行实验室诊断时必须注意，发生某些传染病时，生殖道的病原微生物或抗体的效价在患病的不同阶段变化很大，有时甚至经过一段时间后完全消失，因此阴性结果可能只是由采样时间或采样动物错误所致。此外，生殖道中总是存在一些非致病性细菌，即使严加防范，注意采样方法和采用特别设计的采样器械，仍不能完全避免样品污染杂菌。

（1）阴道及子宫颈黏液样品的细菌学检查：阴道黏液可用特殊设计的拭子通过开膣器采集，也可用小滴管从阴道前端及子宫颈外口中吸取，采样时应注意防止样品被污染。

采集的样品不能立即进行检查时，应置入特定培养基中，尽快送往实验室。

（2）子宫内采样方法：

①直肠阴道法：手在直肠内将子宫颈固定住，将采样的器械经阴道送入子宫颈口采集样品。其操作方法与人工输精完全相同。

②阴道法：手将采样器械带入阴道，或者借助开膣器将采样器插入子宫颈。这种方法的缺点较多，目前已很少使用。

（3）腹腔镜检查法：利用腹腔镜/内窥镜技术直接观察动物的生殖器官。

（4）超声波检查：应用超声波技术可间接检查卵巢及子宫的情况。

（5）黄体酮分析：测定血浆及乳汁黄体酮浓度除了可用于诊断妊娠及判断发情鉴定准确与否之外，也可用来判断动物的发情周期有无异常。

（6）子宫内膜活组织采样：采集两侧子宫角和子宫体的活组织样品进行组织学检查，可以帮助判断不育的性质。

第四章　先天性不育

先天性不育是指由于生殖器官的发育异常或者卵子、精子及合子有生物学上的缺陷，而使母畜丧失繁殖能力。

文献中有关母畜及仔畜的先天性畸形的报道很多，但只有在同一品种动物或同一地域重复发生类似畸形时，才可认为其可能是具有遗传作用。

第一节　近亲繁殖与种间杂交不育

人们一直试图通过杂交改良，期望将不同品种的优良性状结合起来遗传给后代，而且在某些动物已经取得了显著成就。但在大多数情况下，种间杂种往往不能繁殖，杂交母畜的性机能虽然正常，但可能由于生物学上的某种缺陷，以致卵子不能受精或合子不能发育。

马、驴杂交所产生的后代骡和駃騠均不育。对骡染色体组的研究发现，在第一次减数分裂时，染色体对不能发生联会，因此，生殖细胞的生成可能难以完善，这是引起不育的主要原因。此外，在染色体的数目方面，马（$2n=64$）与驴（$2n=62$）不同，骡的染色体为63条，而且马和驴的染色体在形态上也差异很大，这也可能是不能发生联会，造成合子死亡的原因。一般来说，母骡卵巢的内分泌学功能可能正常，能够产生正常的卵泡和黄体，表现发情周期循环，有时乳腺可发育并能产生乳汁，但由于卵母细胞的数量极少，发情周期长短可能不正常或两次发情之间的间隔较长。在公骡，有些个体可能有精子生成，但要比正常马或驴少得多。也有人发现，在母骡，每个细胞上的两个X染色体中，驴的X染色体是失活的。另外，有人应用胚胎移植进行研究发现，如果将驴的胚胎移植给母马，大约发育到90日龄时发生流产，但将马的胚胎移植给驴，则大多数能妊娠足月。

牛的杂交后代的繁殖能力也会降低。例如瘤牛—牦牛杂交，其杂种一代雌性具有生育能力，乳产量及乳脂含量均较高，但雄性无繁殖能力。牦牛—黄牛杂交，其后代犏牛与瘤牛—牦牛杂交后代基本相同，而且杂交妊娠的流产及死产均较多。

母山羊与公绵羊或母绵羊与公山羊杂交，虽然也能妊娠，但将近45%的母羊在妊娠至145天之前流产。绵羊（$2n=54$）与山羊的染色体数目（$2n=60$）相差较大，其杂种后代的染色体数则为57。

一般来说，近亲繁殖会使动物的生育力降低，但降低的程度主要依配种所用公畜而定，而且近亲繁殖对生育力的影响具有品系或家族特征。近亲交配后胚胎的死亡率比异系交配后的高；近亲交配所生母畜的流产率也较高。

第二节　两性畸形

两性畸形是动物在性分化发育过程中某一环节发生紊乱而造成的性别区分不明，患畜的性别介于雌雄两性之间，既具有雌性特征，又有雄性特征。两性畸形根据表现形式可分为染色体两性畸形（非正常XX或XY）、性腺两性畸形及表型两性畸形三类（表4-1）。

表4-1　动物的两性畸形

表现形式	举例
染色体两性畸形	XXY综合征、XXX综合征、XO综合征；嵌合体：真两性畸形嵌合体、异性孪生不育母犊、XX/XY睾丸生成不全嵌合体
性腺两性畸形	XX真两性畸形、XX雄性综合征
表型两性畸形	雄性假两性畸形：睾丸雌性化综合征、尿道下裂、缪勒管残留综合征、其他雄性假两性畸形、雌性假两性畸形

一、性染色体两性畸形

性染色体两性畸形是性染色体的组成发生变异，雄性不是正常的XY，雌性不是正常的XX，引起性别发育异常而形成的两性畸形。性染色体两性畸形中除了嵌合体外，其他的畸形一般是性腺和生殖道发育不全，雌雄间性极为少见，嵌合体引起的畸形常为雌雄间性。

1. XXY综合征

相当于人的克兰费尔特综合征。在牛（61，XXY）、羊（55，XXY）、猪（39，XXY）、犬（79，XXY）、猫（38，XXY）及人（47，XXY）均

有报道。患病动物的表型为雄性，有正常的雄性生殖器官及性行为，但睾丸发育不全，组织学检查见不到精子生成过程。睾丸及附睾虽然仍位于阴囊中，但均很小，射出物中不含精子。

2. XXX 综合征

类似人的 XXX 综合征，在牛（61，XXX）、马（65，XXX）及犬（79，XXX）均有报道，患病动物的表型为雌性，但常有卵巢发育不全，此病为性染色体在分裂时未能分离所致。

3. XO 综合征

相当于人的特纳综合征，在猪（37，XO）、马（63，XO）及牛（59，XO）均有报道，患病动物的表型为雌性，但常为卵巢发育不全。

4. 嵌合体和镶嵌体

动物体内含有一种或一种以上不同源的组型不同的染色体细胞，称为异源性嵌合体。性染色体不同的两个合子融合则可形成 XX/XY 嵌合体。个体含有两种或两种以上组型不同但来源相同的染色体细胞，称为镶嵌体，由单个合子在减数分裂时未能分离而形成。异源性嵌合体和镶嵌体虽然细胞来源不同，但其结果一样，即这种个体都含有染色体组型不同的细胞，而且是随机形成的。

异源性嵌合体和镶嵌体动物的性腺和表型性别依细胞系所含的性染色体组成及其在性腺原基中的分布情况而定。例如有一细胞系含有 Y 染色体而另一细胞系则没有，则在同一性腺中会有卵巢及睾丸组织同时发育（真两性畸形）或性腺发育不全，组织学上的特点是既有睾丸又有卵巢组织，且完全具备两种性腺的固有特征。真两性畸形嵌合体、异性孪生不育母犊和 XX/YY 睾丸发育不全均属于此类。

真两性畸形动物同时具有卵巢及睾丸两种组织，一个或两个性腺为卵睾体，或一个为卵巢、另一个为睾丸，或上述两种组织的各种组合。这种异常常见于猪和奶山羊，牛和马次之。已报道的染色体核型有以下几种，牛：（60，XX）/（60，XY）、（60，XX）/（60XXY），马：（64，XX）/（64，XY）、（63，XO）/（64，XY），奶山羊：（60，XX）/（60，XY），猪：（38，XX）/（38，XY）/（39，XXY）、（37，XO）/（38，XX）/（38，XY），犬：（78，XX）/（78，XY）、（78，XY）/（79，XXY）等。

这类畸形动物在出生时通常被认为是雌性，其外生殖器官和生殖道与雌性动物无异，但在达到性成熟时体格一般要比正常的雌性大，头似雄性，颈部被毛竖起，乳头细小，阴茎呈杆状并且较短。至初情期时阴蒂变大，并伴有尿道下裂，患畜不育。这种畸形动物的行为在个体之间差异较大，出生时比较温驯，性成熟以后则似雄性，喜欢攻击斗殴，有的可能对雌性表现雄性性行为。

性腺为卵睾体者，在其上可见到不同发育阶段的卵泡，至成年时则往往性腺发育不全或形成性腺肿瘤。有时可在卵睾体的皮质部见到卵泡，而在髓质部发现曲细精管；有的动物在曲细精管中还有精子生成。

生殖道是由缪勒管和伍尔夫管异常分化共同构成，变异程度各个体之间差异很大，各种动物发生这种畸形时的肛阴间距往往能表明雄性化程度的大小。肛阴间距短者，性腺一般位于腹腔中，伍尔夫管发育不良而缪勒管发育良好。间距长者，通常雄性化程度较高。在这样的动物可以见到发育程度不同的输卵管、子宫、子宫颈、附睾及输出管等，但不一定有附性腺。

此种畸形的发生可能是由双精子受精或者受精卵与极体发育形成性染色体嵌合体所造成，也可能是雌性胚胎在早期发生嵌合（如异性孪生不育母犊），或第二极体与卵细胞融合之前分别与 X 或 Y 精子受精所致。

二、性腺两性畸形

性腺两性畸形个体的染色体性别与性腺性别不一致，因此这种个体又称为性逆转动物。

1. XX 真两性畸形

此种动物的性染色体核型为 XX，通常具有雌性外生殖器，但阴蒂很大，性腺位于腹腔，且多为卵睾体，有时也可能发现独立的卵巢和睾丸组织。患病奶山羊和猪的性腺大多为睾丸组织。本病在牛、羊、猪和犬均有报道，病畜的性腺及生殖道的发育情况与真两性畸形嵌合体相似。

这类两性畸形的诊断依据是：临床检查表型性别为雌性，但阴蒂一般较大；性腺组织学检查同时存在有睾丸和卵巢组织；染色体分析，核型一定为 XX。

2. XX 雄性综合征

这种两性畸形动物的表型为雄性，但染色体为 XX，H-Y 抗原为阳性，性腺常为隐睾且无精子生成，曲细精管仅衬有一层支持细胞，间质细胞可能变化不大。有阴茎但常为畸形，存在有由缪勒管发育而成的器官，在子宫肌层可发现输出管组织。此种畸形在牛（60，XX）、猪（38，XX）、马（64，XX）及犬（78，XX）均有报道，但以奶山羊和猪较为多见，有可靠的家族遗传证据。此种两性畸形的发病机理目前尚不明了，推测可能是由决定 H-Y 的基因向 X 染色体或常染色体易位所致。

三、表型两性畸形

表型两性畸形动物的染色体性别与性腺性别相符，但与外生殖器不符合。这种畸形动物根据其性腺是睾丸还是卵巢可分为雄性假两性畸形及雌性假两性畸形两类。

1. 雄性假两性畸形

雄性假两性畸形（MPH）动物的性腺雄性，具有 XY 性染色体及睾丸，但外生殖器官界于雌雄两性之间，既有雄性特征又有雌性特征。

（1）睾丸雌性化综合征：是由于睾酮的靶器官细胞缺少雄激素（睾酮及双氢睾酮）的特异性受体而导致发育过程中发生雌性化的一种雄性假两性畸形，具有正常的雄性染色体核型，且有睾丸（虽未下降），但表型性别为雌性。

这种综合征在人有大量的报道，在小鼠、大鼠、犬、牛、马、绵羊及猪虽也有报道，但病例数均不很多。所有病畜的染色体核型均为正常的 XY，但其表型却千差万别，雌性化程度各不相同。其共同特点是：①具有一定的雌性行为。②外生殖器为雌性，但阴唇发育不良，阴门狭小，阴道为盲囊。③内生殖器官缺如，但存在发育遗迹，性腺为睾丸，位于腹腔或腹股沟管中。④性腺的组织学特点与未下降的睾丸相同，但无生精过程，亦无精原细胞，常有支持细胞肿瘤，间质细胞可能正常，但其大小有差异，且有不同程度的分化。⑤有家族遗传史，为 X 连锁，通过母本传递。⑥对雄激素无反应。⑦促性腺激素含量升高。⑧血液睾酮含量正常。⑨雌激素水平升高。⑩H-Y 抗原正常。

此病通过直肠检查可以做出初步诊断，但必须进行染色体核型及雄激素受体分析才能确诊。

病畜的雌性亲属（包括母亲及姐妹）均为致病基因携带者，因此不能留作繁殖之用，其雄性亲属如表型正常则不会携带致病基因。

（2）尿道下裂：在犬及人都有报道。病畜的染色体核型为正常的 XY 雄性，外生殖器官异常，尿道开口于下部。这种畸形是由尿道褶闭合不全所致，其起因可能是在胎儿期间分泌的睾酮或 DHT 不足。尿道下裂可以单独或与其他生殖器官异常同时发生。

（3）缪勒管残留综合征：见于犬和人，患病动物具有 Y 染色体，同时尚有由缪勒管系统发育而来的器官，通常为双侧或单侧隐睾，表型可能是正常雄性。睾丸一般附着于两个子宫角的前端或相当于卵巢的位置，有时也可位于腹股沟管或阴囊中，通常都有阴道前部或前列腺。隐睾多数发育不全，无精子生成。每一个睾丸都连有一个附睾，往往见有支持细胞瘤，子宫亦不正常，有囊肿性子宫内膜发育不全、子宫积脓、子宫积液以及子宫肌层形成输出管结构等异常。

这种综合征可能是由缪勒管抑制因子（MIF）作用不够所致，其原因可能为 MIF 合成不足、MIF 释放及输送的时间不适、合成的 MIF 无活性或靶器官对 MIF 缺乏反应。因为伍尔夫管及尿生殖嵴发育正常，所以睾酮的分泌可能正常。

（4）其他雄性假两性畸形：此类畸形是由各种酶的缺乏所引起，其中 5α-还原酶缺乏引起的一种为常染色体隐性遗传性畸形；5α-还原酶的主要作用是将睾酮转变为 DHT，因此缺乏该酶时，在雄性发育过程中由 DHT 决定的器官不能正常发育。病畜均有正常的雄性性染色体，两侧性腺均为睾丸（或隐睾），外生殖器为雌雄间性。生殖嵴不能融合，尿生殖嵴未能闭合，结果形成尿道下裂及似阴道结构的盲囊，阴茎的大小似阴蒂。Δ20，22-脱氢酶、3β-羟类固醇脱氢酶、17α-羟化酶，17，20-碳链裂解酶及 17-还原酶缺乏均可引起类似的雄性假两性畸形。

2. 雌性假两性畸形

雌性假两性畸形比较少见，患病动物的染色体核型为 XX，有卵巢，但外生殖器官雄性化，变异的程度在各个体之间有所差异。可能具有类似正常的雄性阴茎和包皮，且有前列腺，但同时亦有阴道前端及子宫。

此病在犬曾报道数例，病犬表现发情症状，对公犬有性吸引力，阴门肿胀，有时可并发子宫积脓及子宫内膜囊肿性发育不全。在犬妊娠期间注射雄激素或孕激素，可使雌性胎儿雄性化，成为雌性假两性畸形。

第三节 异性孪生母犊不育

异性孪生母犊不育是指雌雄两性胎儿同胎妊娠，母犊的生殖器官发育异常，丧失生育能力，其主要特点是：①具有雌雄两性的内生殖器官。②有不同程度向雄性转化的卵睾体。③外生殖器官基本为正常雌性。

异性孪生母犊在胎儿发育的早期从遗传学上看为雄性（XX），由于特定的原因，在怀孕的最后阶段成为 XX/XY 嵌合体。这种母犊性腺发育异常，其结构类似卵巢或睾丸；但不经腹股沟下降，亦无精子生成，并可产生睾酮。生殖道由伍尔夫管及缪勒管共同发育而成，但均发有不良，存在有精囊腺，外生殖器官通常与正常的雌性相似，但阴道很短，阴蒂增大，阴门下端有一簇很突出的长毛。

一、病 因

目前对此病的发病机理有两种解释：一种是归因于激素，认为同胎雄性胎儿产生的激素可能经过融合的胎盘血管到达雌性胎儿，从而发生影响使雌性胎儿的性腺雄性化。曾经有人采用注射雄激素的方法对这一说法进行验证，结果虽然能产生雌雄间性畸形，但并不具有异性孪生不育母犊的所有特点。另一种是细胞学说，其根据是两个胎儿存在着互相交换成血细胞和生殖细胞的现象。由于在胎儿期间就完成了这种交换，因此，孪生胎儿具有完全相同的红细胞抗原和性染色体嵌合体，XY 细胞则导致雌性胎儿的性腺异常发育。

牛的双胎妊娠有 90%~95%是两个胎儿位于同一绒毛膜内，亦即两个胎囊的血管是融合在一起的；在发育过程中两个胎儿的血液经常交换，但血管融合的程度和出现的阶段在不同的双胎有很大的差异。临床上经常会见到单个异性孪生母犊的病例，但绝大多数具有 XX/XY 嵌合体存在。其主要原因是同胎雄性犊牛在子宫内死亡，而只产出雌性胎儿。

牛的双胎率较低，双胎异性发育至足月分娩的比例更低。目前的研究表明，奶牛 50%的双胎怀孕为异性；怀孕 36~42 天诊断为双胎的怀孕，其怀孕失败率为 25%左右；双胎怀孕后产出单胎异性孪生母犊的比例为 5%左右；产出的雌性犊牛 90%以上会发生异性孪生不育综合征。

但有研究表明，由于发生双胎怀孕时，90%以上其胎盘血液循环是共享的，因此一个胎儿死亡势必也会引起另外一个死亡，产出单胎但发生异性孪生母犊的情况极少。如果发生胎盘血液循环共享，则一个胎儿死亡之后会释放出内毒素，因此会引起另外一个同胎怀孕的胎儿死亡。

在异性孪生不育母犊的卵巢中可以检出 H-Y 抗原。这种来自 XX 细胞的 H-Y 抗原可能进入性索，使它分化成为曲细精管，皮质部分则成为白膜，中肾胚泡细胞分化为间质细胞。各个 XY 细胞都可使相邻的 XX 细胞对 H-Y 抗原发生反应，诱导它们参与曲细精管的生成，但不传递 H-Y 抗原。性腺在发育过程中，受到 H-Y 抗原的影响，XX 生殖细胞退化。

虽然奶山羊双胎产羔率很高，甚至比单羔率还要高，但异性孪生不育羊羔在雌雄两性间性畸形中仅占 6%。过去认为，所有间性奶山羊均为异性孪生，但异性孪生是由胎膜和血管发生融合而引起的，研究表明，奶山羊怀双胎时两胎儿的胎膜及血管发生融合的较少，而且融合是发生在器官形成之后；孪生不育母羔的外生殖器与其他两性畸形类似，卵巢由于雄性化而发育不良，在妊娠的第 18 周时可以检测出生殖细胞，但出生时这些细胞退化。

绵羊也可发生异性孪生不育，病羊外生殖器官异常并有红细胞嵌合体。虽然绵羊在怀双胎时也有胎膜融合，但发生率很低（0.8%），而且通常只出现于同一侧子宫角中有一个胎儿以上时。

猪妊娠期性别不同的同窝胎儿，在胚胎期（胎儿长度为 4.5～15cm）时由于绒毛膜血管融合，雌性胎儿的内生殖器官也可能发生改变，其性腺与异性孪生母犊的一样，主要为纤维及结缔组织。

根据统计学分析两性比例的结果，异性孪生不育母犊属于雌性，其性染色质为阴性，组织细胞为 XX 核型，因此从遗传学来说亦应属于雌性。

在牛合子的胚盘血管是在妊娠的第 18～20 天相互融合，妊娠至第 28 天羊膜绒毛膜的血管亦融合相通，性别的分化则开始于妊娠的第 40～50 天，因此孪生异性母犊多数是不育的。

二、症　状

异性孪生母犊的阴门周围有粗长的毛，与公牛包皮周围的毛很像，这也是临床检查确诊的特征之一。发生本病的其他外部特征包括阴门—肛距延长、阴蒂增大，有的甚至出现阴囊。

异性孪生母犊成年后多不表现发情行为，有些出现雄性的第二性征，而且体格比同龄犊牛大。其内生殖器官有些正常，有些则完全雄性化，在原卵巢部位出现类似于睾丸的结构，但一般均无子宫颈存在。

三、诊　断

建立快速灵敏和特异性的诊断方法，对本病的及早诊断极为重要。常用的诊断方法见表 4-2。

表 4-2　异性孪生不育综合征的诊断方法

诊断方法	诊断标准
临床检查阴道长度	正常犊牛为 13～15cm；30 日龄的患病犊牛为 5～8cm，正常成年牛为 30cm；患病牛为 8～10cm
内生殖道	差别很大，有些可能正常，有些则完全雄性化，无明显的子宫颈
核型分析	至少能检查到一个 Y 染色体
血型测定	红细胞部分溶血

（续表）

诊断方法	诊断标准
雄性特异性 DNA 序列 AMX/Y 分析	可检查到 Y 染色体特异性的 217bp 片段
雄性特异性 DNA 序列 BOV97M 分析	可检查到 Y 染色体特异性的 157bp 片段
雄性特异性 DNA 序列 BRY 分析	可检查到 Y 染色体特异性片段，其大小依探针不同而异
雄性特异性 DNA 序列 ZFX/Y 分析	酶消化后可检查到雄性特异性 DNA 片段
Y 染色体特异性片段 btDYZ 分析	可检查到雄性特异性片段
FISH	荧光原位杂交可检查到雄性特异性片段
H-Y 抗原测定	可用免疫化学法检测抗原
黄体酮和雌二醇浓度测定	可出现非特异性浓度降低，雌二醇浓度低，但并非本病所特有
睾酮浓度	与正常雌性浓度相当，但注射 hCG 后不升高
促性腺激素浓度	注射雌二醇或 GnRH 后 LH 浓度没有明显改变
MIS	出生后 2 周测定，正常雌性犊牛<120ng/mL，患病犊牛>700ng/mL

1. 临床诊断

为了检查异性孪生母犊是否保持生育能力，可用一根粗细适当的玻璃棒或木棒涂上润滑油后缓慢向阴道插送，在不育的母犊，玻棒插入的深度不会超过 10cm。诊断此病也可利用阴道镜进行视诊。牛犊达到 8～14 月龄时，尚可进行直肠触诊，在不育的母犊，阴道、子宫颈及性腺都很微小或难于找到，或者生殖器官有不规则的异常结构。1 月龄以下的正常犊牛，其阴道长度为 13～15cm，异性孪生母犊时只有 5～8cm。成年奶牛阴道正常长度为 30cm，异性孪生母犊只有 8～10cm。用内窥镜检查时，可发现没有明显的子宫颈结构，据此可以确诊。

2. 染色体核型分析

检查性染色质也可诊断异性孪生不育。牛的异性孪生不育母犊的神经细胞核中存在有典型的性染色质。血型检查在诊断牛和羊的异性孪生不育上有一定的应用价值。因为在妊娠期间每个胎儿除了自己的红细胞外，还获得了来自对方的红细胞，因此可用检查血型的方法进行诊断。

如果发生 XX/XY 嵌合，但 XY 染色体较少时，可多检查分裂中期的染色体以确诊是否发生了异性孪生母犊。出现 XX/XY 嵌合体时也可出现其他的染色体异常，如 4/21 前后融合、1/29 罗伯逊易位、61，XXY 三体、中心融合及混倍体等。检查嵌合体时，虽然可采用各种组织，如脾脏、骨髓、肺脏、结缔组织、性腺的间质组织、淋巴组织等进行培养，但以淋巴细胞较为适宜。

3. 血型分析

异卵双生的胎儿血型极少相同，但在异性孪生发生血管融合时会发生红细胞交换，因此出现对抗原的耐受，可基于这种现象诊断异性孪生不育母犊综合征。采用这种方法诊断时，可见到部分溶血现象。

4. Y 染色体 DNA 检测

可以采用 PCR 技术检测 Y 染色体特异性 DNA 片段（表 4-2）。如果检测不到 Y 特异性片段，则说明不是异性孪生母犊。采用这种方法时应该设置内控制。

采用 PCR 诊断时，可从新鲜全血提取 DNA，也可从皮肤组织培养成纤维细胞提取 DNA。

5. 荧光原位杂交

可用 FISH 法检测雄性特异性 DNA 片段。

6. 激素测定

虽然人们试图通过测定各种激素来建立诊断异性孪生不育母犊综合征的方法或用其来研究性腺组织的内分泌状态或作为其不育程度的指标，但由于发生本病时雄性化程度不同，因此这些方法基本都缺乏特异性。

（1）甾体激素：发生本病时，性腺甾体激素的生成能力很低，但存在有甾体激素生成细胞。性腺产生的 E_2 比正常低，静脉注射 hCG 后患病母犊血浆 E_2 浓度没有明显变化，而正常犊牛则明显升高，同样，注射 eCG 之后再注射 hCG，成年患病母犊 E_2 及黄体酮浓度均没有明显升高。患病母犊黄体酮浓度在基础值上下波动（<0.4ng/mL），偶尔可升高达到 1.6ng/mL。患病母犊血浆睾酮浓度与正常犊牛没有明显差别（<10pg/mL），因此无多少诊断意义。

（2）促性腺激素（Gn）：患病母犊注射 E_2 后不出现 LH 浓度升高，但注射 GnRH 后可引起 LH 浓度明显升高。

（3）H-Y 抗原检测：可用 PCR 技术检测 H-Y 抗原，诊断异性孪生不育母犊综合征。

（4）缪勒管抑制因子：MIH 为哺乳动物在性别分化过程中由性腺组

织产生的一种糖蛋白因子，也称为抗缪勒管激素，可采用放射免疫分析方法对其进行测定。

四、其他动物的异性孪生

1. 绵羊

绵羊的异性孪生综合征较为少见，早期研究表明本病在绵羊的发病率为1%，屠宰场检查发现为1.2%，但随着对绵羊多胎基因的研究及应用，发现在每胎羔羊数达到4个以上时，异性孪生例明显增加。

绵羊异性孪生的诊断可测定阴道长度，患病母羔的阴道长度不到5cm，而且也见不到子宫颈，达到初情期后不出现发情周期，但大多数可出现雄性行为。核型分析可检查到54，XX/XY嵌合体。绵羊发生异性孪生时，血浆LH浓度明显升高（>10ng/mL），黄体酮很低（<0.4ng/mL），E_2浓度与正常羔羊相似，注射eCG后可明显升高。血浆睾酮浓度比正常母羔高，但低于公羔，且注射eCG后没有明显变化。

绵羊的异性孪生母羔其生殖系统通常雄性化程度较高，雄性化程度与怀孕期发生血管融合的时间有关，融合发生的越早，雄性化程度越高。异性孪生母羔的性腺类似于睾丸，通常位于腹股沟，其中没有卵母细胞。

2. 山羊

山羊也可发生异性孪生X/XY嵌合体。

3. 鹿

鹿的异性孪生X/XY嵌合体也见有资料报道，用睾酮处理后也可引起鹿茸发育，其发育程度与去势后的雄鹿相似。

4. 猪

猪的异性孪生和XX/XY嵌合体也有报道，但发病率很低。

5. 马

马的异性孪生极为少见，但异性双胎怀孕时50%以上会发生血管融合，但不出现性腺或生殖道异常，因此有人认为这种血管融合可能发生在生殖系统发育的关键时间之后，因此异性孪生后代也能正常繁殖。

第四节　生殖道畸形

先天性及遗传性生殖道畸形多为单基因所致，其中有些基因对雌雄两性都有影响，而有些则为性连锁性的；病情严重的母畜因为无生育能力，在第一次配种后可能就被发现，而病情较轻的动物只有在以后才能检查出来。母畜常见的生殖道畸形主要有缪勒管发育不全、子宫内膜腺体先天性缺如、子宫颈发育异常、双子宫颈、子宫粘连、阴道畸形、伍尔夫管异常及膣肛等。

一、缪勒管发育不全

牛缪勒管发育不全与其白色被毛有关联，因此曾称为白犊病，是因隐性性连锁基因与白毛基因联合而引起。这种异常在白色短角牛发病率约为10%，此外也见于红色短角牛，安格斯、荷斯坦、娟姗等品种的牛。

正常情况下，牛的胚胎在长5~15cm时（35~120日龄），缪勒管融合形成生殖道。发生此病的主要表现是，阴道前端、子宫颈或子宫体缺如，剩余的子宫角呈囊肿状扩大，其中含有不等量的黄色或暗红色液体。阴道通常短而狭窄，或阴道后端膨大，含有黏液或脓液。子宫角一般也会受到影响，可能为单角子宫，这种情况，有时患畜尚有一定的生育能力，但发情的间隔时间延长，每一受胎的配种次数增加。如果排卵是发生在无子宫角一侧的卵巢，则由于不能正常产生PGF2α，因而黄体不能退化。

二、子宫颈发育异常

牛的子宫颈发育异常比较常见。缪勒管发育不全引起的发育异常中包含有子宫颈异常，表现为子宫颈管扩张，充满黏稠的液体，因此不能妊娠。这种异常在直肠检查时从子宫颈口通入一根金属棒很容易检查出来。子宫颈发育异常可表现为子宫颈短、子宫颈环缺如及子宫颈严重歪曲等。发生上述情况时，常常由于子宫内膜炎或子宫颈中充塞大量黏液而使生育力降低。

牛双子宫颈可能为缪勒管不能融合所致。其发病率各地有所不同，据报道，瑞典的发病率为2%；英国的发病率为0.2%；美国的发病率为2.3%；也有人报道，牛双子宫颈的发病率平均为0.3%~7%（0.1%~18.2%）。牛双子宫颈有遗传性，可能是通过隐性基因传递。

双子宫颈患牛，有的是在子宫颈外口之后或其中，有一条宽1~5cm、厚1~2.5cm的组织带，用开膣器视诊时发现子宫颈好像有两个外口；有的则是由组织带将子宫颈管全部分开并各自开口。在极少数的病例形成完整的两个子宫颈，甚至为双子宫，每个子宫各有一个子宫颈。另有一种情况是，双子宫颈之间的组织带向后延伸，形成纵隔，将阴道前端或者整个阴道一分为二。

在一般情况下，双子宫颈患牛可以正常妊娠，但在分娩时胎儿身体的不同部分可能分别进入不同的子宫颈而发生难产。在各有一子宫颈的双子宫母牛进行人工输精时，可能误将精液输入排卵卵巢对侧的子宫中而影响受胎。

阴道触诊时，可以摸到双子宫颈中间的组织带；直肠检查可发现子宫颈要比正常的宽而扁平。

双子宫颈的发生有一定的遗传背景，因此这样的母牛一旦检查出来应予以淘汰，所产的犊牛也不应作繁殖用。

第五章　饲养管理及利用性不育

许多营养物质对维持动物正常的生理机能是必不可少的，但其中只有少数几种对动物的生育能力有直接的影响。临床上可见到由于营养物质缺乏（如饲料数量不足、蛋白质缺乏、维生素缺乏、矿物质缺乏）或营养过剩而使动物的生育力降低，导致营养性不育。

如果饲养管理措施不当，例如使役过度、运动不足、哺乳期过长、挤奶过度、厩舍环境卫生不良等，也可使动物生育力降低而发生管理利用性不育。

如果繁殖技术使用不当，例如发情鉴定不准确，或者操作技术不熟练，或者繁殖管理措施不合理，均可成为动物不育的原因，造成繁殖技术性不育。

此外，由于温度、湿度等气候因素可导致动物发生环境气候性不育。由于动物衰老生殖器官萎缩，机能衰退可导致衰老性不育。

在临床上，常常难于确定各种营养物质缺乏对动物繁殖的影响，也很难将营养缺乏引起的生育力降低与管理、环境等因素引起的不育区分开来。因此本节将对上述不育进行综合介绍。

第一节　营养性不育

动物机体不同的生理过程对营养的需要是不相同的，在生长、发育及泌乳等阶段中都有其独特需要，尤其是繁殖功能对营养条件更有严格的要求，营养缺乏时它会首当其冲受到影响；在有些家畜，即使营养缺乏的临床症状不太明显，但其繁殖能力已经受到严重影响。营养不良及体况下降对生育力具有巨大的影响。现场观察及许多研究都表明体况下降和能量失衡是生育力降低的主要原因。

由于干奶期管理不善而引起体况下降的牛产犊后很有可能会出现产后乏情期延长；产后体况明显下降的牛患繁殖疾病的风险明显较高。泌乳早期的能量负平衡可抑制黄体功能，黄体酮浓度降低，生育力下降，这是因为排卵前 40~70 天代谢状态的抑制可抑制黄体产生黄体酮。因此，无论特异性的病理生理过程如何，如果牛在泌乳的前 6~8 周达不到理想的体况，则很有可能会引起生育力降低。虽然泌乳早期为能量负平衡的阶段，产奶高峰出现在干物质摄取高峰之前，但体况下降严重的牛很有可能会影响到生育力及发生代谢性疾病。能量严重不平衡的牛不出现发情周期，可出现持久黄体，卵巢无活动；或表现发情周期，但不表现发情，即使表现发情的牛也可发生屡配不孕。甚至在小母牛，能量不平衡时体况下降，生长受到影响，卵巢常常无活动。

能量严重失衡的牛表现正常发情周期的能力降低，受胎率降低，受胎后可能会发生早期胚胎死亡。这些牛应在等到能量正平衡后再配种。能量负平衡可使丘脑下部对雌二醇的敏感性增加，负反馈调节 GnRH 及 Gn 的分泌，其优势卵泡在达到排卵大小或产生雌二醇前退化。

日粮蛋白是影响生育力的一种极为重要的营养因子，蛋白摄入不足可明显降低受胎率，蛋白过多可使尿素氮水平增加，也可降低受胎率。由于日粮中蛋白过多引起的尿素或氨水平过高可影响精子或早期胚胎，但对其影响生育力的精确机制还不清楚。过量的瘤胃可降解蛋白损害繁殖功能。能引起血液尿素氮水平高于 2mg/L 的日粮可导致不育，屡配不孕、早期胚胎死亡及卵巢囊肿的发病率明显升高。35%的日粮蛋白在瘤胃中为旁路蛋白，过量的蛋白不仅影响繁殖功能，而且造成经济损失。此外，来自棉籽的蛋白可能含有过量的棉籽酚，其对繁殖功能及奶牛的健康明显不利。

缺硒可明显影响繁殖，除了胎衣滞留（Retention of Fetal Membrane，RFM）的发病率升高外，缺硒牛群子宫内膜炎、卵巢囊肿、不表现发情及胚胎死亡均增多。补硒矫正血液硒的缺乏可在 60 天内明显改善牛群的繁殖状态。补硒时最好将矿物质以合适的比例加入日粮而不是以缓释方式或注射方式给予，而且对缺硒牛群应该周期性测定血液硒含量，监控不同繁殖状态及泌乳阶段硒的水平。

营养缺乏可以通过各种作用而影响繁殖。从理论上来说，一种营养物质的缺乏可以影响许多器官，而使繁殖功能非特异性降低。营养缺乏对生殖机能的直接作用主要是通过垂体前叶或丘脑下部，干扰正常的 LH 和 FSH 释放，而且也影响其他内分泌腺。有些营养物质缺乏则可直接影响性腺；例如某些营养物质的摄入或利用不足，即可引起黄体组织减少，黄体酮含量下降，从而使繁殖机能出现障碍。营养失衡也会对生殖机能产生直接影响，在母畜还可引起卵子和胚胎死亡。

一、营养缺乏对不同繁殖阶段繁殖功能的影响

一般认为，营养失衡、营养物质摄入不足、过量或比例失调可以延迟初情期，降低排卵和受胎率，引起胚胎或胎儿死亡、产奶量降低、产后乏情期延长。

1. 营养对初情期的影响

在猪上，通过改变营养物质的摄入可以提前或推迟其初情期。限制牛的能量摄入也会使初情期延迟。

蛋白质摄入不足、在质量低下的草场上放牧，亦会使初情期延迟。日粮中蛋白质的含量与初情期的年龄呈负相关。

2. 营养对发情期的影响

许多研究表明，猪配种前增加能量摄入可以提高排卵率，与开始增加能量摄入的时间有关。在羊，营养对排卵率的影响要经过较长时间才能看出来，而且在成年羊比较明显。

3. 营养对妊娠期的影响

动物配种前及排卵前后的营养水平对胚胎生存的影响很大，营养水平过高或过低都会严重妨碍胚胎的生存和生长。限制母羊的能量摄入时，体况差的青年及老年母羊可延缓胚胎的发育；妊娠早期营养水平过高，则会引起血浆黄体酮浓度下降（可能是营养水平增高时，流向肝脏的血量增加，黄体酮的清除率升高所致），也会妨碍胚胎的发育，甚至引起死亡，注射外源性黄体酮可以消除这种影响。

4. 营养对产后繁殖功能的影响

营养对所有家畜产后卵巢功能的恢复均起有十分重要的作用。产后为了泌乳、子宫复旧、维持体况以及重新恢复生殖功能，对营养的需要最为迫切，因此从营养学的角度来看，这也是最为困难的阶段。如果这一阶段供给的营养不足，则往往会引起不育，产后至配种间隔时间延长，出现营养性乏情。

大量的研究表明，营养对产后生育能力的影响是通过体重的变化来调节的。动物营养不良的程度越严重，体重减轻越严重，生育力越低，例如，猪的体重严重下降，会使从分娩到配种的间隔时间延长，乏情率增加。牛体重的变化与产犊百分比也呈线性相关。

营养因素对生殖激素有重要的调控作用。发情周期显现之后，营养水平主要是对甾体激素的生成起作用，进而影响丘脑下部—垂体轴系而调节促性腺激素的分泌，但也可直接对丘脑下部—垂体轴系发挥作用。营养状

态引起的繁殖变化反应包括两种，其一是急性反应，这种反应几天之内即可快速发生。通常体况并没有明显改变，如增加营养之后出现的排卵率升高；营养不良之后几周之内所引起的胚胎死亡率升高等均属此类。其二为慢性反应，一般出现的时间较迟，体况有明显的变化，例如初情期延迟及乏情等。

二、各种营养物质缺乏对繁殖功能的影响

1. 糖类

糖类是动物日粮的主要成分，如果猪在发情前后饲喂的日粮能量水平高，则可增加排卵率，但对妊娠早期胚胎的生存有不良影响。奶牛在配种时摄入的能量水平高，体重会增加，受胎率亦高。

糖类对生育力的影响可能与黄体酮浓度有关；配种时黄体酮浓度高，生育力一般较高，而黄体酮浓度的变化是与营养水平紧密相关的。奶牛的营养水平高，每受胎的配种次数就少，产后黄体酮浓度出现峰值的时间也比在营养状态低下时早 23 天左右，卵巢恢复功能的时间也早。

但是，如果动物增重过快，消耗的能量过多则会对其生育力产生不利影响，可使受胎间隔时间延长，每一受胎的配种次数增多。营养太高还会引起肥胖母牛综合征及各种围产期疾病。肥胖的奶牛产后子宫复旧比较缓慢，产后至配种的间隔时间也长。

一般来说，为了提高繁殖性能，对产后期动物应供给较高的能量，以避免失重过多，但摄入的能量应该逐渐增加，否则会引起肥胖。

2. 蛋白质

蛋白质缺乏可以引起动物初情期延迟，空怀期延长，干物质的摄入减少。此外，摄入足量的蛋白质对胎儿的生长发育也是必不可少的。

反刍动物对蛋白质的需要有二，其一，是需要容易利用的蛋白质以便为瘤胃微生物的生长和增殖提供必需的氨；其二，是动物机体需要由小肠消化的蛋白质提供营养。一般说来，到达小肠的蛋白质的量和组成决定动物摄入蛋白质的能力。蛋白质水平低，对生育力有不良影响，但如果蛋白质水平过高，也会对生育力产生不利影响，例如日粮中蛋白质水平高于 12%，牛每受胎的配种次数会随着蛋白质摄入量的增加而增加。

3. 维生素

一般来说，维生素缺乏主要发生于两种情况下，其一是由于饲料储存时间过长而使其中的维生素丧失；其二是动物长期舍饲或长期处于应激状态，其合成的维生素减少。

（1）维生素A：维生素A对上皮的正常发育必不可少，如果缺乏则可在某种程度上引起不育，这种不育的临床症状主要有：①公母畜的初情期延迟。②流产或弱产，新生仔畜失明或共济失调。③胎衣不下发病率增加，胎盘发生角化变性，子宫炎的发病率升高。④公畜性欲降低，睾丸萎缩，曲细精管中的精子数量减少。⑤母畜的卵巢机能减退。

（2）胡萝卜素：β-胡萝卜素在牛的繁殖中起有维生素A不能替代的作用。黄体中蓄积有β-胡萝卜素，在缺乏β-胡萝卜素而维生素A充足的情况下可引起黄体酮含量下降，排卵延迟，发情强度降低，卵巢囊肿发病率上升，子宫复旧延迟，产后卵巢恢复功能的时间延长，发情开始及LH峰值后排卵的时间延迟，早期胚胎死亡率升高，但其作用在各个品种之间可能有差异。

（3）维生素D：维生素D缺乏可引起家畜发情延迟，卵巢无功能活动，但维生素D缺乏极为少见。在奶牛，干奶期必须要有足量的维生素D维持钙的正常代谢，防止乳热症的发生。

（4）维生素E：维生素E和硒是重要的抗氧化剂，日粮中缺乏维生素E会引起小猪的先天性畸形。

4. 矿物质缺乏或失衡

矿物质缺乏或失衡常能引起牛的不育，但在临床实践中很难确定不育到底是由于哪一种矿物质缺乏，而且由某一种矿物质缺乏单独所引起的不育极其少见，常常是多种矿物质同时缺乏所致。

（1）钙：钙缺乏时常引起生产瘫痪，并导致难产、子宫脱出和胎衣不下，进而引起不育。但为了防止生产瘫痪，奶牛在干乳期必须限制摄入的钙量，荷斯坦干奶牛每头每天的摄入量应该低于100g或在干物质摄入量的0.5%以下，以增强动物对钙的调节机能。

有人发现，钙的摄入不足会降低牛子宫肌的张力，影响子宫复旧，钙磷的比例过低还会引起产后子宫炎和不育。

（2）磷：磷参与能量代谢及骨骼的发育和产乳，因此在矿物质中其与牛繁殖障碍的关系最为明显。动物血清磷的数值一般能反映出磷的摄入数量，但可受维生素D及钙含量的影响。磷缺乏的症状主要为初情期延迟和产后发情延迟，中等程度的缺乏可引起屡配不孕，有时也引起卵巢囊肿。

（3）硒：硒缺乏时主要引起生育力降低、胎衣不下的发病率升高。

（4）碘：碘参与甲状腺素的合成，因此对生育力的影响主要是通过影响甲状腺素的合成而发挥作用。碘缺乏时常引起初情期延迟、停止发情或发情而不排卵。妊娠母畜日粮中碘缺乏时，常常引起弱产及死产，胎儿无毛，流产或者胎衣不下发病率升高。

(5) 铜：铜对结缔组织的正常成熟及血红蛋白和红细胞的发育都十分重要，铜缺乏可引起生育力降低，而且可能与其所导致的贫血及衰弱有关。

(6) 钴：钴为微生物合成维生素 B_{12} 所必需，缺乏时可引起子宫复旧延迟、发情周期不规则及受胎率降低。

(7) 镁：镁是许多酶系统的激活剂，而且可能参与黄体组织的代谢；缺乏时可引起乏情及产后发情延迟，受胎率降低及排卵延迟，还可引起流产、初生胎儿体重过轻以及新生胎儿关节肿大。

(8) 锌：锌缺乏主要引起青年公畜的睾丸发育迟缓及成年公畜的睾丸萎缩，精子生成过程停止，母畜的受胎率低下。

三、营养性不育的诊断及防治

瘦弱可以引起不育。饲料数量不足，营养不良而使役又繁重时，母畜就会瘦弱，其生殖机能受到抑制。瘦弱的马、驴虽然也能发情，但可能不排卵，往往出现多卵泡发育、卵泡交替发育或卵泡发育到某种程度就停顿，最后或被吸收或形成囊肿。在母牛，饲料品质不良，特别是青绿饲料不足，或长期单纯饲喂青贮饲料，也可引起卵巢机能减退或胎儿发育异常。

在瘦弱不育的病例，直肠检查时可以发现卵巢体积小，不含卵泡；如有黄体，则为持久黄体。营养不良的家畜发情时，卵泡发育的时间往往延长。在实践中屡屡见到，马驴的卵泡发育到第二期时停止发育，经连续检查一周，无任何进展，以后发情征象消失。再过十余天后，又重新出现明显的发情，经直肠检查确定仍为上次停止发育的卵泡继续发育增大，最后正常排卵。如果母畜极度消瘦，则不表现发情。

在饲养不良的情况下，春季配种季节开始时，在马和驴，特别是在牧区的群牧马，暂时性不育的现象相当普遍。虽然这种情况在很大程度是受气候影响所引起的，但是和饲养也有密切关系。在同样的气候条件下，瘦弱母马发生不育者远比膘情好的正常母马要多。

过肥的母牛多数不易受孕，肥胖即使不引起母猪不育，但也可导致少胎。在大多数动物，肥胖可引起卵巢沉积脂肪组织，卵巢发生脂肪变性；这样的母畜臃肿肥胖，临床上表现为不发情。牛直肠检查时发现卵巢体积缩小，而且没有卵泡或黄体，有时尚可发现子宫缩小、松软等现象。

为了查明营养性不育的原因，必须调查饲养管理制度，分析饲料的成分及来源。瘦弱或肥胖引起不育时，母畜往往在生殖机能扰乱之前，就已表现出全身变化，因此不难做出诊断。

饲养不正确引起的不育，只要为时不长，在消除不育的原因以后，病畜的繁殖机能一般均可恢复。如果长期饲养不当，特别是在生长发育期间，由于饲料不足、营养不良而使生殖器官受到影响的母畜，改善饲养往往也难使其生殖机能恢复正常。

对病畜应当尽快供给足够的饲料，实行放牧并增加日照时间；饲料的种类要多样化，其中应含有足够量的可消化蛋白质、维生素及矿物质；因此应补饲苜蓿、胡萝卜以及新鲜的优质青贮饲料；如能补饲大麦芽，效果更好。对于卵泡发育中途停顿，或已经发育成熟，但久不排卵的母畜，均有作用。

长期单纯饲喂青贮饲料，可导致瘤胃 pH 值降低，不利于瘤胃微生物活动，从而减少了牛体菌体蛋白和微生物合成的维生素来源，可产生蛋白不足和维生素缺乏。因而在以青贮饲料为主的奶牛场，日粮中青干草的比例不应少于 1/3，以维持瘤胃微生物的动态平衡和牛体的营养需求，

在家畜过肥引起不育时，应饲喂多汁饲料，减少精料，增加运动。对卵泡已成熟而久不排卵的母畜，采用激素疗法，常可收到效果。过肥的奶牛，有时直检可发现卵巢被脂肪囊包围，将卵巢从脂肪囊中分离出来，常可使其发情。为了预防营养性不育，特别是对营养状况不佳的母畜，配种之前应当注意改善饲养管理，增加精料和高质量的新鲜饲料并补充必需的一些矿物质饲料。

第二节　管理利用性不育

管理利用性不育是指由于使役过度或泌乳过多引起的母畜生殖机能减退或暂时停止，这种不育常发生在马、驴和牛，而且往往是由饲料数量不足和营养成分不全共同引起的。另外，在现代化养殖场，由于地面湿滑而影响到动物运动、动物跛行及其他管理应激也可导致不育。

一、使役过重

母畜使役过重，例如长途拉车、驮运、耕种、碾磨等，由于工种单一，过度疲劳，生殖激素的分泌及卵巢机能就会降低。

二、泌 乳

母畜泌乳过多或断奶过迟时，PRL 的作用增强，促乳素抑制因素（PIF）的作用则减弱。任何限制 PIF 分泌的因素都能抑制 GnRH 的分泌，从而使 LH 的分泌减少，卵泡最后不能发育成熟，也不能发情排卵。由于供应乳房的血液增多，机体所必需的某些营养物质也随乳汁排出，因之生殖系统的营养不足。此外仔畜哺乳的刺激可能使垂体对来自乳腺神经的冲动反应加强，因而使卵巢的机能受到抑制。

三、地面湿滑

圈舍地面湿滑、冬天地面结冰、圈舍及运动场未及时清理而泥泞等可影响繁殖性能。牛在湿滑坚硬的地面上滑倒后常常不愿再站起或不愿爬跨其他牛，因此表现为发情活动减少或停止，表现发情行为的时间缩短。

四、跛 行

奶牛养殖中，散发性不育或牛群生育力降低的常见原因之一是牛的跛行。跛行的牛不愿站立、不喜运动，对其他牛不感兴趣，采食、运动时间明显减少，随后表现失重及生产性能下降，不表现发情。严重跛行及失重明显时可引起能量负平衡及乏情。群中如果跛行病例较多，应查找原因，可能多由蹄叶炎、腐蹄病、指间纤维乳头瘤等引起，可严重影响到群体的生育力。

由于传染性疾病、代谢性疾病、肌肉骨骼系统疾病、环境及营养等各种原因造成的非特异性应激对生育力具有不利的影响，发生各种应激时，皮质醇水平升高。在小母牛的研究表明，如果在前情期给予外源性促肾上腺皮质激素（ACTH），可使 LH 峰值出现的时间延后，发情开始时间推迟，表现发情行为的时间缩短。成年母牛在用 ACTH 处理之后黄体酮及皮质醇浓度均升高，黄体酮单独可阻止发情，表现为发情时间缩短或不出现，因此影响生育力。

在大型奶牛场，奶牛生育能力的提高主要取决于 3 个方面，即：人员的组织和训练、牛群的组织和繁殖健康管理、收集和分析数据的手段和方法。在这种奶牛场，不育常常由人为管理不善所引起，由奶牛本身的疾病引起的不育相对较少。

发生管理利用性不育时，母畜不发情或者发情表现微弱，且不排卵。直肠检查时，在母牛可以发现持久黄体，马和驴则卵巢缩小，质地坚实或者卵巢表明高低不平；有时发情时可以发现有 1 个或 3 个卵泡，这些卵泡长时间停留在发育的 2~3 期，久不排卵。这类不育预后一般良好，如果利用过度，并且饲养管理不当历时已久，因为可能长久不育，预后应当谨慎。治疗时首先应减轻使役强度，或者改换工作；同时进行放牧，并供给富含营养的饲料。对于奶牛，应分析和变更饲料，使饲料所含的营养成分符合产奶量的要求。对母猪可及时断奶。为了促进生殖机能的迅速恢复，可以采用刺激生殖机能的催情药物。

对跛行的牛最重要的是及时治疗，可将病牛隔离，垫上厚的垫草，否则可能会继发其他肌肉关节系统疾病。治疗不及时则除了不育外还可继发其他疾病。处于能量负平衡的跛行牛不可能受胎，应在跛行治愈、达到能量正平衡后再行配种。跛行的牛即使处于发情状态，由于担心损伤或疼痛而不愿站立被爬跨。

第三节 繁殖技术性不育

影响动物生育能力的因素主要包括母畜、公畜、发情鉴定和怀孕诊断的准确率及配种技术；后两种因素属于繁殖技术范畴，由它们引起的不育称为繁殖技术性不育。这种不育目前在农畜及技术力量薄弱的养殖场极为常见，识别母畜发情征象的经验不足、怀孕诊断技术不高以及工作中疏忽大意，不能及时发现发情母畜，导致漏配或配种不及时，均可引起不育。人工输精技术不良、精液处理和输精技术不当，不进行妊娠检查或检查的技术不熟练，不能及时发现未孕母畜，也是造成不育的重要原因。

为了防止繁殖技术性不育，首先要提高繁殖技术水平，制定并严格按照发情鉴定、妊娠检查、配种（人工输精或本交）的制度和规程操作。除此之外，尚须大力宣传普及有关家畜繁殖的科学知识，推广先进的繁殖技术和改进方法，使畜主和养殖场站逐步达到不漏配（做好发情鉴定及妊娠检查），不错配（不错过适当的配种时间，不盲目配种），检查技术熟练、准确，输精配种正确、适时。

一、发情鉴定错误及其改进措施

调查研究证实，发情鉴定的准确率一般说来在 60%以下，在很多奶牛养殖场甚至低于 50%，而且准确与否在很大程度上依管理人员的业务水平而定。

1. 发情鉴定错误的原因

造成发情鉴定不准确的原因很多，概括起来有以下几点。

（1）不认识发情症状：各种动物发情时都表现有特征性的症状，例如牛在发情时最典型的症状是兴奋不安，其他牛接近时站立不动，等待爬跨，或者爬跨其他牛；对这些特点如不了解，就会造成漏检或漏配。

（2）牛群的规模结构：在现代化的奶牛场，牛群规模越来越大，管理人员对每头牛观察发情的时间势必相对减少，影响发情鉴定的效率及准确性。另外，现今奶牛场普遍施行人工输精，场内不再饲养公牛，增加了观察、识别发情母牛的难度。

（3）发情期短暂：牛的发情期平均为15h，但有20%的牛甚至不到6h，而且多数是在晚上表现爬跨行为，稍有疏忽就会造成遗漏，使得发情鉴定的准确率下降。

（4）畜舍条件：牛舍面积太小，地面光滑，牛群过于拥挤，会妨碍发情母牛的活动和爬跨，使其发情行为不能充分表现出来而被漏检。

2. 改进措施

为了提高发情鉴定的效率和准确性，可采取以下几项措施。

（1）改进标记母牛的方法：应尽可能采用较大的耳标，明显易见的牛号，使每头母牛都有明显的标记，便于观察。

（2）改进照明设备：畜舍应当光线充足，并有完善的照明设备，后者对运动场尤为重要，因为母牛夜间在运动场上表现爬跨行为更加频繁。

（3）增加观察次数：增加观察母牛发情的次数可以提高检出效率。每天观察3次（8：00、14：00和21：00），每次30min，准确率为81.2%，增加至4次（8：00、14：00、21：00和24：00）则准确率升高到为84.1%。在一天之中选定什么时间观察，对结果的影响并不重要，但应注意一定要避开挤奶及饲喂时间。

（4）利用特殊器械标记发情母牛：例如发情标记打印器，一旦母牛被其他牛爬跨，可在其身体某一部位留下染色的明显印记，很容易被识别出来。

（5）应用公牛试情：将结扎过输精管的公牛或无生育能力的健康公牛，佩戴发情标记打印器后，放入牛群试情。

（6）利用计步器检测：发情牛活动频繁，走步增多，利用记录其走动步数的计步器作为辅助方法，间接进行发情鉴定。

（7）闭路电视：在有条件的牛场，可装备闭路电视观察记录牛的活动情况。采用这种方法不但能减轻管理人员的劳动强度，而且可以昼夜不断连续监视，提高效率。

(8) 用犬查找发情母牛：牛在发情时，其生殖道、尿液及乳汁中均带有种特殊气味，经过训练过的犬能闻出这种异味，可以找出发情母牛。

(9) 乳汁黄体酮分析：测定乳汁黄体酮浓度，可以查出配种未孕的母牛，并预测其返情的大致时间。

(10) 采用同期发情技术：采用这一技术，使大部分牛集中在预定期间内发情，便于观察配种。

二、怀孕诊断技术错误及改进措施

准确安全的早期怀孕诊断需要检查者具有娴熟的技术。怀孕诊断进行得越早，就能更早地发现空怀而减少经济损失。在大多数奶牛养殖场，多在配种后30天以后进行怀孕诊断，但一般来说小母牛和青年母牛在大多数情况下可在配种后28天进行怀孕诊断，而以往建议的在配种后60天再进行怀孕诊断，则在如此长的时间后才发现空怀，因此可造成经济损失。有人担心在怀孕早期（28~40天）通过直肠检查的方法进行怀孕诊断可能会造成胚胎死亡，但如果技术熟练，经验丰富，操作谨慎，一般不会造成这种后果。研究表明，在配种后28天时诊断为怀孕的牛，20%~25%在怀孕90天之前可发生自发性胚胎或胎儿死亡，而这种死亡与是否进行过直肠检查无关。

诊断早期怀孕可采用下列5种技术：①触诊子宫是否有液体波动。②触诊羊膜囊。③滑动胎膜（绒毛膜尿膜）。④直肠超声检查。⑤测定激素浓度。滑动胎膜诊断怀孕时最好在配种后35~90天进行，检查时应谨慎小心以免损伤胎儿或胎膜，这种方法在鉴别诊断怀孕及其他子宫内有液体蓄积时，如子宫积脓或子宫积液，非常有用，自然配种的牛群或配种前不进行检查而不能排除子宫疾病的牛群，这种方法也很实用。触诊羊膜囊进行怀孕诊断最早可在配种后30天进行，检查时应小心，以免损伤胚胎而导致胎儿死亡。与滑动胎膜一样，触诊羊膜囊对配种前不进行检查而排除子宫内蓄积有液体的情况具有重要意义。

直肠触诊子宫液体波动的方法是大多数人采用的怀孕诊断方法。怀孕的子宫角可出现“活”的液体膨胀，这可在配种后28天检查到，而未孕子宫角通常要到怀孕40天以后才出现这种膨胀，之后则依液体膨胀的程度和胎盘的形成而有很大差别。检查时，可将子宫拉回骨盆腔，轻轻触诊两个子宫角，可让子宫角在拇指和中指之间滑过，感觉子宫角中的液体，有羊膜囊的区域常常很明显。

无论采用哪种技术进行早期怀孕诊断，必须要将子宫拉回以便仔细检查两个子宫角。除了检查子宫角外，如果检查子宫颈发现其紧闭，则也证明为怀孕；也可在怀孕子宫角同侧的卵巢上触及黄体。在配种后40天之前进行怀孕诊断，子宫易于拉回，触诊容易进行，可以对空怀牛及时进行处理以挽回经济损失，也可检查是否有怀孕异常。

在怀孕早期（28~42天）进行怀孕诊断是比较安全的，在此期间检查，损伤胎儿的可能性较小，随着胎儿增大，如胎龄达到42天时则损伤胎儿的风险升高，因此流产与触诊检查之间没有任何关联。在胎盘附着时（怀孕第45天完成）检查可能会造成一定的损伤，但与检查者的技术水平有关，牛怀孕40~42天时子宫张力明显增加，子宫角更为卷曲，因此触诊检查可能更为困难。这时子宫张力的增加可能与有规律的以21天为间隔出现的子宫张力的增加有关。

怀孕异常的主要特点是孕角中液体量少，如果在怀孕40~45天之前检查，液体量少可能预示着将发生胚胎死亡，因此，如果在此时进行怀孕诊断发现孕角中液体较少，如果未观察到返情，则应在1~2周后再次检查。有时可发现这些牛子宫张力减小或孕角有水肿的感觉，则可能已经发生了胚胎死亡。由于子宫角中液体的熟练可能有个体差异，因此最好在1~2周之后对可疑情况再次进行检查，不应贸然采用PGF2α进行处理。

有时怀孕牛可有规律地表现发情行为，这种情况在怀孕前半期尤其多见，而有些牛可在整个怀孕期以有规律的间隔表现发情行为。许多牛在配种后21、42和63天可触诊到子宫张力明显增加，但怀孕正常，因此如果只根据临床观察，可能会误认为这些牛仍表现正常的发情周期。

如果诊断为怀孕的牛以后出现化脓性或染血的分泌物，或者表现发情行为，则应再次进行直肠检查；对这类牛可采用超声诊断辅助检查。

超声检查在牛的怀孕诊断中是一种较为常用的方法，可在怀孕20天左右得出结果，因此可尽早检查出空怀动物。采用这种诊断方法可以对怀疑发生怀孕异常、怀疑子宫内有液体蓄积的牛与怀孕进行鉴别诊断。如果牛群中有些牛有繁殖疾病，建议进行超声检查、子宫培养及子宫活检。此外，超声诊断可在怀孕8~9个月时进行胎儿的性别鉴定。

三、配种技术错误及其改进措施

配种错误引起的不育在繁殖技术性不育中占有很大的比例，其原因除人工输精时精液品质不良及精液处理不当以外，输精的时间不正确最为重要。特别是在牛，由于发情期相对较短，而且排卵后卵子通过输卵管及受精都有各自的时限，超过与这些时限相应的最适宜的输精时间，就会降低受胎率。在母牛表现站立发情的中期或末期，亦即排卵前13~18h输精，受胎率最高；虽然牛在开始发情时，甚至发情结束后36h输精也可受孕，但受胎率均极低。

有人测定发情周期各个阶段的奶中黄体酮浓度发现，有10%~22%的母牛是在黄体期输精的，另外相当多的牛虽然是在卵泡期输精，但不是在最佳输精期间内进行的。出现这种错误，主要归咎于发情鉴定不准确。因此提高发情鉴定的水平仍然是减少或杜绝输精时间错误导致不育的主要途径。

本交配种时，母牛只在发情的旺期，即最适宜配种期间才静立不动，接受公牛爬跨，而且每次发情能够多次交配，不会因为配种时间错误而影响受胎。采用人工输精技术时，输精适时与否完全取决于发情鉴定的准确程度。为了适时配种提高受胎率，一般可以采用一种决定配种（输精）时间的简易方法，即第一次观察到发情是在早晨或上半天时，则当天下午配种，下午见到发情时，则第二天早晨或上午输精。

许多奶牛场都自行储备冷冻精液，由AI专业人员或牛场雇工输精，因此精液处置不当可明显影响受胎率，而且是引起不育而常常被忽视的原因。对精液储存罐必须要妥善管理，液氮罐中的温度必须要维持在-196.0℃，即使短暂暴露到室温也会对储存的精液造成灾难性伤害。如果温度高于-130.0℃可因重结晶过程使得水分子离开冰晶，附着到其他晶体，形成更大的结晶而损害精子结构。细管精液与安瓿精液相比，因温度变化引起的损伤更为严重。必须仔细检查液氮罐，如果需要多次重复补充液氮，则说明可能发生液氮罐真空泄漏，如果完全失去真空，在24h内所有液氮会丧失。

输精技术是另外一个极为重要的问题，特别是新近培训的输精人员。子宫体是输入精液的最佳位点，因此必须培训输精员将精液输入这个部位。但输精人员的技术差别很大，如果其技术不精，则可造成受胎率明显较低，技术不熟练甚至可损伤子宫颈或子宫，引起子宫脓肿，甚至引起生殖道穿孔或直肠撕裂。

第四节　环境气候性不育

环境因素通过影响母畜全身生理机能、内分泌及其他方面而对繁殖性能产生明显的影响。母畜的生殖机能与日照、气温、湿度、饲料成分的改变以及其他外界因素都有密切关系；这些因素可以协同影响发情，这在季节性发情的母畜尤其显著。例如马的卵泡发育过程受季节和天气的影响很大，羊也是如此，甚至发情母羊的多少也与天气阴晴有关。牛和猪在天气严寒，尤其是饲养不良的情况下可停止发情；或者即使排卵，也无发情的外表征候或征象轻微；奶牛在夏季酷热时配种率降低，这可能是高温使甲状腺机能降低，发生安静发情所致。将母畜转移到与原产地气候截然不同的地方，可以影响生殖机能而发生暂时性不育；在同一地区，各年之间气候的不同变化也可影响母畜的生育力。

适宜的气温对正常繁殖尤其重要，环境温度对母畜各个繁殖阶段都能产生影响，还可通过性行为、排出卵子的数量和质量、胚胎的生存及激活母畜一系列的生理反应而对胎儿的生长发育和生后发育发生影响。

环境温度改变引起受胎率降低是其引起胚胎生存的子宫内微环境变化所致。气候炎热时，奶牛的发情期减短到 10h 左右，而且发情行为微弱，这样可降低奶牛产生的代谢热，是其适应性的一种表现。

环境气候性不育母畜的生殖器官一般正常，只是不表现发情，或者发情现象轻微；有时虽然有发情的外表征候，但不排卵。一旦环境改变或者母畜适应了当地的气候，生殖机能即可恢复正常，由这一点即可做出确诊。

环境气候性不育是暂时性的，一般预后良好。治疗及预防环境气候性不育时，应该注意母畜的习性，对于外地运来的家畜要创造适宜的条件，使其尽快适应当地的气候。天气剧烈转变，变热或转冷时，对牛、猪要注意饲养管理和检查发情，有条件时尚应降温防寒。

一、热应激

热应激对全世界大部分地区的泌乳奶牛可损害其繁殖功能，对繁殖功能的影响最为明显及关键的是发情表现微弱、卵泡及卵母细胞功能受到破坏、胚胎死亡率增加及胎儿发育迟缓。通过改善牛的舍饲条件，降低热应激的程度，可在一定程度上改进热应激期间的繁殖功能。此外，通过调控牛的生理功能也可在一定程度上缓解热应激的不利作用。可通过采用发情鉴定辅助技术减少其对发情鉴定的影响，通过定时输精技术消除其不利作用；通过胚胎移植技术可以减少其对生育力的影响。其他方法，如饲喂抗氧化剂也可在一定程度上提高热应激期间的生育力，但激素治疗等对热应激期间的生育力的改进效果不稳定。可以通过在生理及细胞水平鉴定耐热性的遗传标志，采用遗传选育的方法选择对热应激有抗性的奶牛。

环境温度及湿度高可产生热应激，特别是通气或冷却等管理不当时可严重影响到动物的繁殖。经受热应激的奶牛黄体酮分泌明显增多，干扰发情时 LH 峰值的出现。卵巢阻止甾体激素生成功能的改变以及对卵泡生成的不利影响可能是热应激时奶牛繁殖功能异常的主要原因，这类牛可观察到乏情及发情行为微弱。由于甲状腺素及三碘甲腺原氨酸水平降低，以减少产热来应对热应激，但同时也可引起摄食减少。摄食减少可影响生产性能，导致能量失衡。严重热应激的牛受胎率急剧下降，因此由于发情鉴定效率低下及不准确和受胎率很低，许多养殖场在高温及高湿期间不再继续配种。

热应激也可引起异常胚胎及未受精卵的数量增加，在受热应激的牛群，可见受胎失败、早期胚胎死亡甚至流产；怀孕后期的牛可提早分娩而发生胎衣不下，由于摄食减少可发生其他疾病。受热应激的影响，牛不愿运动、不愿采食，多聚集在通风或有阴凉的地方。严重的热应激可引起某些牛表现张嘴呼吸，表现呼吸急促，可能发生中暑。

在管理中，必须要针对极端炎热季节天气可能会引起的热应激，确保圈舍有充分的通风，能通过屋顶除去湿热的空气，可增加风扇、流水等各种措施改善牛的舒适度及行为。通过喘气、出汗及流涎等减少干物质的摄取可引起瘤胃 pH 值下降，补充缓冲液，如碳酸氢盐及补充钾可有助于改进食欲及增加瘤胃 pH 值。没有完全脱换冬季被毛的牛应剃毛以帮助避免热应激。

1. 热应激的生理学

与其他哺乳动物和鸟类一样，奶牛为恒温动物，它们在恒定及较高水平调节其体温处于生理节律的范围内（牛为 38.3~38.6℃）。这种调节是通过将维持机体生命及其他活动的内部产热与向环境的热损耗相匹配而完成的。体内产热通过传导、对流、辐射及蒸发与环境发生热交换。通过前 3 种方式发生的热交换的程度取决于牛的体表与周围环境之间的温差。牛的蒸发主要通过出汗和气喘及皮肤的强制性湿润（如牛与洒水装置或喷雾接触时）进行。通过蒸发的热损失量取决于周围空气的湿度和动物参与蒸发的有效体表面积（皮肤出汗及强制性湿润的表面积及呼吸热损失的每分通气量）。当产热超过向环境的热损失量时发生过高热，向环境的热损失达到最小时很有可能发生这种情况。

高气温及强烈的太阳辐射是导致过高热的两个最为重要的因素，但高湿度和低风速也可使热损失减少。动物的特点也决定了产热和失热的程度，对奶牛而言，最为重要的特点是泌乳。乳汁的合成与产热大量增加有关，例如，平均每天产奶 31.6kg 的奶牛产热比干奶牛高 48%。泌乳时高产热降低了泌乳奶牛热应激期间温度调节能力，因此泌乳奶牛在较低气温条件下比非泌乳奶牛更易发生过高热。研究发现，气温为25℃时的泌乳奶牛直肠平均体温为 39.1℃，而相同温度下的非泌乳小母牛则为 38.4℃。此外，过高热时的体温调节随着奶产量的增加而降低。泌乳奶牛生育力的季节性变化要比非泌乳牛更为明显，高产奶牛的非返情率的变化也比低产牛明显。但非泌乳牛也可表现热应激，在这些情况下降温可提高其生育力。

热应激期间的生理适应可减少产热（如减少摄食及减少产奶）或增加热损（如外周血管阻抗降低、出汗及喘息）。这种适应需要较长时间，小母牛在暴露到热应激后数周可获得降低热应激不良作用的能力，因此生活在冷凉环境中的动物急性热应激的效果比生活在温暖环境中的动物更为严重。

动物的耐热性具有遗传变异，目前已鉴定到热应激对产奶量影响程度的基因标志，因此选择奶牛的耐热性状是可行的。在细胞水平，瘤牛的胚胎对温度升高的抗性比家牛胚胎更强。

2. 热应激引起的繁殖功能破坏

（1）发情表现：热应激时可明显减少发情行为的表达。实验性热应激可缩短发情持续时间，夏季时的发情牛行走及爬跨活动明显减少。发情活动的减少可能与排卵前 17β-E_2浓度的降低及热应激引起的生理性昏睡有关。

由于热应激对发情行为有明显的影响，因此发情鉴定更为困难。研究发现，在 7—9 月的炎热季节未鉴定到的发情期占 76%~82%，而在 10 月到翌年 5 月则为 44%~65%。

（2）卵母细胞及卵泡发育：卵母细胞的受精能力及受精后发育到囊胚阶段的能力在热应激时明显受损；这种能力受损至少在一定程度上是由卵泡发育受到影响所致。热应激时的卵泡优势化程降低，因此小卵泡的数量增加。此外，热应激可减少卵泡雄烯二酮和 17β-E_2的产生，血液循环中 17β-E_2浓度降低。热应激对卵泡功能的影响与 LH 分泌减少及温度升高直接影响卵泡甾体激素的生成有关。

牛卵泡和卵母细胞的发育过程比较缓慢，从原始卵泡发育到优势卵泡需要大约 16 周，因此在排卵前数天或数周热应激有足够的时间影响卵母细胞的发育。在绵羊进行的实验研究表明，在配种之前的发情周期第 12 天的热应激可降低随后的受精率和产羔率。牛在热应激之后的秋季生育力的恢复可能会延缓，说明热应激对卵母细胞的发育具有明显的影响。对牛排卵之前对热应激敏感的确切时间还不很清楚，但研究发现热应激对卵泡功能的影响可持续一段时间，特别是卵泡甾体激素的产生在实验性热应激后 20~26h 明显受到影响，而此时卵泡大小为直径 0.5~1mm。因此，排卵之前至少 3 周发生的热应激可影响之后的生育力。

（3）卵母细胞成熟：实验研究表明热应激可破坏卵母细胞成熟过程中功能的发育。将超数排卵的小母牛从开始发情时在环境实验室热应激处理 10h，之后降温处理，在发情开始后 15~20h 进行输精，因此这些小母牛在输精时不处于热应激状态。通过这种方法处理后的小母牛与对照相比，受精率没有明显降低，但在发情后第 7 天回收的正常胚胎数量明显减少。体外研究表明，卵母细胞成熟期间的高温可减少完全核成熟的卵母细胞的比例，纺锤体异常及原核凋亡的胚胎明显增多。排卵前热应激可引起 LH 排卵峰值降低，雌二醇浓度降低。

（4）受精过程：虽然泌乳奶牛在夏季受精率降低，而受精率降低的主要原因是卵母细胞的成熟异常。热应激是否会影响受精过程本身，目前还不很清楚。射出的精子暴露到热应激之后在体外条件下受精能力并不降低，热休克的精子受精之后的胚胎具有正常的发育到囊胚阶段的能力。

（5）早期胚胎发育的抑制：附植前的胚胎迅速从对热应激极为敏感转变为抵抗力越来越强。超排母牛的发情后的第一天发生热应激可引起发情后第 8 天达到囊胚阶段的胚胎减少，而在第 3、第 5 和第 7 天的热应激则对第 8 天时的胚胎发育没有明显影响。研究表明输精后的热应激与受胎率之间没有直接关系，但输精前的热应激则与受胎率有关。体外研究表明，2~4 细胞阶段的胚胎在暴露到高温后发育很可能受阻，而之后高温对胚胎的影响不明显。虽然对胚胎耐热性的生化机制仍不十分明确，但自由基的产生和抗氧化系统之间的平衡可能极为重要，通过这种机制胚胎可能对热应激产生的自由基的抗性增加。

（6）怀孕失败胎儿发育：热应激是否能引起泌乳奶牛后期胚胎死亡或胎儿死亡，目前仍无定论。有研究表明输精前后的热应激与怀孕 31~45 天的繁殖失败没有关系，也有研究发现怀孕 40~50 天及怀孕 70~80 天的怀孕失败率没有明显的季节性差异；但也有研究发现，温暖的气候与怀孕 35~90 天的怀孕失败增加有关。在怀孕后期，热应激可引起胎儿生长迟缓，母牛在随后的泌乳期产奶量降低。

3. 热应激的风险评估

目前还不清楚体温必须要升高到多大程度或牛表现过高热多长时间其

繁殖功能会受到影响。早期研究表明，输精当天在子宫温度在38.6℃的基础上升高0.5℃可引起受胎率下降；由于子宫温度比直肠温度高0.2℃，因此在直肠温度达到38.9℃（比正常的直肠温度（38.4℃）高0.5℃）可能就会对生育力有明显影响。评估奶牛受到热应激时是否足以引起过高热的最好方法是直接测定直肠温度。奶牛暴露到热应激时也可表现其他症状，如呼吸频率增加（≥60次/min）、张嘴呼吸及头低耳耷。

人们试图鉴定各种环境指标来预测热应激。对泌乳奶牛而言，上临界温度，即超过该温度会发生过高热的气温，估计为25~28℃。人们综合考虑了各种环境条件变量来估计热应激的程度，其中最为常用的是温度湿度指数（THI）。至少在湿润的环境中，THI对预测直肠温度而言没有干球温度更可靠。引起产奶量降低的THI估计为72~74以上，而引起直肠温度升高的THI估计在78以上。

4. 减少热应激的降温策略

降低热应激对奶牛影响的最常用的方法是改变环境，降低奶牛经受的热应激的程度。对环境的改变包括提供庇荫设施、安置风扇增加风速、增加洒水、喷雾以促进牛的体表蒸发散热（洒水）或周围环境散热（喷雾）或使牛易于接触凉水池。遮阳及洒水也可与草场放牧管理系统结合使用。

确定是否通过改变环境来防止热应激在管理较为复杂，而且在一定程度上取决于牛奶的价格与改变环境的花费之间的相对关系。因此，即使极为精巧的降温系统，如纵向通风及交叉通风的圈舍，可在圈舍中通入潮湿的空气（纵向通风），但可能并非在所有情况下均具有效益。湿度高可限制喷雾系统将水分蒸发到空气的效率，而高气温可限制风扇对气流降温的效率。水的利用及废水排出系统也影响蒸发降温。

对不同降温系统在奶牛的相对效率所进行的研究仍不多见，有研究表明，采用风扇结合喷雾的方法降温的奶牛比高压喷雾结合挂帘限制外部气流降温的牛生育力低，这种差异即使在喷雾处理的牛直肠温度并不降低的情况下也是存在的。牛在繁殖过程中有一个窗口期，在这个时间段热应激对怀孕的建立具有最为明显的影响。热敏感期从卵母细胞成熟的最后阶段（排卵前21~30天，但对卵母细胞热敏感的界限还不清楚）一直到输精后1~3天。因此，应在排卵前后数天为奶牛降温，这样可在一定程度上提高生育力。

通过单独改变牛舍条件很难完全阻止热应激对生育力的影响。有研究发现，即使采用喷雾及风扇降温，牛群的怀孕率仍然有明显的季节性变化；夏季采用降温措施的牛其产奶量为冬季的96%~103%，而高产奶牛在夏季的受胎率为19%，冬季为39%，低产牛群夏季的受胎率为25%，冬季为40%。降温系统的效果有限，说明必须还要采用其他提高繁殖性能的措施，以提高热应激期间的繁殖效率。

5. 降低热应激对发情鉴定影响的管理策略

（1）发情鉴定辅助设置：发情鉴定辅助设施可提高由于热应激而发情症状不明显的奶牛的发情鉴定效率。有研究表明，在夏季时采用尾部粉笔作为发情鉴定辅助设施，在注射 PGF2α 后 96h 鉴定为发情的牛从 24%增加到 43%；如果观察结合使用遥感发情鉴定辅助设施，则发情鉴定的准确率明显提高。

自然配种是避免热应激影响发情鉴定效率的另外一种有效方法。研究发现，在美国，夏季采用人工输精配种的比例略有下降，其原因可能是养殖场不愿在受胎率仍很低的情况下采用人工输精技术，或是由于认为采用公牛进行自然配种可提高生育力。在大多数情况下，自然配种比人工输精更为昂贵，而且公牛的生育力可在受到热应激后可持续长大 60 天，而人工输精可避免热应激对精液质量的影响。

但在热应激期间采用公牛自然配种可避免由于母牛发情行为表达不良而错过的配种机会。有研究表明，在主要采用公牛进行自然配种的牛群（自然配种超过 90%）、部分采用自然配种的牛群（混合牛群，自然配种率为 11%~89%）、偶然采用自然配种的牛群（AI 牛群，自然配种率不到 10%），其怀孕率（在 21 天的时间内能够配种的牛配种后怀孕的比例；即发情鉴定率 X 输精后怀孕的牛的比例）有一定差别，在冬季，所有 3 类牛群的怀孕相似（AI、混合牛群及自然配种牛群的怀孕率分别为 17.9%、17.8%和 18.0%）；在夏季，采用公牛进行自然配种时怀孕率略有提高（AI、混合牛群及自然配种牛群的怀孕率分别为 8.1%、9.1%和 9.3%）。

（2）定时输精：定时输精（TAI）可通过确定排卵的时间而在固定的时间输精，无须再进行发情鉴定。在夏季采用这种方法可提高自愿等待期后输精时牛的怀孕率，这是由于母牛输精的频率更高（即所有能够输精的牛均进行输精，而不仅仅是鉴定到发情的牛才输精），而不是由于母牛的生育力更高。因此采用这种方法可提高总怀孕率（能够配种的牛与配种后怀孕的比例）及产后特定时间的怀孕率（即产后 90 天怀孕牛的比例），但每次输精的怀孕率通常不会提高。

6. 减少热应激对生育力影响的管理策略

（1）激素治疗：虽然人们通过各种方法试图采用激素提高热应激母牛的生育力，但成功的极少。母牛长期暴露到热应激后最常观察到的变化是血液循环中黄体酮浓度降低，但在周期第 5 天注射 hCG 增加血液循环中黄体酮浓度并不能提高热应激母牛输精后的怀孕率。用牛生长激素处理时由于其可诱导 IGF-1 的分泌，而 IGF-1 可提高夏季胚胎的存活，因此有望提高热应激奶牛的生育力，但研究表明给泌乳奶牛暴露到热应激后注射牛生长激素后对生育力没有明显的影响。

有研究表明，注射 GnRH 可提高热应激期间的生育力；如果在输精时及输精后 12 天用 GnRH 处理，则每输精的怀孕率可从对照的 20.6%提高到 30.8%。还有研究表明，在发情后 14～15 天注射 GnRH 延缓黄体溶解通常对生育力没有明显的影响。

（2）抗氧化剂：温度升高时对胚胎发育的毒害作用主要是活性氧自由基的产生增加所致，特别是胚胎在体外暴露到 41℃时，在相当于输精的第 0 天和第 2 天活性氧类物质（ROS）的产生明显增加，但在第 4 天和第 6 天则不增加。ROS 增加时胚胎发育的阶段正好处于对热敏感性最高时。此外，牛的胚胎在早期卵裂阶段细胞内胞质抗氧化剂谷胱甘肽的浓度最低，因此氧化还原状态在胚胎对热应激的抗性的发育变化中发挥极为关键的作用。虽然有这些研究结果，但暴露到热应激的泌乳奶牛的生育力在提供抗氧化剂时通常并不能得到提高。例如，输精时给予维生素 E、输精前 6、3 和 0 天注射 β-胡萝卜素、产犊前后多次给予维生素 E 和硒均没有明显的效果。但有研究发现，从产犊后 15 天开始补饲 β-胡萝卜素至少 90 天可增加产后 120 天怀孕牛的比例。

（3）炎热季节结束时的卵泡周转：有人在研究中试图通过加速在夏季受损的卵泡的周转而在秋季及早恢复受影响的生育力。在秋季时，通过卵泡重复抽吸，或用 FSH 或牛生长激素处理，卵母细胞受精后的卵裂能力及在体外形成胚胎的能力可得到加强。因此，这些处理方法，或重复采用同期排卵的方法刺激卵泡周转，如 Ovsynch 处理方法可有效提高热应激结束后的生育力。

（4）胚胎移植：提高夏季生育力最为有效的方法是采用胚胎移植。典型情况下胚胎是在发情后第 7 天移植桑葚胚或囊胚，此时胚胎对母体过高热的影响具有一定的抗性。此外，采用胚胎移植时也可避免热应激对卵母细胞发育、受精及早期胚胎发育的影响，在热应激的泌乳奶牛采用胚胎移植后明显可提高怀孕率。胚胎移植时可采用超排或体外受精产生的胚胎，而且也可消除生育力的季节性变化。但在热应激的牛采用胚胎移植作为辅助繁殖技术仍有一定的限制，其中生产胚胎的价格就是一个限制因素，最为廉价的胚胎可能为体外采用从屠宰场收集的卵母细胞进行受精获得的胚胎，但体外生产的胚胎移植后其怀孕率比体内生产的胚胎低；体外生产的胚胎冷冻保存后的活力也较低，但这些限制因素可通过技术的改进而克服，因此胚胎移植仍然是提高热应激期间生育力的有效技术。

（5）遗传选择：减少热应激对奶牛繁殖性能的影响的一种可行的方法是遗传选择对热应激有抗性的性状。在奶牛，选择具有较强的调节体温的能力是可能的，鉴定耐热性基因可为基于分子遗传学的育种提供新的机会，也可通过杂交提高牛的耐热性。

二、冷应激

气候恶劣时的冷应激也可影响繁殖，在这种环境条件下，动物必须要增加能量摄取以维持机体产热。在这种情况下，甲状腺素的产生增加以促进干物质的摄取。无论精确的病理生理过程如何，均会引起繁殖性能明显降低，受到影响的牛表现为不愿活动、失重，随着更多的能量被用于体热，生产性能下降。冷应激时可观察到许多奶牛被毛粗乱，体况下降，发情鉴定效率和受胎率均降低。在冷应激以及冷应激引起的不育、代谢性疾病及生产性能下降时，应提供更多能量密集的日粮。

第五节　衰老性不育

衰老性不育是指未达到绝情期的母畜，未老先衰，生殖机能过早地衰退。达到绝情期的母畜，由于全身机能衰退而丧失繁殖能力，在生产上已失去利用价值，应予淘汰。

衰老性不育见于马、驴和牛。经产的母马和母牛，由于阔韧带和子宫松弛，子宫由骨盆腔下垂至腹腔，所以阴道的前端也向前向下垂，排尿后一部分尿液可能流至子宫颈周围（尿膣），长久刺激这一部分组织，引起持续发炎，精子到达此处即迅速死亡，因而造成不育。

衰老母畜的卵巢小，其中没有卵泡和黄体；在马和驴，有时卵巢内有囊肿。经产母畜的子宫角松弛下垂，子宫内往往滞留分泌物。妊娠次数少的母畜子宫角则缩小变细。

这种母畜的外表体态也有衰老现象；如果屡配不孕，不宜留作繁殖。

第六章　疾病性不育

疾病性不育是由动物生殖器官和其他器官的疾病或者机能异常所引起，不育是这些疾病的症状表现。在接产、手术助产及进行其他产科操作处理过程中，消毒不严密引起生殖道感染，可以造成疾病性不育。除了生殖器官的疾病及机能异常外，许多其他疾病，例如心脏疾病、肾脏疾病、消化道疾病、呼吸道疾病、神经疾病、衰弱及某些全身疾病，也可引起卵巢机能不全及持久黄体而导致不育；有些传染性疾病和寄生虫病也能引起不育。本章分别介绍引起不育的非传染性疾病和传染性疾病及寄生虫病。

第一节　非传染性疾病

卵巢疾病可以使母畜的生殖机能受到破坏；生殖道炎症会危害精子、卵子及合子，也可使卵巢的机能发生紊乱，造成不育。此外，饲养、管理及母畜的全身健康和生殖器官之间存在极为密切的关系，所以在治疗生殖器官疾病时不可忽略。

一、卵巢机能不全

卵巢机能不全是指包括卵巢机能减退、组织萎缩、卵泡萎缩及交替发育等在内的、由卵巢机能紊乱所引起的各种异常变化。

卵巢机能减退是卵巢机能暂时受到扰乱，处于静止状态，不出现周期性活动；母畜有发情的外表症状，但不排卵或延迟排卵。卵巢机能长久衰退时，可引起组织萎缩和硬化。此病发生于各种家畜，而且比较常见，衰老家畜尤其容易发生。

母畜正常排卵，适时配种能够受孕，但无发情的外表症状（安静发情）是卵巢机能不全的一种表现，常见于牛和羊。

卵泡萎缩及交替发育是指卵泡不能正常发育成熟到排卵阶段的卵巢机能不全，此病主要见于早春发情的马和驴。

1. 病因

卵巢机能减退和萎缩常常由子宫疾病、全身的严重疾病以及饲养管理和利用不当（长期饥饿、使役过重、哺乳过度）使动物身体乏弱所致。卵巢炎可以引起卵巢萎缩及硬化。母畜年老时或者繁殖有季节性的母畜在乏情季节中，卵巢机能也会发生生理性的减退。此外，气候变化（转冷或变化无常）或者对当地的气候不适应（家畜迁徙时）也可引起卵巢机能暂时性减退。

引起卵泡萎缩及交替发育的主要因素是气候与温度的影响，在早春配种季节天气冷热变化无常时，马多发此病，饲料中营养成分不全，特别是维生素 A 不足可能与此病有关。安静发情多出现于牛产后第一次发情时，羊则常见于发情季节中的第一次发情，也发生在营养缺乏时。

2. 症状及诊断

卵巢机能减退的特征是发情周期延长或者长期不发情，发情的外表症状不明显，或者出现发情症状，但不排卵。直肠检查，卵巢的形状和质地没有明显变化，也摸不到卵泡或黄体，有时只可在一侧卵巢上感觉到有一个很小的黄体遗迹。

卵巢萎缩时，母畜不发情，卵巢往往变硬，体积显著缩小，母牛的卵巢仅如豌豆大小，母马的卵巢大如鸽蛋，卵巢中既无卵泡又无黄体。如果间隔一周左右检查几次，卵巢仍无变化，即可做出诊断。卵巢萎缩时，子宫也会缩小。

诊断牛、羊的安静发情，可以利用公畜检查，亦可间隔一定的时间（3 天左右）连续多次进行直肠检查。卵泡萎缩时，在发情开始时卵泡的大小及发情的外表症状基本正常，但是卵泡发育的进展较正常缓慢，一般在达到第三期（少数则在第二期）时停止发育，保持原状 3~5 天后逐渐缩小，波动及紧张性逐渐减弱，发情的外表症状也逐渐消失。因为没有排卵，所以卵巢上无黄体形成。发生萎缩的卵泡可能是一个，或者是两个以上；在一侧，有时也可在两侧卵巢上。

卵泡交替发育是在发情时，一侧卵巢上正在发育的卵泡停止发育，开始萎缩，而在对侧（有时也可能在同侧）卵巢上又有数目不等的新卵泡出现并发育，但发育至某种程度又开始萎缩，此起彼落，交替不已，最终也可能有一个卵泡获得优势，达到成熟而排卵，暂时再无新的卵泡发育。卵泡交替发育时发情的外表症状随着卵泡发育的变化有时旺盛，有时微弱，连续或断续发情，发情期拖延很长，有时可达 30~90 天，一旦排卵，1~2 天就停止发情。

卵泡萎缩及交替发育都需要进行多次直肠检查，并结合外部的发情表现才能确诊。

3. 治疗

对卵巢机能不全的家畜，首先必须了解其身体状况和生活条件，进行全面分析，找出主要原因，然后按照家畜的具体情况，采取适当的措施，才能收到治疗效果。

刺激家畜生殖机能的方法（催情）和药物种类繁多，但是目前还没有一种能够用于所有家畜并且完全有效的方法和药物，即使是激素制剂也不一定对所有病例都能奏效，其原因不但和方法本身及激素的效价和剂量有关，而且更是取决于母畜的年龄、健康状况、激素水平、生活条件和气候环境等方面，影响催情效果的因素是极其复杂的。

增强卵巢的机能，首先应从饲养管理方面着手；改善饲料质量，增加日粮中的蛋白质、维生素和矿物质的含量，增加放牧和日照的时间，规定足够的运动，减少使役和泌乳，往往可以收到满意的效果，因为良好的自然因素是保证家畜卵巢机能正常的根本条件，特别是对于消瘦乏弱的家畜，更不能单独依靠药物催情，因为它们缺乏维持正常生殖机能的基础。对放牧家畜而言，在草质优良的草场上放牧，往往可以得到恢复和增强卵巢机能的满意效果。

对患生殖器官或其他疾病（全身性疾病、传染病或寄生虫病）而伴发卵巢机能减退的家畜，必须治疗原发疾病才能收效。

（1）利用公畜催情：公畜对母畜的生殖机能来说，是一种天然的刺激，它不仅能够通过母畜的视觉、听觉、嗅觉及触觉对母畜发生影响，而且也能通过交配，借助副性腺分泌物对母畜的生殖器官发生刺激，作用于母畜的神经系统。因此除了生殖器官疾病或者神经内分泌机能扰乱的母畜以外，尤其是对与公畜不经常接触，分开饲喂的母畜，利用公畜催情通常可以获得效果。在公畜的影响下，可以促进母畜发情或者使发情征象增强，而且可以加速排卵。

催情可以利用正常种公畜进行。为了节省优良种畜的精力，也可以将没有种用价值的公畜，施行阴茎移位术（羊）或输精管结扎术后，混放于母畜群中，作为催情之用。

（2）激素疗法：

①FSH：牛肌内注射 100～200IU，马和驴 20～300IU，每日或隔日一次，共 2～3 次，每注射一次后须做检查，无效时方可连续应用，直至出现发情征象为止。

②hCG：马、牛肌内注射 1 000~5 000IU 猪、羊肌内注射 500~1 000 IU，犬 100~500IU，必要时间隔 1~2 天重复一次。在少数病例，特别是重复注射时，可能出现过敏反应，应当慎用。

妊娠早期（45~90 天）的孕妇尿液中含有人绒毛膜促性腺激素。因此在无这种激素制剂时，或者为了节约，可以直接用孕妇的新鲜尿液进行催情。其法是将孕妇清晨排出的尿液收集于清洁容器中，用滤器过滤，按 0. 5%的比例加入纯净的液体苯酚防腐，再用滤纸过滤后即可应用。一个疗程共皮下注射 3 次，每次间隔 1 天，第一次剂量为 20~30mL，第二次 30~50mL，第三次 50~60mL。

③eCG 或孕马全血：妊娠 40~90 天的母马血液或血清中含有大量 eCG，其主要作用类似于 FSH，因而可用于催情。

孕马血清粉剂的剂量按单位计算，马、牛肌内注射 1 000~2 000IU，猪 200~8 000IU，羊 100~5 000IU。在牛可以重复肌内注射，但有时可引起过敏反应。

④雌激素：这类药物对中枢神经及生殖道有直接兴奋作用，可以引起母畜表现明显的发情症状，但对卵巢无刺激作用，不能引起卵泡发育及排卵。驴在应用之后可奏效迅速，80%以上的母驴在注射后半天之内即出现性欲和发情征象；但经直肠检查未查出有卵泡发育；给猪注射后也可迅速引起发情的外表征候。虽然如此，这类药物仍不失其使用价值，因为应用雌激素之后能使生殖器官血管增生，血液供应旺盛，机能增强，从而摆脱生物学上的相对静止状态，使正常的发情周期得以恢复。使生殖器官血管增生。使正常的发情周期得以恢复。因此虽然用后的第一次发情不排卵（不必配种），而在以后的发情周期中却可正常发情排卵。

目前在兽医临床中允许使用的雌激素制剂为苯甲酸雌二醇（或丙酸雌二醇），肌内注射，马 10~20mg，牛 5~20mg；羊 1~3mg；猪 3~10mg，犬 0. 2~0. 5mg。本品可以做治疗用，但不得在动物性食品中检出。

应当注意，牛在剂量过大或长期应用雌激素时可以引起卵巢囊肿或慕雄狂，有时尚可引起卵巢萎缩或发情周期停止，甚至使骨盆韧带及其周围组织松弛而导致阴道或直肠脱出。

（3）维生素 A：维生素 A 对牛卵巢机能减退的疗效有时较更优，特别是对于缺乏青绿饲料引起的卵巢机能减退。一般给予 100 万 IU，每 10 天注射一次，注射 3 次后的 10 天内卵巢上即有卵泡发育，且可成熟排卵和受胎。

（4）冲洗子宫：对产后不发情的母马，用 37℃ 的温生理盐水或

1∶1 000碘甘油水溶液 500～1 000mL 隔日冲洗子宫一次，共用 2～3 次，可促进发情。

（5）隔离仔猪：如果需要母猪在产后仔猪断奶之前提早发情配种，可将仔猪隔离，隔离后 3～5 天母猪即可发情。

（6）其他疗法：刺激生殖器官或引起其兴奋的各种操作方法，如用开膣器视诊阴道及子宫颈、触诊或按摩子宫颈、子宫颈及阴道涂擦刺激性药物（稀碘酊、复方碘液）、按摩卵巢等，都可很快引起母畜表现外表发情征象；例如在繁殖季节内按摩驴的子宫颈往往当时就出现发情的明显征象（拌嘴、拱背、伸颈及耳向后竖起等），但是这些方法与雌激素一样，所引起的只是性欲和发情现象，而不排卵，不能有效地配种受胎。尽管如此，由于这些方法简便，因此在没有条件采用其他方法治疗时仍然可以试用。

4. 预后

在年龄不大的母畜，卵巢机能不全预后良好。如果家畜衰老，卵巢明显萎缩硬化，与附近的组织发生粘连，或者子宫也同时萎缩时，则预后不佳。

二、卵巢囊肿

卵巢囊肿是引起牛发情异常和不育的重要原因之一，此病同义名称很多，如卵巢囊肿病、卵巢囊肿变性、卵泡囊肿、囊肿卵巢、黄体囊肿等，是指卵巢上有卵泡状结构，直径超过 2. 5cm，存在的时间在 10 天以上，同时卵巢上无正常黄体结构的一种病理状态。这种疾病一般又分为卵泡囊肿和黄体囊肿两种。卵泡囊肿壁较薄，呈单个或多个存在于一侧或两侧卵巢上。黄体囊肿一般多为单个，存在于一侧卵巢上，壁较厚。这两种结构均为卵泡未能排卵所引起，前者是卵泡上皮变性，卵泡壁结缔组织增生变厚，卵细胞死亡，卵泡液未被吸收或者增多而形成的；后者则是由未排卵的卵泡壁上皮黄体化而引起，故又称为黄体化囊肿。

囊肿黄体是非病理性的，与以上两种不同，其发生于排卵之后，是黄体化不足，黄体的中心出现充满液体的腔体而形成，大小不等，表面有排卵点，具有正常分泌黄体酮的能力，对发情周期一般没有影响。

卵巢囊肿最常见于奶牛及猪，马也可发生。奶牛的卵巢囊肿多发生于第 4～6 胎产奶量最高期间，而且以卵泡囊肿居多，黄体囊肿只占 25%左右。卵巢囊肿的总发病率为 20%～30%。肉牛偶尔见有发生卵巢囊肿。

慕雄狂是卵泡囊肿的一种症状表现，其特征是持续而强烈地表现发情行为；但也有些卵泡囊肿病牛不表现慕雄狂症状。此外，卵巢炎、卵巢肿瘤以及内分泌器官（垂体、甲状腺、肾上腺）或神经系统（主要是丘脑下部）机能扰乱也可发生慕雄狂；在后一类病例，检查卵巢时查不出任何明显的变化，有时甚至体积反而缩小。

1. 病因

引起卵巢囊肿的原因很多，而且目前对其认识还不太完全一致。涉及的主要因素包括：①主要为奶牛患病，肉牛偶尔发生。②长期舍饲的牛在冬季发病较多。③所有年龄的牛均可发病，但以 2～5 胎的产后牛或者 4.5～10 岁的牛多发。④发病与围产期的应激有关，在双胎分娩、胎衣不下、子宫炎及生产瘫痪病牛，卵巢囊肿的发病率均高。⑤产后期卵巢囊肿的发病率最高。⑥可能与遗传有关，在某些品种的牛发病率较高。⑦饲喂不当，如饲料中缺乏维生素 A 或者含有大量雌激素时，发病率升高。

2. 发病机制

卵巢囊肿发生的确切机理尚不完全明了，而且有关激素水平变化的研究甚至互相矛盾。有人发现注射 LH 治疗卵巢囊肿可以产生高度特异性的疗效，因此认为此病的发生与排卵前 LH 分泌不足有关。在正常牛，丘脑下部的 β 细胞在发情开始后不久即释放 LH，而不能排卵的牛则不释放或者释放量相对不足，因而阻碍了排卵及排卵后黄体的形成。有些研究结果表明，患卵泡囊肿牛其的外周血浆中 LH、FSH、$17\beta-E_2$、黄体酮及甲状腺素与正常牛的相似，因而认为卵巢囊肿发生的原因是激素释放的时相异常而不是其浓度异常。

长期以来人们一直认为大多数卵巢囊肿是能长时间存在的静态结构，而卵泡的生长及闭锁则是动态过程。研究发现，卵巢囊肿结构其实持续时间长短不定、血液循环中生殖激素也有动态变化，因此囊肿并非为静态结构。虽然患病奶牛不能恢复卵巢周期，但在有些囊肿可退化而被新的结构代替。

近来的研究表明，卵巢囊肿为动态变化的结构，其结局基本有 3 种：①有些情况下囊肿可存在较长时间（可达 70 天），囊肿卵泡分泌雌二醇及抑制素，抑制其他卵泡波的生长。②原来的囊肿退化，代之以新的卵泡结构，其发育而发生排卵，这种自我矫正的情况约占卵巢囊肿牛的 20%。③在大多数的囊肿，原来的囊肿体积缩小，由新的卵泡结构代替，这些卵泡再次发展为囊肿。由于这种囊肿的交替出现，因此囊肿卵泡波之间的间隔时间较长（13 天），而正常发情周期卵泡波间隔的时间为 8.5 天。

发生卵巢囊肿期间，卵泡生长的动态变化与正常发情周期排卵卵泡的募集、选择及优势化相似，从一群卵泡（通常为 3～5 个）中募集时，常常由于血液循环中 FSH 浓度的短暂升高启动，卵泡群继续生长，直到卵泡达到直径 8.5mm，一个卵泡被选择而发生优势化。当优势卵泡达到排卵大小时，并不发生排卵，继续生长数天而形成囊肿。形成囊肿的卵泡其生长速度与正常优势卵泡的生长速度相似，比其他卵泡结构（其他卵泡的生长被抑制）优势化的囊肿甾体激素生成能力（产生大量的雌二醇）更强，形态上正常。如果发生囊肿周转，将会启动新的卵泡生长（新的卵泡波的募集、选择及优势化）。因此，原来优势化的囊肿失去优势化（非优势化囊肿）。非优势化囊肿产生甾体激素的能力微弱（产生低水平的雌二醇和雄烯二酮），形态上与闭锁卵泡相似，粒细胞层变薄或消失。因此，发育形成囊肿的卵的生长和卵泡/囊肿的卵泡的动态变化与显现发情周期的牛在许多方面相似。

早期研究表明，囊肿可能是 FSH 分能过量及 LH 不足所引起，但随后的研究表明发生卵泡囊肿时血清 FSH 浓度并不比卵泡正常时低，而 LH 浓度几乎为正常牛的 2 倍。囊肿生长及发育期间 LH 的波动频率很快，波动幅度很高，但发生囊肿时不出现类似于排卵的 LH 峰值。无须治疗的自然康复的牛其血清 LH 浓度介于正常牛和囊肿牛之间；发情周期正常的产后牛注射 LH 模拟囊肿时血液循环 LH 的浓度不能诱导形成囊肿，因此单独增加 LH 的波动性分泌不足以诱导囊肿形成。

患卵巢囊肿的牛的另外一个特点是卵泡达到排卵大小时不出现 LH 排卵峰。此外，患卵巢囊肿的牛用外源性雌二醇治疗时在有些牛也不能诱导出现 LH 峰值；不出现 LH 峰值的囊肿牛 LH 峰值延后。如果消除卵泡之后再用雌二醇诱导 LH 峰值，如果没有优势卵泡存在，则处理之后发育形成类似于囊肿的卵泡。将囊肿牛用外源性黄体酮处理，则会形成大的卵泡而发生排卵。因此患卵巢囊肿时可能雌二醇对 GnRH 峰值中心的刺激作用具有不应性；缺乏对 GnRH 峰值中心的反应性可诱发出现囊肿。有些患囊肿的牛用黄体酮治疗可获成功，这与上述研究结果是一致的。外源性或内源性黄体酮均可降低 LH 的紧张性分泌，恢复丘脑下部对雌二醇的反应性。

垂体似乎与囊肿的形成无关，患囊肿的牛垂体 LH 和 FSH 的含量与正常发情周期的牛相似，可对外源性 GnRH 发生反应而释放 LH。

以前的研究表明，正常卵泡在发育的关键时期促性腺激素受体 mRNA 及甾体激素生成关键酶的基因表达发生变化，在发育形成囊肿时也有这种变化。此外，甾体激素浓度及含量也有不同，E_2和甾体激素总浓度在具有优势化囊肿的牛比具有优势化卵泡的牛更高。粒细胞及壁细胞 LH 受体 mRNA 的表达及粒细胞 3β-HSD 的表达在具有优势囊肿的牛也比具有优势卵泡的牛高。相反，未优势化的囊肿其囊肿液中黄体酮浓度较高而 E_2 浓度较低。此外，在未优势化的囊肿，促性腺激素受体 mRNA 浓度及除细胞色素 P-450scc 和 3β-HSD 外的甾体激素生成酶 mRNA 浓度几乎检测不到，但非优势化囊肿仍然比优势化卵泡大。

一般来说，卵泡囊肿可为单个或多个，壁较薄。多卵泡囊肿也见有报道。具有多层粒细胞的卵泡囊肿分泌雌二醇（优势囊肿），而只有少数基层粒细胞的囊肿卵泡内雌二醇浓度低（非优势化囊肿）。黄体囊肿壁较厚，壁细胞层也较厚，优势粒细胞发生黄体化。黄体细胞通常分泌黄体酮，其量有时足以使血液循环中黄体酮浓度升高到与正常黄体期相似的水平，有些情况下，黄体囊肿不能产生足够的黄体酮，因此血液循环中黄体酮浓度很低。黄体囊肿可能是由于壁细胞和粒细胞黄体化而由卵泡囊肿形成。

另外还有研究表明，有些卵巢囊肿病牛 LH 分泌的量足以引起排卵，但不能使卵泡正常黄体化；有些则是卵泡成熟而不能排卵，发生囊肿。注射雌激素，特别是在发情周期的后期注射可以引起牛的卵泡囊肿；在显现发情周期的牛，肌内注射 4mg 以上 E_2 即可引起卵泡囊肿，雄激素同样可以诱发此病；因为注射外源性激素干扰了 LH 的正常释放。发情周期的第 16 天注射 5mg 苯甲酸雌二醇可以使 LH 提前释放，但引起的囊肿比较小，直径为 2~3cm，注射 LH 抗体时则引起的囊肿较大，直径可达 5~6cm。在这两种情况下，血浆中雌激素水平均较高。

患卵泡囊肿牛的垂体及肾上腺比正常牛的大，而且有些牛表现出雄性性行为和外貌，尿中 17-甾酮的含量亦增高。

17β-E_2 为正常卵泡液中主要的甾体激素，但在囊肿的卵泡液中，其含量则明显降低。组织学检查发现有的囊肿卵泡中产生甾体激素的粒细胞发生闭锁；有的囊肿液中含有大量的黄体酮，其卵泡闭锁并有黄体化变化，但囊肿的大小与激素含量无明显关系。

3. 症状

牛的卵巢囊肿一般发生于产后 15~40 天，有时至产后 120 天仍有发生。病牛的症状及行为变化个体间的差异较大，按外部表现基本可以分为两类，即慕雄狂和乏情。早期的研究报道认为，牛患卵巢囊肿时，行为变化主要表现为慕雄狂，但近来的研究结果表明，卵巢囊肿病牛表现为慕雄狂的只有 20%。母牛表现为慕雄狂或是乏情，在很大程度上依产后发病的早迟为转移，产后 60 天之前发生卵泡囊肿的母牛中 85% 表现为乏情；以后随着时间的增长，卵巢囊肿患牛表现慕雄狂的比例增加。

慕雄狂母牛一般经常表现无规律的、长时间或连续性的发情症状，不安，偶尔接受其他牛爬跨或交配，但大多数牛常试图爬跨其他母牛并拒绝接受爬跨，常像公牛一样表现攻击性的性行为，寻找接近发情或正在发情的母牛爬跨。病牛常由于运动过多而体重减轻。

表现为乏情的牛则长时间不出现发情征象，有时可长达数月，因此常被误认为是已妊娠。有些牛在表现一两次正常的发情后转为乏情；有些牛则在病的初期乏情，后期表现为慕雄狂；但也有此患卵巢囊肿的牛是先表现慕雄狂的症状，而后转为乏情。

卵巢囊肿常见的特征症状是荐坐韧带松弛，在后端尤为明显。在表现持续发情的牛，80%的荐坐韧带明显松弛，同时生殖器官常常水肿且无张力，阴唇松弛、肿胀。表现慕雄狂的牛可能发生阴道脱出。阴门流出的黏液量增加，黏液呈灰色，有些为黏脓性。子宫颈外口通常松弛，子宫颈和子宫较大，子宫壁变厚，触诊时张力极弱且不收缩。在卵巢上可感觉到有囊肿状结构，囊肿常位于卵巢的边缘，壁厚，连续检查可发现其持续时间在10天以上，甚至达数月。如果囊肿壁很厚且有波动感，则很可能为黄体囊肿或囊肿黄体，这种牛多数表现为乏情。慕雄狂和乏情牛在卵巢囊肿的大小及数量上无大的差异。多个囊肿比单个囊肿更为多见，大的单个囊肿多为数个小囊肿融合而成。

在发生卵泡囊肿的牛，卵巢上见不到黄体组织，有时粒细胞层及卵子亦缺失，壁细胞层水肿且发生变性。大多数病例子宫外观正常，有时可见到子宫壁变厚，其中积有黄色的液体，镜检可发现液体中含有上皮细胞及沉渣。

卵巢囊肿患牛的卵巢囊一般较大，系膜松弛。慕雄狂牛的子宫和子宫颈通常增大，水肿且无张力。子宫颈松弛、开张，可伸入一个手指，子宫内膜水肿，黏膜增生。有时可见到子宫内膜腺体有囊肿性变化。阴道、阴唇及阴蒂肿大。在表现乏情的牛，子宫黏膜轻度萎缩，在有些部位可以见到增生现象。

在长期表现慕雄狂的牛，骨盆韧带松弛，结果导致尾根高举，这种情况也可能是由于雌激素长期过高引起病程拖长，导致子宫积水或子宫积液，积聚的液体可能仅位于一侧子宫角或子宫角的一部分中，在这种情况下，子宫颈内口和管腔往往被积聚的黏液堵塞。

卵巢囊肿对病牛奶产量的影响不同，一般认为患卵巢囊肿时，乳产量增加，在表现乏情的牛乳产量更高，可能是由囊肿的卵巢产生的雌激素刺激产乳所致。

4. 诊断

诊断卵巢囊肿一般是首先调查了解母畜的繁殖史，然后进行临床检查。如果发现有慕雄狂的病史、发情周期短或者不规则及乏情时，即可怀疑患有此病。

直肠检查时发现，囊肿卵巢为圆形、表面光滑；有充满液体、突出于卵巢表面的结构。其大小比排卵前的卵泡大，直径通常在2.5cm左右，直径超过5cm的囊肿不多见。卵泡壁的厚度差别很大，卵泡囊肿的壁薄且容易破裂，黄体囊肿壁很厚。囊肿可能只是一个，也可能为多个，检查时很难将单个大囊肿与同卵巢上的多个小囊肿区分开。一次直肠检查常常难以区分卵泡囊肿或黄体囊肿，但采用超声诊断时对两者区别的准确率较高。在有些病例，如果为黄体囊肿，则血液循环中黄体酮水平较高，但在有些病例即使不存在黄体结构，血液循环中黄体酮水平依然较高。仔细触诊有时可以将卵泡囊肿与黄体囊肿区别开来，由于两种囊肿均对hCG及GnRH疗法发生反应，一般没有必要对二者进行鉴别。

卵巢囊肿的早期诊断依赖于母牛的行为和检查。有些患卵巢囊肿的牛表现经常性的长时间周期性发情（慕雄狂）行为。但大多数患卵巢囊肿的牛不表现发情，许多长期乏情的牛患有卵巢囊肿。目前的研究表明，80%以上患卵巢囊肿的牛表现乏情。因此对卵巢囊肿的诊断主要根据卵巢上有直径超过2.5cm的结构，但不存在黄体的特点，通过直肠检查生殖道或采用超声方法进行诊断，但应注意，有些囊肿只是略比排卵卵泡大。根据卵巢囊肿生长的动态变化、优势或非优势囊肿的存在与否以及卵泡囊肿或黄体囊肿的特点，只采用一种方法进行准确诊断很困难。此外，超声检查囊肿的诊断方法比直肠检查更为准确。发育早期的黄体触诊较为柔软，直肠检查时常常误诊为囊肿。

非优势化囊肿常常比新形成的黄体大，由于其处于闭锁状态，因此不能对GnRH或hCG治疗发生反应。卵巢上存在有非优势化囊肿时，其他卵泡结构可对治疗发生反应，有时这种卵泡结构比非优势化囊肿小。在新的卵泡囊肿通过选择而达到优势化状态时，非优势化囊肿并不明显缩小，在随后的检查中，如果非优势化囊肿没有明显缩小而出现新发育的黄体结构，则可误认为是治疗没有奏效。

5. 鉴别诊断

直肠检查时，有时可能将有些卵巢的正常结构误认为是卵巢囊肿。正常排卵前的卵泡直径虽然有时可以达到2.5cm，但有其特点，触诊时感觉壁薄，表面光滑，突出于卵巢表面，而且排卵前的子宫有发情时的特征，触诊时张力增加，而患卵巢囊肿的牛，其子宫与乏情牛相似，比较松软。

不同发育及退化阶段的黄体也易于与卵巢囊肿相混。在发情周期的第

5~6 天，黄体表面光滑、松软。随着黄体发育，其质地变成与肝脏类似，此时很容易与卵巢囊肿区别；间隔 7~10 天重复检查，对于鉴别卵巢囊肿和正常黄体更有助益。正常及囊肿黄体的表面均有排卵点。

需要与卵巢囊肿鉴别的其他病理情况尚有：输卵管炎、输卵管积液、卵巢与周围组织粘连、卵巢脓肿、粒细胞瘤及输卵管伞囊肿。

6. 治疗

卵巢囊肿的治疗方法种类繁多，其中大多数是通过直接引起黄体化而使动物恢复发情周期。对卵巢囊肿的治疗效果进行评价很困难，主要是因为有些囊肿病例可自行康复，而且有时也可诊断错误。如果在产后第一次排卵之前发生卵巢囊肿，50%左右的囊肿可自行恢复，而第一次排卵之后发生囊肿时，则大约 20%可自行康复。治疗卵巢囊肿的方法包括徒手破坏囊肿及采用各种激素治疗，但治疗成功需要中枢神经系统暴露到外源性或内源性黄体酮才能发挥作用。用 GnRH 或 LH、hCG 进行治疗时均可引起囊肿黄体化，但不能引起排卵，因此可产生黄体酮，之后发育形成优势卵泡并发生排卵。用 GnRH 或 hCG 治疗之后，LH 的波动性分泌明显降低，黄体化的囊肿可产生黄体酮 15~18 天，大约在 GnRH 治疗之后 21 天母牛返情。黄体化囊肿产生的黄体酮启动一系列事件，导致子宫释放 PGF2α，引起黄体化的囊肿退化。在采用 GnRH 治疗后 9 天用 PGF2α 治疗可缩短从治疗到下次发情的间隔时间。

对患有卵巢囊肿的牛可采用 Ovsynch 处理而将其包括在定时输精牛群中，即所有牛用 GnRH 处理，7 天后用 PGF2α 处理，2 天后再用 GnRH 处理，12~16h 后定时输精。这种处理方法其实与治疗卵巢囊肿的方法相似，即注射 GnRH 诱导囊肿结构黄体化，之后用 PGF2α 诱导黄体溶解，其不同之处是从注射 GnRH 到注射 PGF2α 的时间间隔，在 Ovsynch 处理中从 9 天缩短为 7 天。

（1）摘除囊肿：这是最早采用的一种治疗卵巢囊肿方法，具体操作是将手伸入直肠，找到患病卵巢，将它握于手中，用手指捏破囊肿。这种方法只有在囊肿中充满液体的病例较易实施，捏破囊肿卵泡没有困难。但操作不慎时会引起卵巢损伤出血，使其与周围组织粘连，进一步对生育造成不良影响。

（2）LH：具有 LH 生物活性的各种激素制剂已被广泛用于治疗卵巢囊肿。对 LH 疗法有良好反应的牛，其囊肿黄体化或者其他卵泡不发生排卵而直接黄体化，在卵巢上形成黄体组织而痊愈。一般来说，注射 LH 一次后的痊愈率可达到 65%~89%，母牛通常在治疗之后 20~30 天内恢复发情周期，但有时需要注射 2~3 次。治疗后出现正常发情的牛可以进行配种，但没有受胎的牛或配种延误的牛有可能再次发生卵巢囊肿。LH 为蛋白质激素，有些牛会出现变态反应，或者产生抗体，而使治疗效果降低。

（3）hCG：hCG 可用于治疗对 GnRH 治疗不发生反应的囊肿，其 LH 作用可引起囊肿或卵巢上其他卵泡发生黄体化而开始产生黄体酮。一旦发生黄体化，可采用 PGF2α 进行治疗，诱导黄体结构退化及重新启动正常的发情周期。采用 hCG 治疗时，有时可引起免疫反应而导致对治疗无反应，因此 hCG 一般用于对 GnRH 治疗无反应的病例。

（4）GnRH：治疗卵巢囊肿多用合成的 GnRH，这种激素作用于垂体，可引起 LH 释放。在我国兽医临床中，可供采用的 GnRH 类似物及剂量分别为：注射用促黄体激素释放激素 A2，治疗剂量为 25μg，每天 1 次，可连用 4 次，总剂量不超过 100μg。A3，肌内注射，一次量，奶牛 25 μg。醋酸促性腺激素释放激素，奶牛一次量，100~200μg。一般来说，治疗之后血浆黄体酮浓度增加，囊肿出现黄体化，18~23 天后可望正常发情。

（5）前列腺素：前列腺素对治疗黄体囊肿及用 GnRH 治疗之后发生黄体化的卵泡囊肿十分有效，但对卵泡囊肿没有效果，因此采用前列腺素治疗时准确的诊断极为重要。前列腺素治疗之后黄体囊肿很快退化，90% 的病例在治疗后 8 天可出现发情。在治疗牛的卵巢囊肿时，前列腺素常用于 Ovsynch 同期发情和类似治疗方案，或在 7~14 天的阴道内黄体酮控释装置（CIDR）处理中采用。

（6）GnRH 和 PGF2α 合用：经 GnRH 治疗后，囊肿通常发生黄体化，其后并与正常黄体一样发生退化，因此同时可用 PGF2α 或其类似物进行治疗，促进黄体尽快萎缩消退。在 GnRH 治疗之后第 9 天加注 PGF2α，可将从 GnRH 处理到发情的间隔时间从 18~23 天缩短到 12 天左右，其生育力与单用 GnRH 治疗相同。

（7）黄体酮：黄体酮很早就用于治疗牛的卵巢囊肿，特别是随着 CIDR 在泌乳奶牛的应用，对其治疗卵巢囊肿的效果进行了大量的研究。黄体酮治疗之后可重建丘脑下部—垂体—卵巢周期的正常反馈机制，患病动物启动正常的发情周期。从 CIDR 释放的黄体酮可引起血液循环中黄体酮水平升高到与正常黄体期相似的水平，通过降低 LH 的波动频率引起囊肿卵泡闭锁，消除了囊肿卵泡产生的雌二醇和抑制素的抑制作用，新的卵泡波开始发育。此外，黄体酮可阻止新出现的优势卵泡过度生长，通过抑制 LH 的分泌使得卵泡以正常间隔时间周转。黄体酮也可影响丘脑下部—垂体—卵巢轴系，对优势卵泡产生的雌二醇发生反应而产生足够的 LH 峰值，除去黄体酮后即可发生排卵，能够足以重建丘脑下部—垂体—卵巢轴系的黄体酮治疗持续时间可短至 3 天，但一般的治疗时间为 7~14 天。

黄体酮可单独用于治疗卵巢囊肿。患卵巢囊肿的牛用 Ovsynch 处理后进行 AI，其怀孕率与采用 CIDR 治疗 7 天时，除去 CIDR 时注射前列腺素，观察到发情时 AI 的牛相当，表明 CIDR 单独可有效治疗牛的卵巢囊肿。

7. 预防

卵巢囊肿的发生具有遗传性，通过筛选可明显降低其发病率，但相关性状传播的遗传风险较低，因此遗传选育防止本病的发生可能速度很慢。产后 12~14 天注射 GnRH 可降低产后期卵巢囊肿的发病率。研究表明卵巢囊肿不会在卵巢上有优势卵泡及对 GnRH 处理发生反应而排卵的卵泡发生，表明在产后期尽早建立发情周期，让母牛暴露到黄体水平的黄体酮可降低产后奶牛卵黄囊肿的发病率。

三、排卵延迟及不排卵

排卵延迟及不排卵，严格说来亦应属于卵巢机能不全。前者是排卵的时间向后拖延，多在配种季节的初期见于马、驴和绵羊，在牛也有发生；后者是指在发情时有发情的外表症状，但不出现排卵，此病多见于发情季节的初期及末期。

1. 病因

垂体分泌 LH 不足，激素的作用不平衡，是造成排卵延迟及不排卵的主要原因。气温过低或变化、营养不良、利用（使役或挤奶）过度，均可造成排卵延迟及不排卵。

2. 症状及诊断

排卵延迟时，卵泡的发育和外表发情症状都和正常发情一样，但发情的持续期延长，在马可拖延到 30~40 天，牛可达 3~5 天或更长。马的排卵延迟一般是在卵泡发育到第四期时间延长，最后有的可能排卵，并形成黄体，有的则发生卵泡闭锁。

卵泡囊肿的最初阶段与排卵延迟的卵泡极为相似，应根据发情的持续时间、卵泡的形状、大小以及间隔一定的时间重复检查的结果慎重鉴别。

3. 治疗

对排卵延迟的病畜，除改进饲养管理条件，注意防止气温的影响外，应用激素治疗，通常可以收到良好的效果。

对可能发生排卵延迟的马和驴，在输精前或其同时注射 LH 200~400IU；或者注射 hCG 1 000~3 000IU 或黄体酮 100mg，可以收到促进排卵的效果。在卵泡已发育到第四期，持续发情 10 余天的排卵延迟母马，肌内注射黄体酮后绝大多数都会在第 2 天（24h 之内）以前排卵。此外，应用小剂量的 FSH 或雌激素，亦可缩短发情期，促进排卵。

发现牛发情症状时，立即注射 LH 200～300IU 或黄体酮 50～100mg，可以促进排卵，对于确知由于排卵延迟而屡配不孕的母牛，发情早期应用雌激素，晚期注射黄体酮，也可得到良好效果。

四、输卵管疾病

输卵管疾病的发病率要比预想的高得多，因此是屡配不孕而不表现生殖道其他疾病的重要原因。直肠触诊可发现，有时输卵管粘连或增大，但有些根本触诊不到输卵管粘连、损伤或炎症。在屠宰奶牛的检查发现 10% 以上的检查样本单侧或双侧输卵管发生病变。

1. 病因

虽然输卵管也存在先天异常，但要比获得性异常少见。产后生殖道感染、持续性子宫内膜炎、子宫外膜炎及其他感染也可引起输卵管疾病（输卵管炎）。同样，不太常见但仍可引起损伤性输卵管炎的病原，如胎儿弯曲菌生殖道亚种、脲原体及支原体等也可感染生殖道后段。

输卵管损伤可伴随严重的难产而引起，特别是在徒手除去黄体时这种情况更为多见，徒手除去卵巢囊肿也可造成输卵管损伤。

2. 临床症状及诊断

输卵管疾病的临床症状通常不明显，但如果生殖道其他部位受到严重感染或受损时可能会表现临床症状。本病的诊断通常依赖于触诊，但其他辅助诊断技术如超声检查、腹腔镜检查、剖腹检查、染料检查或造管检查也有助于诊断。触诊检查最有可能会发现输卵管粘连或增大，几乎不可能鉴定到其他微小的变化。触诊检查时可试图将一个手指插入卵巢囊，如果手指能在卵巢囊内撑开，则可检查到输卵管的开口。虽然难以检查到正常输卵管，但如果检查到肿胀或结节，则说明输卵管可能发生了病变。

3. 治疗

输卵管疾病如果是由子宫内膜炎或生殖道的其他感染所引起，可采用抗生素、前列腺素或其他特殊疗法治疗，但一般很难奏效。输卵管发生粘连时应采取性静止的治疗方法，所需要的时间因各个病例而不同，但通常需要 1～6 个月。如果病变只是一侧输卵管，则母牛在发情时可配种。

五、生殖系统肿瘤

1. 卵巢肿瘤

卵巢肿瘤可大致分为3类：①上皮瘤，包括乳头状腺瘤、乳头状腺癌、囊腺癌、囊腺瘤、卵巢癌等，多见于犬、猪和实验动物。②生殖细胞瘤，如无性细胞瘤、畸胎瘤等。③性索—基质瘤，有粒细胞瘤、壁细胞瘤、黄体瘤等，在各种动物均有发生，是牛、马最常见的卵巢肿瘤。

现将各种动物见有报道的卵巢肿瘤分别简单介绍如下。

（1）牛的卵巢肿瘤：

①血管肉瘤：恶性，较少见。

②卵巢癌：为卵巢上皮组织生长的恶性肿瘤，在牛有个别案例报道。

③纤维瘤：纤维组织发生的良性肿瘤，比较少见。

④纤维肉瘤：发生于间叶组织的恶性肿瘤，在牛有个别的病例报道。

⑤无性细胞瘤：在牛有个别发生的病例，由卵巢中的原始干细胞变化而成，肿瘤由大量呈多面体的细胞构成，该病不分泌激素。

⑥黏液腺瘤：在牛有个别病例发生。

⑦囊腺瘤：可以扩散到腹腔，产生腹水，在牛有报道。

⑧雄胚瘤：在牛有个别病例发生，细胞发生高度退行性变化，有时肿瘤类似于睾丸间质细胞瘤的细胞。

⑨血管错构瘤：在牛有个别的病例报道。

⑩黄体瘤：由黄体细胞生长而成，在牛比较少见，切面呈黄色，细胞中含有许多脂滴。

（2）羊的卵巢肿瘤：绵羊及山羊卵巢发生肿瘤者均极少见，见有报道的有绵羊和山羊的粒细胞瘤及山羊的无性细胞瘤。

2. 子宫肿瘤

牛的子宫肿瘤不太常见，近来的研究发现，牛的淋巴肉瘤及腺癌越来越多；牛的淋巴组织癌或恶性淋巴瘤有时可侵害子宫，使子宫壁出现弥散性团块样增厚。

子宫瘤患牛偶尔可以妊娠，但有些肿瘤如腺癌等可能恶化，转移到身体其他组织。子宫发生囊状癌变时，触诊感觉子宫很硬，有时并可形成溃疡，因而有血液从子宫颈流出。平滑肌瘤通常为单个，坚硬，呈圆形，有时触诊很像脓肿。

（1）病因：奶牛最常见的子宫肿瘤为淋巴肉瘤。腺癌、平滑肌瘤、纤维肌瘤、纤维瘤等少有报道。

（2）临床症状与诊断：牛患子宫淋巴肉瘤时除了生殖道的病变外，在淋巴结或其他靶器官可触诊到的肿瘤。由于在牛经常进行生殖系统的直肠检查，因此在表现全身症状之前或在开始表现多灶性淋巴肉瘤的病状时通常可发现子宫的肿块。淋巴肉瘤在生殖道可有多种表现形式，如局灶性、多灶性或弥散性肿瘤浸润等。子宫是生殖道最常发生淋巴肉瘤的部位，但卵巢、输卵管、子宫颈及生殖道后段也可发病。淋巴肉瘤在子宫的典型形式包括子宫壁出现多个坚硬的畸形肿块，感觉与残存的母体子叶相似。有些牛子宫角、子宫体表现为坚硬的增厚。有时可只触及单个表面光滑或表面粗糙的子宫壁肿块。彻底检查通常也能检查到这些牛其他部位的淋巴肉瘤。

牛患子宫肿瘤时，除了淋巴肉瘤外一般均没有症状，偶尔可在配种前检查生殖道时发现肿瘤。有些病牛由于重复配种或不能受胎进行检查时可发现肿瘤。在子宫发生腺癌时由于转移到肺脏可在随后出现呼吸道症状。腺癌坚硬，表面粗糙，可影响到一个子宫角。平滑肌瘤坚硬，圆形，具有清晰的边界。其他肿瘤的外观、形状及质地差别较大。依肿瘤的类型，可发生或不发生转移。超声检查及活检可辅助诊断。

（3）治疗：牛患子宫淋巴肉瘤时通常在6月龄之前由于发生多中心疾病而死亡；怀孕牛患子宫淋巴肉瘤时通常可产出小而难以存活的犊牛，怀孕不足6个月时很少能产出能够存活的胎儿，因此对这种肿瘤一般不建议治疗。由于其他肿瘤在单侧性子宫角发生时，如果诊断早，病牛具有重要价值，可施行部分子宫切除术进行治疗。

3. 子宫颈肿瘤

宫颈肿瘤的病例不太常见；在牛，纤维瘤、纤维肉瘤、平滑肌瘤等偶尔可以见到，囊癌有时尚可能扩散到其他器官。

4. 阴道肿瘤

阴道肿瘤主要有纤维瘤、纤维肉瘤、平滑肌瘤、血管瘤、淋巴肉瘤等。阴道肿瘤在牛相对比较多发，虽然对生育力的影响不是很大，但可引起难产。阴道肿瘤大多为良性，偶尔可脱出于阴门之外，此时可施行手术摘除。

六、子宫内膜炎

子宫内膜炎是指子宫内膜发生的炎症，在牛比较常见，为不育的重要原因之一，但很少影响全身健康。引起此病的病原一般是在配种、输精或分娩时到达子宫，有时也可通过血液循环而导致感染。引起不育的子宫内膜炎大多为慢性。

1. 病因

子宫内膜炎多继发于分娩异常。如流产、胎衣不下、早产、双胎、难产以及子宫的其他疾病如子宫炎、子宫积脓、子宫、子宫颈、阴道及阴门的损伤等。这些疾病常引起了宫复旧延迟、子宫内膜恢复缓慢以及延迟受孕。有些母牛正常分娩之后，子宫也会发生感染，但多数在产后第一、第二次发情时即可将子宫的感染清除。

阴门的严重损伤有时可引起气膣，尤其在老龄牛更是如此。由于阴道中形成气室，因此粪便、尿液、空气等会进入阴道前端，引起慢性子宫颈炎，进而引起子宫内膜炎。

交配后有时可引起慢性子宫内膜炎，公牛患有滴虫病、弧菌病、布鲁氏菌病等疾病时，通过交配可将病原传给母畜而引起发病。公牛的包皮中常常含有各种微生物，也可能通过输精及自然交配而将病原传播给母畜。

对牛的正常妊娠及未孕子宫的细菌学研究表明，有20%~40%的未孕子宫中含有细菌，主要为微球菌、葡萄球菌，偶尔还有大肠杆菌。对不育牛子宫的微生物菌群研究表明，引起生育力下降的细菌一般是非特异性的，微球菌、链球菌、化脓放线菌、假单胞菌等都可引起子宫内膜炎，并可能与生育力的降低有直接关系。

2. 症状

患子宫内膜炎时，尤其是在慢性病例，一般来说病畜的临床症状不很明显，但发情时可见到排出的黏液中有絮状脓液，黏液呈云雾状或乳白色，而且有大量的白细胞。有时同时存在着子宫颈炎。

轻度的子宫内膜炎经直肠检查一般难于发现异常变化，在较严重的病例，除上述临床症状外，阴道检查可以发现子宫内排出异常分泌物，尤其是在发情时，排出的黏液中含有的脓液则说明患有子宫内膜炎。直肠检查时，可发现子宫略为增大，较重、壁厚，有时这些变化只限于一侧子宫角，而且多数是上次妊娠的子宫角。

患子宫内膜炎时，发情周期及发情期的长短一般正常，偶尔由于子宫内膜发生病变而释放PGF2α，阻止正常黄体发育，因而可能使发情周期缩短。如果病牛受胎，发生早期胚胎死亡，则发情周期延长，但延长的时间长短不定。子宫内膜炎病畜多数屡配不孕。

慢性子宫内膜炎按症状可分为以下4种类型。

(1) 隐性子宫内膜炎：不表现临床症状，子宫无肉眼可见的变化，直肠检查及阴道检查也查不出任何异常变化，发情期正常，但屡配不孕。发情时子宫排出的分泌物较多，有时分泌物不清亮透明，略微混浊。

（2）慢性卡他性子宫内膜炎：从子宫及阴道中常排出一些黏稠混浊的黏液，子宫黏膜松软肥厚，有时其至发生溃疡和结缔组织增生，个别的子宫腺可形成小的囊肿。患这种子宫内膜炎的家畜一般不表现全身症状，有时体温略有升高，食欲及产奶量略有降低，病畜的发情周期正常，但有时也可受到破坏。有时发情周期虽然正常，但屡配不孕，或者发生早期胚胎死亡。

（3）慢性卡他性脓性子宫内膜炎：病畜往往有精神不振。食欲减少，逐渐消瘦，体温略高等轻微的全身症状。发情周期不正常，阴门中经常排出灰白色或黄褐色的稀薄脓液或黏稠的脓性分泌物。

（4）慢性脓性子宫内膜炎：阴门中经常排出脓性分泌物，在卧下时排出较多。排出物污染尾根及后躯，形成干痂。病畜可能消瘦和贫血。

3. 诊断

发生子宫内膜炎时，如果病变轻微，一般很难确诊，尤其在患隐性子宫内膜炎时更是如此。慢性子宫内膜炎可以根据临床症状、发情时分泌物的性状、阴道检查、直肠检查和实验室检查的结果进行诊断。

（1）发情分泌物性状的检查：正常发情时分泌物量较多，清亮透明，可拉成丝状。子宫内膜炎病畜的分泌物量多但较稀薄。不能拉成丝状，或者量少且黏稠、混浊，呈灰白色或灰黄色。

（2）阴道检查：子宫颈口不同程度肿胀和充血。在子宫颈口封闭不全时，可见有不同性状的炎性分泌物经子宫颈口排出。如子宫颈封闭，则无分泌物排出。

（3）直肠检查：在患慢性卡他性子宫内膜炎的家畜，直肠检查感觉到子宫角稍变粗，子宫壁增厚，弹性减弱，收缩反应微弱。马的两角分叉处（子宫底）变平坦，子宫体也稍厚，但有的病例查不出明显的变化。

直肠检查时，应注意与正常妊娠一个月左右的子宫进行鉴别，除经产多次的母畜（主要是牛）外，患慢性子宫内膜炎时，两个子宫角的大小和形状一般都一样，其长短也大多相同。马的子宫体上没有妊娠所特有的膨大部。患慢性子宫内膜炎时，直肠检查的症状虽然与正常产后期的子宫有相似之处，但是根据病史中分娩的时间不难区分。

（4）实验室诊断：

①子宫回流液检查：冲洗子宫，镜检回流液，可见脱落的子宫内膜上皮细胞、白细胞或脓球。检查子宫回流液对隐性子宫内膜炎有决定性的诊断意义，为此可将首次观察未现异常的回流液静置后检查，未发现有沉

淀，或偶尔见到有蛋白样或絮状浮游物，即可做出诊断。

②发情时分泌物的化学检查：4%氢氧化钠2mL，加等量分泌物，煮沸冷却后无色者为正常，呈微黄色或柠檬黄色的为阳性。

③分泌物生物学检查：在加温的载玻片上，分别加两滴精液，一滴中加被检分泌物，另一滴做对照，镜检精子的活动情况，精子很快死亡或被凝集者为阳性。

④尿液化学检查：实际是检查尿液中的组胺是否增多。取5%硝酸银1mL，加尿液2mL，煮沸2min，形成黑色沉淀者为阳性，褐色或者淡褐色的为阴性。

⑤细菌学检查：无菌操作采取子宫分泌物，分离培养细菌，鉴定病原物。

4. 治疗

各种动物慢性子宫内膜炎治疗总的原则是，抗菌消炎，促进炎性产物的排除和子宫机能的恢复。不同种动物子宫解剖学构造有差异，在治疗方法上也有不同，现将各种治疗方法介绍于下，可根据具体病例选用。

（1）子宫冲洗疗法：马或驴产后急性子宫内膜炎或慢性子宫内膜炎，可用大量(3 000~5 000mL）1%的盐水或含有抗生素的盐水冲洗子宫。在子宫内有较多分泌物时，盐水浓度可提高到5%。用高渗盐水冲洗子宫可促进炎性产物的排出，防止吸收中毒，并可刺激子宫内膜产生前列腺素，有利于子宫机能的恢复。马类动物的子宫颈宽短，环形肌不发达，很易扩张，子宫角尖端向上，输卵管的宫管结合部有明显的括约肌，子宫内冲入液体的压力增大时，液体会自行经子宫颈排出，不必担心液体经输卵管流入腹腔。在急性子宫内膜炎时，冲洗子宫后其全身症状会立即得到改善。但在怀疑子宫破裂时不可冲洗，否则可造成炎症扩散。

（2）宫内给药：多胎动物如猪、犬和猫，子宫角很长，冲入的液体很难完全排出，一般不提倡冲洗子宫。在牛，特别是慢性子宫内膜炎时，也不提倡冲洗子宫，主要是其子宫颈管细长，环形肌发达，子宫角下垂，注入的液体不易排出；输卵管的宫管结合部呈漏斗状，无明显的括约肌，子宫内注入大量液体压力增加时，液体可经宫管结合部和输卵管流入腹腔，造成腹腔污染和炎症扩散。临床实践中，也常常见到对牛冲洗子宫后出现精神不佳、食欲减退等现象。在子宫已复旧的牛，子宫内注药的容积也应严格控制，有成牛不超过20mL，经产牛一般为25~40mL。

由于子宫内膜炎的病原非常复杂，且多为混合感染，宜选用抗菌谱广的药物，如四环素、庆大霉素、卡那霉素、红霉素、金霉素、诺氟沙星等。子宫颈口尚未完全关闭时，可直接将抗菌药物 1~2g 投入子宫，或用少量生理盐水溶解，做成溶液或混悬液用导管注入子宫，每日 2 次。猪的慢性子宫内膜炎，由于子宫颈口关闭，可肌内注射抗生素。牛的慢性子宫内膜炎可选用溶解度低、吸收缓慢的抗菌药物或剂型，用直肠把握法将输精管通过子宫颈，直接将药物注入子宫。

（3）激素疗法：在患慢性子宫内膜炎时，使用 PGF2α 及其类似物，可促进炎症产物的排出和子宫功能的恢复。子宫内有积液时，还可用雌激素、催产素等。小型动物患慢性子宫内膜炎时，很难将药液注入子宫，可注射雌二醇 2~4mg，4~6h 后注射催产素 10~20IU，可促进炎症产物排出，配合应用抗生素治疗可收到较好的疗效。

（4）膜外封闭疗法：主要用于治疗牛的子宫内膜炎、子宫复旧不全，对胎衣不下及卵巢疾病也有一定疗效。方法是在倒数第一、第二肋间、背最长肌之下的凹陷处，用长 20cm 的针头与地面呈 30°~35°进针，当针头抵达锥体后时，稍微退针，使进针角度加大 5°~10°向锥体下方刺入少许。刺入正确时，回抽无血液或气泡，针头可随呼吸而摆动；注入少量液体后取下注射器，药液不吸入并可能从针头内涌出。确定进针无误后，按每千克体重 0.5mL 的剂量用 0.5%普鲁卡因等分注入两侧。

（5）其他疗法：

①将乳酸杆菌或人的阴道杆菌接种于 1%的葡萄糖肝汁肉汤培养基，37~38℃培养 72h，使每毫升培养物中含菌 40 亿~50 亿个。每头病牛子宫注入 4~5mL，经 10~14 天可见临床症状消失，20 天后恢复正常发情和配种。

②采自体血浆 100mL 注入子宫，每日一次，连续 4 次，发情后配种，可使马的受胎率达到 60%以上。

③人工诱导泌乳。对患子宫内膜炎而不泌乳的奶牛，人工诱导泌乳可使子宫颈口开张，子宫收缩增强，促进子宫炎症产物的清除和子宫机能的恢复。病程在一年以上的慢性子宫内膜炎，在人工诱导泌乳后 2.5~6 个月内，绝大部分可恢复配种受胎能力。

七、子宫积液及子宫积脓

子宫积液是指子宫内积有大量棕黄色、红褐色或灰白色的稀薄或黏稠液体，蓄积的液体稀薄如水者亦称子宫积水。

子宫积脓多由脓性子宫内膜炎发展而成，其特点为子宫腔中蓄积脓性或黏脓性液体，子宫内膜出现炎症病理变化，多数病畜卵巢上的黄体不能按时溶解退化，因而往往不发情。此病在牛、山羊、猫和犬报道较多，其他动物也可发生。

1. 病因

牛的子宫积脓大多发生于产后早期（15~60天），而且常继发于分娩期疾病如难产、胎衣不下及子宫炎。患此病时出现的持久黄体是子宫发生感染、子宫内膜异常而使产后排卵形成的黄体不能退化所致。配种之后发生的子宫积脓可能与胚胎死亡有关，其病原是在配种时引入或胚胎死亡之后所感染。发情周期的黄体期输精，或给孕畜错误输精及冲洗子宫引起流产，均可导致子宫积脓。

布鲁氏菌是引起子宫积脓的主要病原菌之一，溶血性链球菌、大肠杆菌、化脓放线菌及假单胞菌和真菌也常引起此病。胎毛滴虫在某些地区是引起胚胎死亡的常见病原之一，胚胎死亡之后往往发生浸溶，从而出现子宫积脓，在这样的病例，子宫颈塞可能保存完好。

马、羊、猪的子宫积脓也多发生于分娩及配种之后，但发病率不高。

子宫积液的病因与子宫积脓的基本相同，多半继发于子宫内膜炎；但长期患有卵巢囊肿、卵巢肿瘤、持久处女膜、单角子宫、假孕及受到雌激素或孕激素长期刺激的母畜也可发生此病。

2. 症状及诊断

子宫积脓的症状视子宫壁损伤的程度及子宫颈的状况而定。

牛的特征症状是乏情，卵巢上存在持久黄体及子宫中积有脓性或黏脓性液体，其量在200~2 000mL不等。产后子宫积脓病牛由于子宫颈开放，大多数在躺下或排尿时从子宫中排出脓液；尾根或后肢粘有脓液或其干痂；阴道检查时也可发现阴道内积有脓液，颜色为黄色、白色或灰绿色。直肠检查发现，子宫壁通常变厚，并有波动感，子宫的大小与妊娠6周至5个月的牛相似，两子宫角的大小可能不相等，但对称者更为常见。查不到子叶、胎膜、胎体。当子宫体积很大时，子宫中动脉可能出现类似妊娠时的妊娠脉搏，且两侧脉搏的强弱均等，卵巢上存在有黄体。病牛一般不表现全身症状，但有时，尤其是在病的初期，体温可能略有升高。

囊肿性子宫内膜增生患畜不并发感染时，无明显的全身症状，但从阴门流出的分泌物中含有大量细菌；子宫颈闭合的病例可发生子宫积液。

子宫积脓的病程不定，严重的急性病例病情进展急速，如不及时治疗，可能死亡，子宫颈开放的病例，病程可以拖延数月之久。

患子宫积液牛的症状表现不一，如为卵巢囊肿所引起则普遍表现乏情，如为缪勒管发育不全所引起则乏情极为少见。子宫中所积聚的液体其黏稠度亦不一致，子宫内膜囊肿性增生时，液体呈水样，但存在持久处女膜的病例，则液体极其黏稠。大多数病畜的子宫壁变薄，积液可出现在一个子宫角或者两个子宫角中均有液体，而且其量变化不定，有时子宫颈扩大，充满黏稠的液体而成为子宫颈积液。

阴道中排出异常液体，并黏附在尾根或后肢上或结成干痂；阴道检查时可发现阴道内积有液体，呈黄色、红色、褐色、白色或灰白色。直肠检查发现，子宫壁通常较薄，触诊子宫有软的波动感，其体积大小与妊娠1.5~2个月的牛相似，两子宫角的大小可能相等。在子宫角松弛下垂，尤其是病牛站立时更易发生变化，因为两子宫角中的液体可以互相流动。检查不到妊娠子叶。卵巢上可能有黄体。

3. 鉴别诊断

子宫积脓或子宫积液主要应与正常妊娠进行鉴别；积脓的子宫壁较厚，而且比较紧张，大小与妊娠三四个月相似，但摸不到子叶和孕体，间隔20天以上重复检查，发现子宫体积不随时间增长而相应增大。子宫积液时，子宫壁变薄，触诊波动感极其明显，也查不出子叶、孕体及妊娠脉搏，由于两子宫角中的液体可以相互流通，重复检查时可能发现两个子宫角的大小比例有所变化。

此外，子宫积脓或积液也可能与胎儿干尸体化或浸溶相混，现将此病与后两种情况以及正常妊娠的鉴别诊断要点列于表6-1中。

表6-1 牛正常妊娠三四个月的子宫与类似妊娠的病态子宫的鉴别诊断

	直肠检查	阴道检查	阴道排出物	发情周期	全身症状	重复检查变化
正常妊娠	子宫壁薄而柔软，妊娠3~4月以后可以触到子叶，大多数可以摸到胎儿，两侧子宫中动脉有强度不等的妊娠脉搏，卵巢上有黄体	子宫颈关闭，阴道黏膜颜色比平常稍淡，分泌黏液	无	停止循环	全身情况良好，食欲及膘情有所增进	间隔20天以上重复检查时，子宫体积增大
子宫积液	子宫增大，壁很薄，触诊波动明显，整个子宫大小与妊娠1.5~2月的相似，分叉清楚，两角大小多相等，卵巢有黄体，可能出现类似的妊娠脉搏，但两侧强度均等	有时子宫颈和阴道有发炎现象	不定期排出分泌物	紊乱	无	子宫增大，有时反而缩小，两个子宫角的大小比例可能发生改变

（续表）

	直肠检查	阴道检查	阴道排出物	发情周期	全身症状	重复检查变化
子宫积脓	子宫增大，与妊娠2~4月相似，两角大小相等，子宫壁厚，但各处厚薄不均，感觉有硬的波动，卵巢有黄体，有时有囊肿，子宫中动脉有类似妊娠的脉搏，且两侧强度相等	子宫颈及阴道黏膜充血微肿，往往积有脓液	偶尔在发情或子宫颈黏膜肿胀减轻时，排出脓性分泌物	停止循环，患病久时，偶尔出现发情	一般无明显变化，有时体温升高，出现轻度消化扰乱症状	子宫形状、大小和质地大多无变化
胎儿干尸化	子宫增大，形状不规则，但各部软硬不一，无波动感，卵巢上有黄体	子宫颈关闭	无	停止循环	无	无变化
胎儿浸溶	子宫增大，形状不规则，无波动感，内容物较硬，但各部软硬不一，挤压有骨片摩擦音	子宫颈及阴道黏膜有慢性发炎的现象，子宫颈口略开张，有时可看到小骨片，阴道内有污秽液体	有排出黑褐色液体及小骨片的病史	停止循环	体温略微升高，反复出现轻度消化扰乱症状	大多无变化，有时略缩小

4. 治疗

（1）前列腺素疗法：对子宫积脓或子宫积液病牛，应用前列腺素或其类似物治疗，效果良好，注射后24h左右即可使子宫中的液体排出，经过3~4天病畜可能出现发情，并随之排卵。子宫内容物排空之后，可用抗生素溶液灌注子宫，消除或防止感染。

大多数子宫积脓病例可在一次或几次注射前列腺素类药物后排空。治疗可间隔14天重复进行。PGF2α（35mg）或500 μg氯前列烯醇可获得很好的治疗效果，这种治疗方法对大多数胎儿干尸化也有疗效，但有些病牛即使重复注射也难奏效。

子宫积脓的持续时间与随后的生育力呈负相关，如果牛患子宫积脓的时间超过2个月，而且子宫内蓄积有大量的脓液，则改进生育力几乎没有希望。有些子宫积脓病例在治疗之后可再次发生积脓、卵巢囊肿及粘连。

（2）冲洗子宫：冲洗子宫是治疗子宫积脓或子宫积液行之有效的常用方法；通常采用的冲洗液有高渗盐水、0.02%～0.05%高锰酸钾、1%～1.5%露他净溶液，0.01%～0.05%新洁尔灭及含2%～10%复方碘溶液的生理盐水；也可将抗生素溶于大量生理盐水作冲洗液应用。冲洗之后将抗生素注入或装于胶囊中送入子宫，效果更好。

对牛的子宫积脓已使用过的抗生素有青霉素、土霉素或四环素及氨基糖苷类抗生素等。但青霉素不宜用于产后2～3周的早期阶段，在此期间子宫中存在的一些耐青霉素微生物可以释放青霉素酶而阻碍它发挥作用，而使对青霉素敏感的细菌得到保护。分娩经过3周以后，尤其是在化脓放线菌和革兰阴性厌气菌引起子宫感染时，应用青霉素灌注比较适宜。在表现全身症状的牛，应同时肌内注射，进行全身治疗。抗菌谱广的土霉素或四环素是治疗子宫积脓的首选有效药物，子宫中积聚的脓液及厌气环境都不会影响它的作用；但这种抗生素对子宫壁的渗透能力不大，因此在有全身症状的病例，亦应全身用药。氨基糖苷类抗生素，如庆大霉素、卡那霉素、链霉素及新霉素等，不宜用于治疗子宫内感染，因为这些抗生素在子宫内的厌气环境中均难以发挥作用。

（3）雌激素疗法：雌激素能诱导黄体退化，引起发情，促使子宫颈开张，便于子宫内容物排出，因此可用于治疗子宫积脓和子宫积液。

（4）摘除黄体或子宫：病牛摘除黄体之后会出现发情，从而将子宫内容物排出，但在子宫积脓时，黄体比较硬实，很难挤破，而且术后易于发生出血和粘连。

对患子宫积脓的犬和猫，若非种用，可施行卵巢子宫切除术进行根治；术后全身应用抗生素治疗并输液，如果病畜不宜施行手术，例如表现严重的中毒症状时，可进行输液，配合采用前列腺素治疗。PGF2α用于犬时的剂量为每千克体重0.02～1.0mg，猫为每千克体重0.22～1.0 mg，肌内注射或皮下注射均可，但应注意只能使用天然的PGF2α，合成的类似物可以引起休克甚至死亡。采用PGF2α治疗的同时亦应全身应用抗生素治疗。

5. 预后

确诊及治疗越早，后果越好。病程延长，特别是子宫内膜受到严重损害时，虽能临床治愈，但难保证以后的生育能力。

八、子宫颈异常

1. 病因

子宫颈异常可为先天性或获得性，先天性子宫颈异常可能为个体性病变或为生殖道许多先天性异常的一部分，子宫颈节段性发育不全、双子宫颈、子宫颈过短或卷曲及其他异常均见有临床病例报道，这些病变可干扰配种，可能为遗传性的，除了不育外很少会出现临床症状。获得性子宫感染或损伤可出现明显的临床症状，包括阴门有化脓性分泌物及严重的里急后重，或只是引起不育。子宫颈的损伤通常发生在难产之后，可很快引起临床症状，如出血或子宫颈感染、子宫颈脓肿或子宫颈出现影响以后配种的瘢痕性纤维化。子宫颈炎也可继发于子宫内膜炎或阴道炎。阴道或阴门损伤之后阴道吸气或尿膣引起的慢性阴道炎可诱发子宫颈炎，特别是会影响到子宫颈内环。老龄牛或发生严重难产的牛子宫颈外环脱出也可诱发子宫颈外口感染。输精器械使用不当也可刺穿或损伤子宫颈，引起子宫颈发生慢性感染或形成脓肿，子宫颈最常见的慢性感染是由化脓隐秘杆菌所引起，但混合感染也常能见到。

2. 临床症状与诊断

进行常规直肠检查时可检查到或怀疑发生了子宫颈疾病，但诊断这类疾病最好采用阴道内镜检查。超声诊断检查对子宫颈肿块、脓肿或子宫颈内损伤比较准确。发生子宫颈疾病，特别是子宫颈炎时可常观察到阴门有黏脓性分泌物，可见屡配不孕及不育，输精管难以插入。由于子宫颈感染比子宫内膜炎及阴道炎少见，因此除非采用直肠触诊及阴道内窥镜检查，很难准确诊断。

内窥镜检查时有时可看到子宫颈外口水肿、发红及肿大，有脓性分泌物。由于子宫颈炎很有可能与子宫内膜炎或阴道炎同发生，而且局限于子宫颈外口的炎症很少作为单独的一种疾病发生，其本身也很少引起不育，因此治疗应直接针对原发性子宫或阴道感染。

子宫颈脓肿常见于难产之后或采用输精管输精引起子宫颈损伤之后，这类病变直肠检查触诊可以诊断，超声检查可以确诊。

子宫颈狭窄可为先天性的或获得性的，难产后或继发于慢性子宫内膜炎及子宫颈炎纤维化所造成的狭窄是获得性病变最常见的原因。常见症状为不能受胎、输精管难以插入子宫颈。

3. 治疗

与阴道炎或子宫内膜炎有关的子宫颈炎需要针对原发性疾病和子宫颈

进行治疗。慢性子宫内膜炎可采用 PGF2α 或其类似物诱导黄体溶解，结合抗生素疗法，促进子宫排空。采用抗生素治疗之前应进行分泌物的细菌培养及药敏实验。阴道炎的局部治疗包括治疗性灌洗以清洁生殖道后段，同时采用适宜的抗生素治疗。治疗原发性子宫颈炎时，可用无菌拭子从感染的子宫颈环（特别是子宫颈外环）采集样品用于培养，可采用碘酒、碘甘油、1%吖啶黄及其他药物治疗。可用子宫颈钳回拉子宫颈以便于进行局部治疗，在 2 周时间内重复治疗数次。继发于子宫内膜炎或阴道炎的子宫颈炎在原发病得到治疗后可以康复，如果持续存在努责，则可注射利多卡因阻断。

子宫颈脓肿可采用性静止方法治疗，如果可从从脓肿引流进入子宫颈腔，则应进行培养以选择合适的抗生素进行全身治疗。子宫颈脓肿可采用全身碘治疗，例如静脉注射 20%碘化钠（每 450kg 体重 30g），间隔 72h 一次或两次治疗，直径小于 5. 0cm 的脓肿，预后较好或好，较大的脓肿可能需要采用手术方法引流及长期抗生素治疗，而且预后谨慎。

获得性子宫颈狭窄可影响输精，由于许多输精人员只是将精液输入子宫颈而不是子宫体之中，因此在输精时应该能感觉到子宫颈的狭窄程度。此外，有些患子宫颈狭窄的牛可能不表现发情周期，但并未发生子宫积脓，可能有持久黄体。触诊子宫颈可发现狭窄，但常常由于子宫颈大小差异很大，因此这种诊断没有多少意义。可采用导管试图通过子宫颈，如果能通过狭窄区域，可灌注生理盐水或生理盐水抗生素后撤出导管，之后用前列腺素治疗，表现发情时配种。

九、子宫颈炎

子宫颈炎通常继发于子宫炎，更多见的是继发于异常分娩如流产、难产之后，尤其在施行牵引术或截胎术引起子宫颈发生严重损伤时更为多发。子宫颈外口的炎症可继发于阴道及阴门损伤，细菌或病毒引起的阴道感染常可诱发子宫颈炎。

1. 病因

引起子宫颈炎的病原通常为混合性的，感染子宫及阴道的任何病原均可成为引起子宫颈炎的原因。其中有些细菌如化脓放线菌致病性可能更强。自然交配有时可能将病原引入子宫颈而造成感染。大多数的子宫颈炎发生在分娩之后，而且与子宫炎的关系极为密切。在老龄牛，子宫颈炎的发生通常与子宫颈皱襞的脱出有关，由于脱出的皱襞逐渐变厚，发生纤维化，因此容易感染。患化脓性阴道炎、阴门损伤或萎缩而形成气膣可导致阴道发炎，特别是有尿液或粪便积存在阴道中时，更容易引起严重的子宫颈炎。

2. 症状

子宫颈发炎时其外口通常充血肿胀，子宫颈外褶脱出，子宫颈黏膜呈红色或暗红色，有黏样分泌物。直肠检查时，发炎的子宫颈可能增大，发生严重的慢性子宫颈炎时，感觉子宫颈变厚实。

患单纯的子宫颈炎时，对受胎率可能没有大的影响，但子宫颈炎和子宫内膜炎往往同时发生，因此多数临床病例可能不育。

3. 治疗

在子宫炎及阴道炎同时伴发子宫颈炎的病例，必须对整个生殖道进行处理。治疗时，可用温和的消毒液冲洗阴道 3~4 天，以便清除黏脓性分泌物，促进阴道、子宫、子宫颈的血液循环。冲洗之后，可向子宫颈及子宫中注入抗生素，帮助消除感染。继发于阴道炎或气膣的子宫颈炎，则应施行阴门缝合术。子宫颈外环脱出而发生慢性子宫颈炎时，常对治疗不发生反应，此时可将脱出的外环截除，其后再将阴道黏膜与子宫颈黏膜缝合，以便止血及促进伤口愈合。

4. 预后

大多数子宫颈炎的预后良好，随着子宫炎和阴道炎的治愈多数可以自愈，但只要存在上述疾病，就不可能自然康复。

十、阴道疾病

1. 阴道炎

（1）病因：阴道炎可为原发性的或继发性的，继发性阴道炎多数由子宫炎及子宫颈炎引起。此外，阴道损伤，交配引入细菌、病毒、寄生虫等也可诱发阴道炎；流产、难产、施行截胎术、胎衣不下、阴道脱出、产后子宫炎、阴门的严重损伤和气膣等均可成为发生阴道炎的原因。粪便、尿液等污染阴道也可诱发阴道炎。阴道感染以后，由于子宫及子宫颈将阴道向前向下拉，因此病原很难被排出。

阴道炎也可继发于交配之后，这种情况最常见于处女牛，但感染一般比较轻微。此外，用刺激性太强的消毒液冲洗阴道，使用的器械消毒不严格，施行阴道检查时不注意消毒均可诱发阴道炎。

引起阴道炎的大多数病原菌为非特异性的，如链球菌、葡萄球菌、大肠杆菌、化脓放线菌及支原体等，有些则是特异性的，如牛传染性鼻气管炎病毒、滴虫、弯杆菌等。

（2）症状：患阴道炎时，往往从阴门中流出灰黄色的黏脓性分泌物，阴道底壁可见到有分泌物沉积，阴道壁充血肿胀发炎。在比较严重的病例，阴道壁充血肿胀更加剧烈，有时黏膜甚至发生溃疡坏死，在前庭阴道的交界处更为明显。病情严重时，动物出现全身症状。

如果阴道炎由气膣或阴门损伤所引起，可见到阴道中积聚有粪便或者尿液，也有黏脓性分泌物，因而使动物难以受胎。但在大多数病例，单纯的阴道炎对动物生育力的影响并不十分严重，不过，阴道炎的发生常与子宫颈炎及子宫内膜炎有关，因而此病对生育力的影响仍然值得重视。

根据炎症的性质，阴道炎可分为慢性卡他性、慢性化脓性和蜂窝织炎性3类。

慢性卡他性阴道炎症状不明显，阴道黏膜颜色稍显苍白，有时红白不匀，黏膜表面常有皱纹或者大的皱襞，通常带有渗出物。

患慢性化脓性阴道炎时，阴道中积存有脓性渗出物，卧下时可向外流出，尾部有薄的脓痂；阴道检查时动物表现痛苦，阴道黏膜肿胀，且有程度不等的糜烂或溃疡。有时由于组织增生而使阴道狭窄，狭窄部之前的阴道腔积聚有脓性分泌物。病畜精神不佳，食欲减退，产奶量下降。

蜂窝织炎性阴道炎患畜的阴道黏膜肿胀、充血，触诊有疼痛表现，黏膜下结缔组织内有弥散性脓性浸润，有时形成脓肿，其中混有坏死的组织块；亦可见到溃疡，溃疡日久可形成瘢痕，有时发生粘连，引起阴道狭窄。病畜往往有全身症状，排粪、排尿时有疼痛表现。

（3）治疗：治疗阴道炎时，可用消毒收敛药液冲洗。常用的药物有：200mL/L稀盐酸、0.05%~0.1%高锰酸钾、1∶100~1∶3 000吖啶黄溶液、0.05%新洁尔灭、1%~2%明矾、5%~10%鞣酸、1%~5%露他净溶液、1%~2%硫酸铜或硫酸锌。冲洗之后可在阴道中放入浸有磺胺乳剂的棉塞。冲洗阴道可以重复进行，每天或者每2~3天冲洗一次。

阴道炎伴发子宫颈炎或者子宫内膜炎的，应同时加以治疗。

气膣引起的阴道炎，在治疗的同时，可以施行阴门缝合术。其具体程序是首先给病畜施行硬膜外麻醉或术部浸润麻醉，并适当保定，在性情恶劣的病畜，可考虑给以适当的全身麻醉。在距离两侧阴唇皮肤边缘1.2~2.0cm处切破黏膜，切口的长度是自阴门上角开始至坐骨弓的水平面为止，以便在缝合后让阴门下角留下3~4cm的开口；除去切口与皮肤之间的黏膜，用肠线或尼龙线以结节缝合法将阴唇两侧皮肤缝合起来，针间距离1~1.2cm；缝合不可过紧，以免损伤组织，7~10天后拆线；以后配种可采用人工输精，在预产期前1~2周沿原来的缝合口将阴门切开，避免分娩时被撕裂。缝合后每天按外科常规处理切口，直至愈合为止，防止感染。

（4）预后：单纯的阴道炎，一般预后良好，有时甚至无须治疗即可自愈。若同时发生气膣、子宫颈炎或子宫炎的病例，预后欠佳，阴道发生狭窄或发育不全时，则预后不良。阴道炎如为传染性原因所引起，阴道局部可以产生抗体，有助于增强抵御疾病的能力。

2. 阴道、前庭及阴门疾病

（1）病因：分娩过程中阴道及生殖道后段可受到各种刺激，特别是在第一次产犊时这种刺激很为常见，但在经产动物也可继发于难产。发生难产时常常发生阴道撕裂伤、出血、压迫性坏死及其他损伤。在第一次产犊的小母牛，这些损伤可在没有发生明显难产的情况下发生。难产之后如果有出血或阴道周围脂肪脱出，则表明发生了阴道创伤。阴门及会阴发生外部撕裂伤时，阴道和阴门正常的解剖结构会发生改变。阴道损伤随后所发生的变化，如坏死性阴道炎最常见于第一次产犊的小母牛，在产后或难产后2~10天可观察到症状。骨盆入口阴道周围的血肿通常为亚临床性的，在产后30天左右进行常规检查时，可发现骨盆入口有多个较硬的肿块。有时阴道周围出血可形成大的血肿，充满腹膜后间隙或会阴区，引起失血性贫血，压迫直肠和阴道。阴道周围脓肿也可继发于阴道创伤。

（2）临床症状及治疗：对临床上出现的急性出血、阴道周围脂肪脱出或撕裂可能需要特殊治疗。生殖道后段的创伤引起的亚急性病变，如坏死性阴道炎—阴门炎可引起努责等临床症状，可闻及腐败的坏死气味。这种情况下可能需要轻柔的阴道检查来将这种情况与子宫炎进行鉴别，以决定损伤的程度。会阴撕裂伤容易诊断，但有时需要在下次配种进行常规检查时才能发现。阴道周围的出血及脓肿通常要在下次配种进行检查时才能发现。血肿较硬，表面可光滑或粗糙，通常可移动，常常为多个。脓肿有波动感或较硬，圆形，紧张。阴道周围出血引起的骨盆血肿可为扩散性的，由于直肠紧缩，因此症状与子宫外膜炎相似，但位置可能固定。整个骨盆入口坚硬的肿胀可使直肠检查难以进行，这些牛可见明显的贫血，但贫血并不伴同发热，因此可与子宫外膜炎鉴别。

生殖道创伤引起的慢性病变可导致气膣、慢性阴道炎、阴门歪斜、阴道狭窄、阴道黏膜粘连及尿膣。所有这些病变可通过刺激、炎症及使得机会性病原感染，引起慢性阴道炎，因此而引起不育。

（3）治疗：生殖道后段的急性损伤，特别是在出血严重或持续出血时，或撕裂伤可进一步影响繁殖时，应立即进行治疗。产后很快就发生的严重的阴道出血可能需要分离及结扎血管，在这种情况下可依出血血管的解剖位置及能否观察到出血位点而采取措施。用可吸收缝线结扎或用止血钳止血，24~48h 后除去止血钳，在大多数情况下可有效止血。如果出血与阴道或阴门的黏膜撕裂有关，可用可吸收缝线修复及止血。

难产时发生的会阴及会阴门撕裂需要立即进行治疗，但临产时的水肿、炎症及污染常常导致不能立即修复，修复延迟则成功率较低。

亚急性病变如坏死性阴道炎—阴门炎常常需要在产后第一周进行治疗。可发现有恶臭的阴道分泌物，同时表现里急后重，触诊骨盆有疼痛，软组织肿胀。治疗时应仔细清洁会阴部及阴门，之后徒手或用阴道内窥镜进行阴道检查，可发现黏膜坏死区，可用温和的消毒液仔细灌洗阴道，之后用油性防腐剂或抗生素药膏治疗，应轻轻剥离黏膜之间的纤维蛋白性粘连。如果同时存在有子宫炎，则应同时进行治疗。如果在坏死性阴道炎的同时伴随有阴道周围骨盆炎症或发热，则应全身用青霉素或头孢噻呋进行治疗。

阴道周围血肿常为奶牛在产后 30 天之内常规查体或繁殖检查时的偶然发现，这些病变常见于产第一胎的小母牛，一般可在产后 40~60 天内恢复。有时大的阴道周围血肿或骨盆内血肿可阻塞骨盆及引起失血性贫血，这时可能需要输血以挽救母牛的生命，但由于骨盆内的弥散性粘连，会影响到将来的生育力。这种大的血肿最后可引起骨盆形成脓肿，这种情况预后谨慎。阴道周围或骨盆内的脓肿可能由阴道损伤、撕裂或坏死未及时治疗所引起。病牛可不表现临床症状，或表现慢性阴道炎。其诊断只能根据常规直肠检查结果判断，超声检查可以确诊。粘连到阴道壁上的阴道周围脓肿可用手术方法引流到阴道，如果不是多个脓肿或分腔的多个脓肿，这种方法引流一般可以奏效。引流后可用全身抗生素（最好根据药敏试验选用）或全身碘疗法促进康复。如果直肠检查或超声检查不能确定脓肿与阴道壁的粘连，治疗可能更为复杂而难以奏效。由于这种脓肿通常位于腹膜后，因此病牛不表现腹膜炎的症状，但引流比较困难。本病的并发症及复发较为常见。保守疗法几乎难以奏效，但可长期用抗生素或碘进行治疗。

3. 阴道创伤

（1）病因：虽然分娩时造成的损伤是阴道创伤的主要原因，但阴道撕裂等损伤也见于自然配种、输精管引起的损伤。成年公牛与小母牛配种偶尔也可引起阴道前端穿孔或在插入时引起撕裂。没有经验的输精人员输精可引起阴道前端穿孔。

(2) 临床症状及诊断：输精器械引起的小穿孔可完全自行康复，但因穿孔的位置及严重程度也可发生骨盆脓肿、腹膜脓肿或腹膜炎。自然配种时如果引起阴道前端全厚度的损伤，则可出现典型的腹膜炎症状，食欲丧失、心动过速及弓背、不愿运动及发热，可见里急后重。直肠直检可发现骨盆压迫及不同程度的粘连。

可采用阴道内窥镜检查鉴别阴道损伤的位点及程度。腹膜后或局部感染可导致阴道周围粘连、脓肿或里急后重。腹膜腔污染可出现明显的腹膜炎的症状，腹腔后部或生殖道可发生粘连。

(3) 治疗：可采用的治疗方法包括性静止 30~60 天及全身抗生素治疗控制腹膜后或腹腔感染。抗生素治疗可能需要 1~2 周，在急性期可采用镇痛药物。除非检查发现有阴道周围脓肿而需要引流，应禁止进行局部治疗。

十一、异常发情

异常发情主要包括短促发情、持续发情、安静发情及慕雄狂等；它们不是独立的疾病，而是生殖机能紊乱特别是卵巢机能不全的症状表现。

1. 病因

异常发情多见于初情期后至性成熟前，性机能尚未发育完全的一段时间内；性成熟以后环境条件的异常也会导致异常发情，如劳役过重、营养不足、饲养管理不当和温度气候等环境因素的改变都可以引起此病。

2. 症状

(1) 短促发情：是指发情持续时间短或症状不明显，如不注意观察，往往会错过配种机会。短促发情多见于青年动物，家畜中以奶牛发病率较高。造成短促发情的原因可能是神经—内分泌系统的功能失调，卵泡很快成熟排卵，也可能由卵泡发育受阻而引起。

(2) 持续发情：又称长发情，其特点是发情持续时间长，卵泡迟迟不排卵。这种情况主要发生于母马，发情可持续很长时间而不排卵。

(3) 断续发情：发情时断时续，多见于早春及营养不良的母马，是由卵泡交替发育所致，往往是先发育的卵泡中途停止发育，萎缩退化，新的卵泡又开始发育，因此出现断续发情现象。

(4) 安静发情：为能正常排卵，无明显外表症状的发情；各种动物均有发生，特别是青年母畜或者营养不良的动物更容易发生安静发情。在繁殖季节的第一个发情周期，安静发情的发生率一般都很高，可能与缺乏前次周期的黄体有关。黄体酮的分泌量不足，降低了中枢神经系统对雌激素的敏感性，使母畜缺少发情的外部表现。发情季节出现的安静发情可能与缺少雌激素有关。

安静发情还多见于产后发情，母马、母牛分娩以后的第一个发情周期几乎都是安静发情。

（5）慕雄狂：主要发生于牛，马和猪偶尔也有发生。慕雄狂患牛表现出持续而强烈的发情行为或频繁发情，产奶量下降，经常从阴门中流出黏液，阴门水肿，荐坐韧带松弛。

（6）妊娠发情：动物怀孕后一般即停止发情及排卵，这主要是由于妊娠黄体分泌的黄体酮可反馈性地作用于丘脑下部和垂体，抑制了 LH 排卵峰的形成而抑制排卵。但妊娠期出现发情并排卵的现象也有发生，这种情况在牛、马、绵羊和猪都有报道，妊娠发情多发生于怀孕的前半期，母牛的妊娠发情率为 5%左右，多发生在妊娠的前 3 个月之内。绵羊的妊娠发情率可达到 30%，其出现时间不定，一般即使发情也不排卵。

（7）心理性发情或假发情：在这种情况下，卵巢多数无功能性活动，无或仅有极小的卵泡发育，发情周期不正常。多见于马，常无规律地出现发情症状。

3. 治疗

对异常发情病例，主要在于确定诊断，查找引起的原因，并设法消除之；其中除少数几种，如安静发情、慕雄狂等可以治疗以外，大多数不需采用亦无适用的药物疗法，病因消除之后，一般病畜都能出现正常发情而自愈。

十二、乏 情

乏情是指家畜在预定发情的时间内不出现发情的一种异常现象，它不是一种疾病，而是许多疾病所表现的症状之一。临床病例中，包括畜主要求检查和治疗的母畜，有许多并非真正的乏情，而是观察或鉴定发情失误（漏检或方法不正确）所致。

为了最大限度提高动物的繁殖效率，特别是在人工输精已经相当普遍的现代化畜牧业生产中，要想尽可能使更多的繁殖适龄母畜受配怀孕，则必须使母畜在预定时间内出现正常的发情，否则会由于青年母畜配种推迟，成年母畜延误配种而使产仔间隔及空怀期延长，引起巨大的经济损失。

众所周知，母畜乏情是引起不育降低繁殖效率的一种主要原因。因此将各种情况下出现的乏情现象，包括前面已叙述过的各种疾病的乏情症状收集汇总，作为一种繁殖障碍，综合阐述，以便在临床实践中在查阅参考。

1. 原因

根据表现症状的时间，乏情可概括为初情期前乏情、产后乏情和配种后乏情3类。

(1) 初情期前乏情：初情期之前，各种家畜生殖器官尚不具备繁殖功能，一般不会出现发情现象，这是家畜所固有的一种正常生理现象。进入初情期则标志着已初步具有繁殖后代的能力，发情周期开始循环。母牛第一次发情的出现与年龄及体重密切相关，年龄已达初情期的青年母牛，其体重必须达到成年时的2/3才会出现发情现象，在营养良好、管理正常的情况下，牛达到8~13月龄就进入初情期，此后仍不出现发情，则为异常现象，即初情期前乏情或初情期延缓。初情期前的乏情有两类情况，第一类是同一年龄段的青年母牛中有个别出现乏情；第二类为同一年龄段或混合年龄段中部分母牛出现乏情。前一类常与生殖道异常有关，因为这种异常现象未涉及整个牛群；而第二类现象则与管理措施有关。初情期前乏情的主要原因及其特点如下：①生殖器官发育不全，部分或全部生殖道细小，呈幼稚型；卵巢体积小，其上无卵泡发育；患畜不发情。②异性孪生不育母犊，这种母牛的生殖器官极不完全，或者缺少某一部分；阴门狭小，位置偏低，阴蒂较长，阴道腔的长度不超过12cm。③两性畸形，生殖道的结构特征界于雌雄两性之间或者与性腺的性别相反，患畜不发情或发情不正常。④卵巢肿瘤，虽少见，但可能引起病畜乏情。⑤染色体异常，如XXX综合征，这种异常在临床上诊断困难，需要进行染色体分析。⑥消耗性疾病，许多慢性全身性疾病，如消化不良、肺炎等由于影响增重而使病畜进入初情期的时间推迟。⑦近亲繁殖，所产生的后代由于发育不良，增长缓慢而使初情期延迟。⑧营养不良或蛋白质、维生素和矿物质缺乏，可使增长缓慢，垂体促性腺激素分泌不足而使初情期延迟。例如磷缺乏时，生长缓慢，卵巢机能也受到影响，因此青年母畜饲喂不当会延迟进入初情期。⑨季节，牛的发情虽无严格的季节性，但一般来说，天气严寒时表现的发情症状减弱或完全停止发情，因此在寒冷的冬季进入初情期的青年母牛发情往往推迟。⑩传染性疾病，有些传染病可以引起青年母畜乏情，如蓝舌病、牛病毒性腹泻等引起的急性卵巢炎，使卵巢发生程度不同的萎缩而不发情。

(2) 产后乏情：母畜在产后特定的一段时间内停止发情，这是起自我保护作用的一种正常生理现象，只有在子宫复旧完成之后，发情周期才开始恢复。母畜产后正常乏情的时间长短依品种不同而不同，差别很大，大多数奶牛为 20~70 天，在哺乳带犊牛为 30~110 天。

正常情况下，牛在产后 9~15 天 FSH 的分泌增加，促进卵泡生长，血液中的 E_2浓度也随 FSH 的分泌及卵泡的生长而发生变化。E_2的浓度升高，使其对 GnRH 的敏感性增高。同时，LH 的分泌也在分娩后前两周开始增加，在产后 2~3 周即达到足以引起排卵的水平。产后母牛分泌的黄体酮较少，其半衰期也较短，而且由于在此之前缺乏黄体酮发挥作用，因而母牛产后发情，尤其是第一次，多为安静发情。上述的正常调节过程受到扰乱，母牛产后发情就会推迟，导致母牛产后乏情的因素主要有以下几种：①哺乳，母牛哺乳可引起产后乏情期延长，乃因卵巢释放雌激素受到抑制，减弱了对丘脑下部—垂体的正反馈作用，同时也使 GnRH 分泌减少，这样就会阻止产后第一次排卵及尽早恢复正常的发情周期；此外，哺乳尚可使血浆中的皮质激素浓度升高，抑制 LH 的分泌，降低垂体对 GnRH 的敏感性。②营养，能量平衡与否与产后乏情期的长短密切相关。母牛产犊前后饲喂不当，分娩之后卵巢的机能会受到影响，而使乏情期延长。由于妊娠后期供给胎儿生长发育的需要，母牛产后多仍然处于能量的负平衡状态，因此产奶量高者乏情期延长。③产科疾病，胎衣不下、子宫的炎症、胎水过多、难产等引起子宫复旧延迟的一些疾病都可使产后乏情期延长。④慢性消耗性疾病，蹄部及腿部疾病可能由于长期的慢性应激反应而使母牛的食欲降低，影响能量的摄入。⑤黄体功能异常，母牛产后营养不良或大量泌乳、子宫感染积有脓液或者积有液体而延迟复旧，妊娠黄体或产后第一次排卵形成的黄体可能长期不溶解退化，导致乏情。⑥安静发情，奶牛产后比较常见，对其发生的原因尚未完全了解。有人认为，产后母牛可能卵泡分泌的 E_2不足或者与缺乏黄体酮有关，因为必须有一定数量的黄体酮参与才能表现典型的发情症状。⑦季节及光照，分娩时光照的时间越长，产后乏情的时间越短。例如，5—11 月产犊的母牛，从分娩到产后第一次排卵的间隔时间比 12—4 月产犊的明显较短，这种现象在初产牛比经产牛更为明显，有人认为，这是母牛夏季产犊血浆中 LH 水平较高所致。

（3）配种后乏情：母牛配种之后如未受孕一般会在 18~23 天之内返情，如未见到发情，应在 35~40 天进行直肠检查，确定是否怀孕。但应注意，约有 5%的母牛在怀孕早期仍可表现发情症状。牛配种后未孕而乏情主要是由下列因素引起。①胚胎死亡或延期流产，是配种后乏情较常见的病因。配种后超过 12 天胚胎死亡，母牛不会按时返情；胎儿死亡不排出体外而形成干尸化或浸溶分解，因而产生持久黄体的母牛亦停止发情。

②卵巢囊肿，母牛患有卵巢囊肿，特别是黄体囊肿或卵泡囊肿的后期，往往长期不发情，处于乏情状态。③子宫疾病，子宫积脓或患有肿瘤时，前次排卵后形成的黄体可以长久不消退，因而病畜不会发情。③营养缺乏和全身性疾病，母牛缺乏必要的营养物质或者饲料数量不够，品质低劣以及患有引起体重减轻的慢性全身性疾病时，停止发情是它一种本能的保护作用。

2. 诊断

对所有乏情病例进行临床检查时，首先要查清母畜是真正乏情还是由于某种原因而未能发现发情。为此必须详细询问病史，查阅繁殖记录，根据收集的资料，初步估计分析乏情的性质和可能的原因，然后通过详细的直肠检查及阴道检查判断生殖器官尤其是卵巢的机能状态，做出临床诊断。

许许多多的疾病及异常均可导致乏情，因此临床检查这样的母畜比较困难。为了便于分析思考，可以根据卵巢的状态，将病畜大致分为两类：一类是卵巢上有功能性黄体的乏情牛，这类牛不发情的原因包括持久黄体、黄体囊肿、子宫积脓、胎儿干尸化及子宫肿瘤，对这一类母牛必须注意排除妊娠，避免误诊。另一类是卵巢上既无黄体，又无卵泡，表面光滑，停止活动，处于静止状态的乏情牛；它们不发情是由营养缺乏、慢性传染病或消耗性的全身疾病以及某些先天性的疾患（如生殖器官发育不全或畸形、异性孪生母犊等）所引起。一般说来，先天性原因或者某些特定疾病引起的乏情病例比较容易诊断，但是这一类病牛不多，通常仅占乏情病例总数的10.5%左右。临床上所见到的大多数乏情牛的卵巢上都有周期性变化的痕迹，或者存在有功能性黄体，或者有不同发育阶段的卵泡，其中有些是持久黄体及安静发情母牛，还有些可能是由于种种原因而未观察到发情表现的非乏情牛。

3. 治疗

治疗母牛乏情的目标是使病牛的发情周期尽快恢复循环，出现明显的发情症状，并能配种受孕。为此可以根据乏情牛的卵巢机能状态不同区别对待，采用不同的方法治疗。

（1）卵巢无功能活动，处于静止状态的乏情牛：这类母牛有许多是无法治愈的，如异性孪生不育、生殖器官发育不全或畸形，一旦确诊，应立即淘汰，不做繁殖之用。

单纯由于营养缺乏，特别是蛋白质和能量摄入不足的乏情母牛，只要卵巢尚未严重萎缩，改善饲养，改变日粮配方，适当增加所必需营养物质及矿物质，一般都能治愈，卵巢功能可望在数周之内得到恢复；不进行药物治疗，而且贸然采用激素治疗，不仅无效，甚至有害。

年龄达到初情期，生殖器官发育正常，长久不发情的青年母牛，如果体重合乎标准，可以采用激素诱导发情；应用诱发母牛同期发情的相同方法，在耳部埋置黄体酮制剂，肌内注射黄体酮及雌二醇进行处理。

（2）卵巢上有功能性黄体的乏情牛：这一类乏情母牛根据可能的原因，可采用下列方法治疗。

①强化或诱导发情：应用激素刺激生殖机能是常用的治疗方法，采用这一类疗法能否收效，不仅与激素的效价和使用的剂量密切相关，更重要的是要看母畜的健康状况及体内激素动态变化如何。此外，应用激素诱导发情时，应同时改善饲养管理。

（a）黄体酮：产后暴露高浓度的黄体酮对发情行为的表达及正常黄体功能的建立极为重要。用黄体酮治疗乏情牛可增加 LH 的波动性分泌，增加雌二醇浓度及排卵前卵泡粒细胞上 LH 受体的数量，因此阴道内黄体酮释放装置在治疗乏情时十分有效。如果单独采用黄体酮治疗，则可植入 CIDR 7~9 天，撤出装置后鉴定到发情时输精。植入阴道内 CIDR 7 天，撤出后大部分牛可表现发情周期。如果在牛群水平治疗乏情，可在第 7 天撤出装置时注射 PGF2α 以确保发生安静排卵的牛黄体溶解。

（b）雌激素：具有兴奋中枢神经系统及生殖道的功能，可以引起母畜表现明显的外部发情症状，但对卵巢无兴奋作用，不能促使卵泡生长。即使在采用雌激素治疗后发生排卵，其形成的黄体持续时间也很短。如果在黄体酮治疗后 7 天再用雌激素治疗，则在治疗乏情时具有一定的作用。常用的雌激素为苯甲酸雌二醇或丙酸雌二醇 4~10mg，肌内注射。治疗时可先用 CIRD 处理 6 天，撤出 CIDR 后 24h 注射苯甲酸雌二醇 1mg，大部分牛可在雌二醇治疗后 7 天表现发情。

（c）FSH：可以引起卵泡生长发育，肌内注射 100~200IU。

（d）eCG：作用与 FSH 基本相同，1 000~2 000IU，肌内注射。乏情牛可先用 GnRH 及阴道内黄体酮释放装置治疗 6~7 天，撤出装置时注射 400IU eCG 可提高第一次配种的受胎率。

（e）hCG：对卵巢机能减退的乏情病牛有效，静脉注射 2 500~5 000IU，肌内注射 1 000~5 000IU。

（f）GnRH：注射 GnRH 在奶牛可在产后 1 周就能引起 LH 释放，在第 2 周时反应更为强烈。如果在注射 GnRH 时存在对 LH 发生反应的优势卵泡，则其发生排卵的可能性很大，特别是如果卵泡没有暴露到高浓度的黄体酮时，可诱导出现短的黄体期，但之后很有可能会再次发生乏情。因此虽然 GnRH 可用于诱导乏情牛的排卵，但必须要注意的是采用这种方法可出现短的黄体期及返回到乏情。如果 GnRH 与 PGF2α 合用，之后定时输精，可用于乏情牛的管理，虽然这种方法治疗之后的受胎率通常比正常低，但仍不失为一种有效的治疗方法。LH 或 hCG 可代替 GnRH，但价格比 GnRH 贵。

②消除黄体疗法：通过手术摘除黄体是最早采用的治疗黄体不消退而阻碍发情的方法，此法效能良好，病牛摘除黄体以后多在 2~8 天出现发情。但操作不慎可能引起卵巢损伤，导致出血和粘连。

PGF2α 及其合成的类似物是疗效可靠的溶黄体剂，为治疗持久黄体、子宫积脓、胎儿干尸化的首选药物，病牛绝大多数在 3~5 天内黄体消退，出现发情。常用者为：甲基前列腺素 F2α，肌内注射 2~4mg，氯前列腺烯醇钠注射液，0. 4~0. 6mg；氨基丁三醇前列腺素 F2α，肌内注射 25mg。

4. 预防

改进发情鉴定方法不仅可以大大减少临床乏情病例数，而且对某些原因（如安静发情）引起的乏情病畜还有治疗作用。在临床上，畜主要求治疗的母畜中，有许多并非真正的乏情，而是由于种种原因没有观察到发情所致。这种情况并不只是出现于缺乏有关基础知识和对繁殖技术不熟练的个体养牛户，在技术力量雄厚规模较大的牛场也时有发生。鉴定观察发情正确与否除与发情检查人员的技术水平有关外，也与各个母牛的生理特征、季节与观察时间的早晚及长短有联系。因为各个母牛之间，发情强度及发情持续的时间有很大的差异；发情表现也不是突然开始，持续一段时间后突然结束，而是呈时强时弱的波浪形式，存在所谓的发情波，即在一段时间内发情表现极其明显，随后有一段时间不明显或不表现，然后又表现出明显的发情症状。发情行为的表现也受季节、一天之中的时间早晚以及环境等因素的干扰，例如在每天清晨、傍晚和周围环境安静或有公牛存在时，表现就比较强烈明显。因此，改进发情鉴定的措施包括：提高有关理论知识和技术操作水平、调整及增加观察时间、改变监视方法等。

在生产实际中，应当为每头母牛建立完整的繁殖档案，详细记录产犊、发情、配种、产后期及患病等情况；根据档案预测下次发情的时间，对不按时发情的母牛仔细进行检查，发现疾病及时治疗。

对配种后的母牛，应定时进行怀孕检查，尽早检出配种后的乏情母牛。产后期的牛应按时接受健康检查，发现卵巢活动停滞、妊娠黄体不按时消退或长期无新的卵泡发育者，立即采取适当的治疗措施。群内乏情母牛头数大量增多时，应从饲养管理方面查找原因。

在管理乏情牛时，重要的是在牛群水平评估乏情的流行情况，产后乏情的肉牛如果治疗得当，可在恢复后获得正常的生育力，但奶牛在治疗乏情之后生育力仍会很低，其主要原因可能与能量负平衡有关，因此应采取各种措施在第一次配种之前恢复牛的能量平衡。

（1）体况分值测定：评估奶牛的体况分值（BCS）可直接确定是否奶牛能满足其能量需要，测定全群 BCS 时，应特别注意干奶牛，新近产犊牛及繁殖群中的牛。体况分值高的干奶牛（BCS>3. 5/5）发生代谢疾病及乏情的风险很高。如果大量产奶超过 60 天时牛体况差（BCS<3. 0/5）则发生乏情的可能性很大。体况分值应每两周或至少每月测定一次，测定后准确记录。应避免母牛在体况分值低时输精，否则输精后受胎率低，怀孕失败的风险很高。

（2）步态分值测定：牛群应经常评估其步态得分，以尽早鉴定表现跛行早期症状的牛。周期性的评估步态分值、定期修蹄及蹄药浴等均有助于及时诊断及防止跛行。跛行的牛常常不愿活动，摄食减少，发生能量负平衡及乏情的风险增加。对表现跛行早期症状的牛应单独分组饲养，以提高干物质的摄取，减轻能量负平衡。

（3）提高发情鉴定效率：采用发情鉴定辅助技术提高发情鉴定效率是一种可用于所有牛群的简单有效的策略。用 3 种颜色分别标记新近产犊的牛（确定发情周期）、自愿等待期快结束的牛（标记用于输精）及输精过的牛（检查是否返情）是全面系统检查发情的有效而实用的系统方法。

（4）采用超声诊断技术：直肠超声诊断可用于评估卵巢的状况，也可用于日常的生殖检查。产后 5 周超声检查卵巢具有重要的诊断价值，根据卵巢的超声检查结果诊断乏情时必须间隔 7~14 天检查两次。

（5）监测黄体酮浓度变化：监测乳汁黄体酮浓度是一种评估牛群乏情流行情况的可靠方法。在产后期早期黄体酮浓度很低，维持低浓度一直到发生第一次排卵，之后黄体酮浓度升高，但由于第一个黄体期通常较短，因此数天后降低，之后的黄体期可能正常。有些奶牛在产后第一次排卵之后可返回乏情，因此测定黄体酮浓度可确定卵巢活动的周期性。

（6）测定血浆代谢产物：测定血浆能量负平衡的指标 NEFA 及早期诊断亚临床型酮病，特别是在产后第一周，可及早诊断患病风险高的牛。

十三、屡配不孕

屡配不孕是指发情周期及发情期正常，临床检查生殖道无明显可见的异常，但输精3次以上不能受孕的繁殖适龄母牛及青年母牛。屡配不孕并非是一种独立的疾病，而是许多不同原因引起繁殖障碍的结果。屡配不孕长期以来一直是影响奶牛养殖业生产发展的重大问题之一，据报道其发生率高达10%~25%；它虽然不会危害母牛的生命，而且有时是暂时性的，有的病牛经过适当的治疗之后仍然可以受孕，但引起的经济损失巨大。据统计在奶牛业中由于繁殖障碍引起的经济损失由10%~15%可归咎于屡配不孕，因此在生产中应当重视。

引起屡配不孕的原因很多，也很复杂，有些是属于母牛本身，有些则来自公牛或环境及饲养管理方面，或者是由这些因素中的两种或多种共同引起。虽然不受孕的是母牛，但也往往与公牛或饲养管理有关，尤其是在有多数母牛屡配不孕的牛群，更应考虑这些方面的原因。总的来说，屡配不孕大致可以归于两类，即受精失败及早期胚胎死亡。

1. 受精失败

受精是动物繁殖过程中的至关重要的关键环节，受许多因素的影响，其中任何一种失调或者异常即可导致受精失败。导致受精失败的因素包括以下几种。

(1) 卵子发育不全：卵子的发育缺陷必然会导致受精失败，但目前尚缺乏直接的实验证据；有人认为卵子发育不全与遗传有关。这种疾患目前在临床上还不能有效诊断，也无法治疗。

(2) 卵子退化：排卵延迟或推迟配种可使卵子老化，从而引起一系列退行性变化。卵子老化过程不很严重时，虽然仍可受精，但合子难以存活。

(3) 排卵障碍：包括卵泡成熟后不能排卵及排卵延迟，两者均可引起受精失败。在牛，排卵障碍可能与品种有关，也可能是受环境因素的影响；而且排卵延迟可能与LH的分泌不足有联系。

在临床上，诊断排卵障碍可以在发情最旺盛时及其后24~36h连续进行两次直肠检查，如果两次检查在同一卵巢上查出相同的卵泡即可做出诊断。如已排卵，则原有的卵泡消失或其中央部分出现火山口样的柔软凹陷。配种后36~72h检查则可能导致误诊，因为排卵引起的破口已闭合，而且卵泡腔内充满血液和增生的黄体组织。对排卵障碍，采用治疗卵巢囊肿的LH疗法虽然可以收到效果，但是等到确定诊断以后开始治疗，卵子即使不死亡也会老化。因此必须在下次发情开始时进行预防性治疗，促使病畜在发情期中能正常按时排卵。为此可以注射hCG或用其他LH制剂。

(4) 卵巢炎：卵巢炎的病例在临床上多数查不出症状，尤其是在卵巢的体积大小变化不明显时，因此将它引起的繁殖障碍也列于屡配不孕之内。严重的双侧性卵巢炎由于卵子的生成和排卵过程受到干扰，因而引起不育；但单侧性卵巢炎或部分卵巢组织发炎时，并不一定就会影响受精。卵巢炎的发病率通常较低。直肠检查操作粗鲁、摘除黄体或捏破卵泡囊肿的病例选择不当是引起卵巢发炎的最常见病因，急性发炎的特征症状是触诊敏感及卵巢肿大。卵巢炎引起组织纤维化及粘连，特别是在刚形成时，不一定能触诊出来。卵巢炎尚无有效疗法，其预后则视发炎的程度和波及范围而定，严重者预后不良。

（5）输卵管疾病：输卵管对排出的卵子时间和输送起着极为重要的作用，它还参与精子的获能和运送，因此其解剖结构或生理机能出现任何异常都会阻碍受精的完成。输卵管积液、卵巢囊炎、输卵管炎和输卵管异常的患畜都会发生屡配不孕。

临床检查时，输卵管积液难以察觉，大多数病例是在屠宰后发现，在屡配不孕母牛中，其发病率占10%左右，输卵管中积有大量液体时，虽然通过直肠检查仔细触诊可以诊断出来，但无有效疗法。

卵巢囊炎可造成输卵管伞狭窄，阻碍卵子通过，在有陈旧性病变而发生严重粘连的病例，临床上也难于确诊，对此病也无良好的治疗方法。

输卵管炎通常不伴有任何临床症状，诊断极为困难，只有输卵管增大变粗的病例才可检查出来。此病无特异疗法，预后应谨慎。

输卵管的任何机能障碍都会导致受精失败，而输卵管分泌机能、分泌液体的速度及成分和活动性是受黄体酮及雌激素调控的，雌激素浓度降低可使输卵管的下行运动速度减慢，黄体酮则促使下行运动加快。因此，内分泌失调可以影响输卵管的机能而使受精失败。输卵管机能障碍在临床上极难检查确定。

（6）子宫疾病：引起不育的子宫疾病最常见者是子宫炎及子宫内膜炎；患轻度子宫炎或者某些类型子宫内膜炎的病牛也常无明显的症状，诊断比较困难。此外，子宫组织内的腺体囊肿和子宫的内分泌失调也可引起受精失败。

（7）环境因素：畜舍环境、畜群大小及季节对屡配不孕的发生有一定的影响。屡配不孕在秋季及冬季发生的最多，春季较少。牛在秋冬两季，一次输精受孕的较少，空怀期较长，每次妊娠的输精次数增多。大畜群中屡配不孕的母牛比小畜群要多。

（8）技术管理水平：在技术管理力量薄弱的牛场（群），由于识别母畜发情的经验不足或工作疏忽大意，不能及时检查出发情母畜，造成漏配或配种不及时，会使许多母牛屡配不孕。另外，精液处理和输精技术错误往往引起大批母牛不孕。

（9）公畜精液品质：公畜精液品质不良，如无精子、精子死亡、精子畸形、精子活力不强以及混有脓血和尿液，或者精子数量过少，可使大量母畜屡配不孕。

2. 早期胚胎死亡

早期胚胎死亡主要是指胚胎在附植前后发生的死亡，为屡配不孕的主要原因之一。牛早期胚胎死亡的发病率较高，占繁殖失败的5%～10%，大多数是在配种后8～19天死亡。母牛在妊娠识别前发生胚胎死亡时，大多数会在配种后8～28天返情；如果其病因未能消除，继续配种，则往往屡配不孕。

第二节 传染病及侵袭病

一、滴虫病

滴虫病为一种分布极其广泛的生殖道传染病，其主要特征是引起早期胚胎死亡，偶尔引起屡配不孕和子宫积脓。

1. 病原及流行病学

滴虫病的病原为胎毛滴虫，有些虫体耐低温，可存活于冷冻精液中，一般在干燥高温环境下会死亡。

滴虫虫体仅存在于母畜生殖道和公畜的包皮中，多经交配而传播；人工输精也可传播，在稀释液中加入抗生素可以大大减少本病的发生。滴虫仅侵害子宫、阴道和输卵管，并不直接阻止受孕。虫体可存在于生殖器官的各种分泌物中。感染引起的子宫炎性反应是导致早期胚胎死亡的主要原因。

在妊娠期感染的动物，分娩后偶尔可从生殖道中排出虫体，感染动物产后经过一段时间的生殖功能静止期后，可以自行康复。

2. 症状

滴虫病最先出现的症状是子宫积脓及流产，但能见到这些症状的动物较少；一般是胚胎死亡之后黄体不退化，脓液积聚在子宫中发生子宫积脓。在大多数动物，这种疾病的主要特征是引起早期胎死亡而导致不育，在临床上主要表现为配种间隔时间延长。胚胎死亡后由于子宫的炎症反应而使动物在一段时间内不能受孕，表现的形式是屡配不孕及发情周期无规律，经过一定的时间之后，大多数动物可以恢复生育能力。

3. 诊断

根据病史及临床症状可以做出初步诊断，确诊需要进行病原分离及鉴定。分离病原时可采集母畜生殖道分泌物或从公畜的包皮中采样，也可从胎盘液、流产胎儿的胃内容物、母畜流产后数天的子宫及排出的脓液中分离。在新近感染的牛，尚可从阴道中分离虫体。采集的样品可在37℃下培养4~7天，然后在显微镜下观察。

4. 治疗

感染为散发性者，病畜无论公母，预后一般均良好。治愈的标准是在治疗后的45天内连续3周每周采样培养检查，结果全为阴性。对公畜可采用局部或全身疗法，对母畜则应进行全身治疗

（1）局部治疗：公畜可用抗滴虫药物对包皮、阴茎及尿道进行局部治疗。常用的药物有：①吖啶黄。②博伏黄油膏。③甲硝哒唑，即灭滴灵。这些药物治疗虽然能够奏效，但疗效极不稳定，有时还会产生耐药虫体。

（2）全身治疗：常用的药物有：①二甲硝咪唑（1，2-甲基-5-硝基咪唑），每天按每千克体重50mg的剂量口服，连用5天，效果较好。②异丙异烟肼，溶解30g，肌内注射，应用之前须口服广谱抗生素。③甲硝哒唑，静脉注射，剂量为每千克体重75mg，每12h一次，连用3次，或者按每千克体重10mg的剂量每天一次，连用2天。

5. 预防

管理条件良好，可以减轻本病的危害。从流行病学出发，防控本病可采取以下几种措施。

（1）疾病诊断：有效及时地将感染动物鉴别出来，并与其他动物隔离是防控本病的有效措施。发现疫情时，应该禁止种公牛交配至少两周或者更长，然后每周采样培养检查，至少进行3周；母牛也应同时进行检查。查出的阳性动物，应尽快进行治疗或者淘汰。生殖器官有严重病变的母畜最好淘汰。

（2）卫生管理：将母畜按感染与否分开隔离饲养；已感染组的动物隔离观察一段时间后，再次检查，然后依检查结果分别处理。

（3）隔离和禁止交配：在自然交配的动物，设法禁止交配是控制滴虫病的有效方法。怀疑某一个母牛有可能与感染公牛交配过，可先将它隔离，不让其再与公牛接触，至少经过3个正常的发情周期，证明未感染后再让其与无病的公牛交配。妊娠牛产后须经过90天才可与公牛交配。配

种之前最好进行生殖器官检查及虫体培养检查。

(4) 人工输精：采用人工输精技术可以避免感染公牛传播病原，应用公牛的精液制备冻精时必须仔细检查，确保无感染源。

(5) 重视对新引进的动物进行严格检查和隔离：替补动物应为处女母畜或者是来自未感染本病的畜群。采样培养虽然对诊断本病极有价值，但耗费较大，而且费时，对所有产后母牛应尽量隔离 90 天，然后采样培养，结果为阴性才可配种。空怀牛至少应经过 3 个正常发情周期采样，证明为阴性方可再次配种。

二、新孢子虫病

新孢子虫病由犬新孢子虫所引起，是牛和犬的一种新发寄生虫病，临床型新孢子虫病也见于绵羊、山羊、驯鹿、羊驼及马，从犬、牛、白尾鹿、水牛及绵羊均分离到了活的虫体，骆驼、犬和猫的血清中鉴定到新孢子虫的抗体。

1. 病原

犬新孢子虫为原虫类寄生虫，其卵囊见于犬和土狼的粪便，因此犬是犬新孢子虫的中间宿主和终末宿主。犬新孢子虫的生活周期包括 3 个有感染能力的阶段，即速殖子期、组织包囊期及卵囊期。速殖子和组织包囊是在中间宿主阶段，发生在细胞内。速殖子大小为 6μm×2μm，组织包囊为圆形或椭圆形，长 107μm，主要见于中枢神经系统。组织包囊的壁厚度为 4μm，其包围的裂殖子大小为（7~8）μm×2μm。组织包囊的壁薄（0.3~1.0μm），见于自然感染的牛和犬的肌肉中。犬新孢子虫卵囊以没有包囊的形式在粪便中排出，直径约为 12μm；在宿主外形成孢子。这种寄生虫在多种宿主可跨胎盘传播，垂直传播是其在牛传播的主要形式，未见牛与牛之间的传播。虽然牛的新孢子虫感染是胎盘传播，但新生犊牛的感染力在各地差别很大。虽然犬新孢子虫见于牛的精液，但其不可能通过生殖传播或胚胎移植从供体传播，甚至有人建议胚胎移植可作为一种防止生殖传播的方式，但最好检测所有受体，不应向血清学阳性的牛移植胚胎。食肉动物可通过摄入感染的组织而获得感染。

2. 临床症状

犬新孢子虫可引起肉牛和奶牛流产，任何年龄的牛可从怀孕 3 个月到怀孕足月发生流产，大多数新孢子虫引起的流产发生在怀孕 5~6 个月时，胎儿可死于子宫内，可发生吸收、干尸化、自溶、死产或产下的胎儿表现临床症状，或胎儿临床上正常但发生慢性感染。流产可全年发生，血清阳性的母牛比血清阴性的牛流产更为多见，奶牛和肉牛均是如此，血清阳性母牛所产犊牛95%以上在临床上正常。母牛的年龄、泌乳次数及是否发生过流产，通常不影响先天性感染率，但在持续感染的牛，在青年牛垂直传播比在老龄牛更为有效。感染的育成小母牛或发生流产，或跨胎盘传染给后代。

本病的临床症状也见于2月龄以下的犊牛，感染犊牛可表现神经症状、增重减少，不能站立，前后肢可弯曲或过度伸直，共济失调，膝关节反射消失，本体感受消失，可表现眼球突出或眼球不对称。犬新孢子虫偶尔可引起畸形，如脑积水及脊髓狭窄。

流产可表现为流行性或地方流行性，如果10%以上的牛在6~8周内发生流产，则为流行性流产，有些牛可因新孢子虫病而反复发生流产。分娩前4~5个月抗体效价升高。这些结果强烈表明潜伏期感染可被激活，但关于再激活的机制还不清楚。怀孕期可能发生寄生虫血症，由此导致胎儿感染，但在成年牛的组织切片中从未检查到虫体。在自然感染的牛血液中检测到犬新孢子虫DNA，表明发生了寄生虫血症。

犬新孢子虫是牛最为有效的跨胎盘感染的病原，在有些牛群可感染90%的牛，大多数先天性感染的犊牛在出生时临床上是健康的，因此，犬新孢子虫能否引起牛流产目前仍有争论。目前的研究表明，犬新孢子虫为原发性病原。

3. 流行病学

犬新孢子虫感染见于世界各地，感染奶牛后流产胎儿12%~45%感染犬新孢子虫。各地血清学流行率有一定差别，在有些牛群，阳性率可达87%。目前对肉牛流产的原因了解的不像对奶牛那样清楚。由于在2月龄以上的犊牛尚未见临床病例，因此尚无直接证据能表明犬新孢子虫在成年牛的发病率。

4. 诊断

检测流产母牛的血清是证实暴露犬新孢子虫的唯一方法，也应对胎儿进行组织学检查以确诊新孢子虫病，诊断时应采集大脑、心脏、肝脏、胎盘和体液或血清，检查多种组织可提高诊断率。虽然新孢子虫引起的病变可见于多个器官，但胎儿大脑是受影响最为明显的器官。由于大部分流产胎儿可发生自溶，因此采样时即使半液化的胎儿大脑，也应用10%福尔马林固定进，切片用HE染色后检查。

由于自溶组织中通常只有极少的新孢子虫存在，因此应进行免疫化学检查。犬新孢子虫感染后最为特征的病变是局部脑炎，主要特征为坏死及非化脓性炎症。在发生流行性流产时比散发性流产更常见到肝炎。胎盘也有病变，但难见到虫体。

PCR 技术的诊断效率取决于胎儿自溶阶段及样品的处理方法。虽然免疫化学检查证明新孢子虫引起的病变可确诊引起流产的病因，但其灵敏度低，因此可采用 PCR 技术检测新孢子虫 DNA。也可采用血清学方法检测犬新孢子虫抗体，包括 ELISA、间接荧光抗体试验（IFAT）及新孢子虫凝集试验（NAT）。

虽然在胎儿血清中检测到新孢子虫抗体可建立其感染的诊断，但阴性结果并不表明未发生感染，这是因为胎儿的抗体合成依赖于怀孕阶段、暴露水平及感染与发生流产的时间。虽然胎儿的血清或体液可用于血清学诊断，但腹膜腔采集的液体效果更好。在犊牛可采集哺乳前的血清样品。

在鉴别诊断牛由原生动物引起的流产时，刚地弓形虫及肉孢子虫（*Sarcocystis cruzi*）为必须要鉴别诊断的两种原虫，鉴别诊断可采用免疫组化及 PCR 技术检测 DNA。肉孢子虫可在血管内膜形成裂殖体，但在流产的胎儿大脑中罕见，而犬新孢子虫则通常是在血管外组织。此外，犬新孢子虫感染时通常未见未成熟的裂殖体，这与肉孢子虫感染时相反。刚地弓形虫感染牛胎儿的情况罕见。

5. 预防

犬新孢子虫在牛可有效垂直传播，甚至可传播数代。因此淘汰是目前最有效地防止从母牛向小母牛传播的方法，但如果牛群的流行率很高，则淘汰难以实施。在确定淘汰之前最好估计犬新孢子虫在牛群的流行情况，可采取大桶乳进行检测，如果结果为阳性，则应检测母体样品及血液样品检测抗体效价，以确定牛群犬新孢子虫的传播情况。如果牛群跨胎盘传播的比例很高，则不同年龄的牛犬新孢子虫的流行率相同，母牛与后代的感染高度相关。为了减少垂直传播，应淘汰血清学阳性的母牛及母犊牛，从血清阳性的牛给血清阴性的牛移植胚胎。

为了防止水平传播（外源性传入），重要的是防止母牛暴露于被卵囊污染的饲料和饮水中，应避免牛与犬或其他犬科动物的接触。

三、布鲁氏菌病

布鲁氏菌病是由布鲁氏菌引起的一种传染性疾病，主要侵害牛、猪、绵羊、山羊和犬，偶尔可感染马，也可感染人，是一种重要的人畜共患病。其特点为引起母畜流产、公畜睾丸炎及副性腺感染，因而在雌雄两性都引起不育。

1. 病原

本病的病原有流产布鲁氏菌、猪布鲁氏菌和马耳他布鲁氏菌等。病原在体外可存活数周，但在阳光下数小时即可死亡。

2. 流行病学

不同动物的布鲁氏菌病由不同种的布鲁氏菌所引起。牛的传染性流产病原主要是流产布鲁氏菌，偶尔也见有后两种病原引起者；山羊的布鲁氏菌病主要病原是马耳他布鲁氏菌，偶尔也见流产布鲁氏菌；绵羊的布鲁氏菌病主要病原是马耳他布鲁氏菌；猪的布鲁氏菌病主要是猪布鲁氏菌，有时也可见到流产布鲁氏菌；犬除可感染以上3种布鲁氏菌，有时还可感染猫布鲁氏菌；马可感染流产布鲁氏菌或猪布鲁氏菌。

本病在新疫区第一次流行时，传播很快，可引起感染动物发生大批流产。感染牛一旦流产一次，以后时怀孕及泌乳可恢复正常。感染牛自愈后虽不表现临床症状，但可能成为终生带菌者。自然感染的病例多为经消化道感染。病原大量存在于流产的胎儿、胎膜和病牛的子宫分泌物中，可污染饲草和水源而使疫病流行。经生殖道感染者不多见，将含菌的精液输入母牛子宫时可引发本病，但输到子宫颈时则不发病。

3. 症状

流产是本病的主要特点，带菌牛可引起产乳量急剧降低，发病时死胎、胎衣不下的发病率增高。公牛患病后引起精囊腺、壶腹、睾丸和附睾炎，偶尔引起睾丸脓肿，并可从精液中排出病原。山羊和绵羊的症状和牛基本相同。猪的布鲁氏菌病也是以流产为主要特征，但公猪除可见到睾丸炎外，还可能出现后躯麻痹；母猪还可出现子宫炎和形成脓肿。不同猪群感染后的流产率差异很大，高者可达50%~80%，而有的猪群则见不到流产。犬感染后流产多发生妊娠的后1/3阶段，还可引起窝产仔数减少和产后仔犬死亡率增加等现象。公犬感染后出现附睾炎和前列腺炎。马感染后主要表现为鬐甲部的局部感染，可形成鬐甲瘘，偶尔可引起流产。

4. 诊断

用布鲁氏菌抗原进行凝集试验可做出诊断，也可从流产胎儿的胃内容物和肺以及流产母畜的生殖道分泌物中分离病原进行诊断。

对于牛和羊的布鲁氏菌病的检疫，血清凝集试验是诊断的标准方法，也可用以测定乳、血浆和阴道黏液中的抗体；此外还可应用ELISA测定血清及乳中的抗体及阴道分泌物中的抗原。应用全乳环状反应试验（BRT）初步监测，对可疑牛群再进行血清学检验，可以了解布鲁氏菌病的流行动态。市场牛的检疫（MCT）可采用血清学检查，发现感染则进行追踪，对有关的牛群再进行检疫。

5. 预防

该病的防治主要是做好畜群的计划性防疫、检疫工作，检出并淘汰阳性动物，对阴性动物可注射布鲁氏菌菌苗。对有利用价值的个别种畜，可用链霉素、四环素或其他抗革兰阴性菌的抗生素试治，治愈的标准是血清凝集价降至正常。

四、牛传染性鼻气管炎

牛传染性鼻气管炎（IBR）的生殖道型在公畜主要为脓疱性龟头炎（IPB），在母畜为传染性脓疱性阴道炎（IPV），而且在母畜多发生于和感染公畜交配后的 2~3 天，有时即使无明显可见的损伤，也能感染此病，亚临床型感染的公畜可通过精液将本病传染给母畜。

1. 病原及流行病学

IBR 是病毒引起的一种接触性传染病，为 I 型疱疹病毒（BHV）中的牛传染性鼻气管炎/传染性脓疱性外阴—阴道炎病毒所引起。本病表现为上呼吸道黏膜炎症并伴有呼吸器官症状的发热、全身性疾病（IBR）或生殖器官的综合征（交媾疹、IPV）。

2. 症状

传染性脓疱性外阴—阴道炎的潜伏期为 24~72h，其后为连续数天轻度体温升高。轻症不易发现，重症可见病畜站立时时常举尾，外阴表面的脓疱融合形成淡黄色斑块和痂皮，阴道黏膜发生出血灶时，阴道分泌物大量增加，几天后，出血灶结痂脱落，形成圆形裸露的表面。临床康复需要 10~14 天，阴道渗出液可持续排出数周。

公牛感染时发生龟头包皮炎，除体温升高外，主要表现是包皮皱褶和阴茎头出现脓疱、肿胀，有时脓疱可出现于阴茎体，病程持续 1~2 周。

本病引起的流产，有时发病率可达 25%，大多数发生于妊娠的最后 1/3 阶段，有时感染病毒与发生流产的间隔时间可能延迟，有时感染后数天即流产。感染后如果能妊娠足月，则多产出死胎或弱胎。胎儿在子宫内死亡后往往会发生浸溶。隐性感染牛也可发生流产。

3. 诊断

在本病流行地区，根据流行病学、症状和病理变化，即可做出初步诊断，确诊必须进行病毒分离或血清学检验。

用于分离病毒的病料，可以采集鼻腔分泌物、眼分泌物、外阴黏液、阴道分泌物、包皮冲洗液或精液；对流产的新鲜胎儿，也可采集肺、肾、脾、胸水和子叶。采集的样品，应立即放入含10%无IBR抗体的犊牛血清和0.5%乳蛋白水解物的Hank's液内，在冷藏条件下尽快送检。

4. 治疗

本病尚无特效治疗药物，主要应采用对症疗法并防止并发症。对脓疱性外阴—阴道炎和龟头炎，可以局部使用抗生素软膏。

5. 预防

自然感染病毒和人工接种疫苗均可以使牛产生免疫力；产生的免疫力对鼻气管炎强而持久，病牛可终身免疫，而对脓疱性外阴—阴道炎则较差。

加强饲养管理，改善卫生条件和采取防疫隔离措施，可以防止本病传播。

用于本病的疫苗有弱毒苗和灭活苗两种。前者除供肌内注射或皮下注射外，尚可用于鼻内接种。

五、牛病毒性腹泻—黏膜病

牛病毒性腹泻（BVD）又称黏膜病，虽然是一种胃肠道疾病，但可使家畜繁殖遭受损失，并能影响胎儿的发育。

此病各种年龄的牛均可感染，但主要是侵染3~18月龄的犊牛。绵羊、猪可自然感染并产生抗体，不表现临床症状，但可传播病毒。

BVDV可以穿过胎盘而感染胎儿，在妊娠早期，母牛感染后可使胎儿发生免疫抑制，引起病毒血症，并能保持到成年期，终身带毒，因此是牛群最危险的传染源。

妊娠母牛发生此病时，不同妊娠阶段引起的损害不尽一致。妊娠120天之内患病则引起胎儿持久性病毒血症，造成死胎或者产下隐性感染和有免疫耐受性的犊牛，这种牛若在6~24月龄重复感染则可以发生致死性黏膜病；如能耐过并配种受孕，则产下持久带毒病牛。妊娠90~120天感染则经常出现流产或产下中枢神经有先天性缺陷的犊牛，表现出运动失调、角弓反张等多种神经症状。妊娠后期感染时，产下的犊牛具有免疫力。母羊人工感染腹泻—黏膜病毒，仅胎儿产生抗体，母羊无明显症状，但可引起胎儿先天性畸形；静脉接种可以引起母羊流产、死胎和胎儿干尸化。

六、生殖道弯曲菌病

生殖道弯曲菌病是由胎儿弯曲菌生殖道亚种引起的牛的一种传染性生殖道疾病，感染是由公牛自然交配或输入污染的精液所致，主要侵害子宫，阻止母体受孕或引起早期胚胎死亡，少数动物也可发生流产。

1. 症状

胎儿弯曲菌生殖道亚种对动物生育力的影响极大，公牛一般是在与感染母牛交配时受到感染，但有时污染的垫草也可导致感染。母畜交配受到感染后细菌在阴道中迅速增殖，一周内可通过子宫颈进入子宫，且可到达输卵管；出现亚急性弥散性黏脓性子宫内膜炎，其特点是子宫腺腔体中积聚有渗出物，腺体周围有淋巴细胞浸润。因此胚胎在子宫中难以生存，往往死亡。大多感染母牛的发情期长达24~40天以上，其中有些还流出2~3月龄的胚胎。个别动物由于发生输卵管炎会造成永久性不育，有的动物的阴道永久带菌。偶尔会引起胎盘炎，导致胚胎死亡及流产，流产时及其以后1周之内生殖道排出大量病菌。

2. 诊断

根据生育力严重降低和有关症状可以怀疑发生了本病，但确诊必须通过阴道黏液、胎儿和胎盘组织等的实验室检查。

（1）细菌学检查：可检查阴道或包皮采集的样品，但样品中一般都带有其他微生物，因此应选用适当的培养基，抑制杂菌生长。也可采集阴道黏液及胎儿胃内容物进行培养检查。

（2）免疫荧光试验：这种方法检查带菌公牛方便准确，如能同时进行细菌培养和分离，则可检查出98%的带菌牛，但会出现假阴性反应。

（3）阴道黏液凝集试验：自然感染的母牛一般会产生局部抗体，在感染6周之后直至7个月这一时期能从子宫颈的黏液中检出，可与抗原发生凝集。在个别动物亦会出现假阴性结果，黏液样品中含有血液和其他渗出物则会影响检验结果。

3. 治疗及预防

对母牛尚无有效的治疗方法，公牛可先用含1%过氧化氢的温水充分洗涤龟头及包皮表面，然后将100g中含有5mg新霉素、2mg红霉素的聚乙二醇油剂涂布在龟头及包皮表面，尤其对链霉素和土霉素治疗无效的公牛更为适用。进行自然配种的公牛应注意防止重复感染。对与感染公牛交配过的青年母牛应进行免疫接种，虽然可以使其生育力不受影响，但有90%仍会发生阴道感染。

第七章　免疫性不育

动物机体可对繁殖的某一环节产生自发性免疫反应，导致延迟或不能受孕，这种情况称为免疫性不育。生殖细胞、受精卵、生殖激素等均可作为抗原而激发免疫应答，导致免疫性不育。直接影响生殖而成为免疫性不育的原因主要有卵巢自身免疫和睾丸自身免疫两类反应。精子本身就具有抗原特性，只是由于血睾屏障的存在而不产生免疫反应。生殖系统的局部炎症、外伤及手术均可使这种屏障受到损伤，而使精子及其可溶性抗原透入并被局部巨噬细胞吞噬，进而致敏淋巴细胞，发生抗精子的免疫反应，生成抗精子抗体，导致不育。

透明带具有精子的特异性受体，可以阻止异种精子或同种多精子受精。透明带抗原能够刺激机体发生免疫应答，产生的抗血清则能阻止带有透明带的卵子与同种精子结合，也能阻止同种精子穿透受抗血清处理过的透明带，在体内干扰受精卵着床，从而导致不育。

第一节　免疫系统对繁殖功能的影响

神经内分泌与免疫系统之间存在双向联系，二者之间具有共同的化学语言如共享配体与受体等；神经内分泌系统产生的激素、递质、细胞因子也可由免疫系统产生，由于共享受体及配体，两者之间得以互相影响，由此构成了神经—内分泌—免疫调节网络，对繁殖发挥重要的调节作用。

在繁殖的各个阶段，生殖道中都存在免疫细胞。阴道、子宫、子宫颈均具有对精液抗原产生免疫反应的能力，它们也能对免疫细胞产生的活性蛋白和脂类发生功能性反应，反应的产物可在细胞之间形成相互作用的复杂网络，影响神经内分泌活性。产生免疫反应的组织细胞包括局部的巨噬细胞、网状内皮系统的其他细胞、成纤维细胞和大量起源于淋巴—造血系统的细胞。

在免疫和炎症反应的过程中，上皮组织，尤其是皮肤的组织细胞，通过本身产生的各种细胞激活素而发挥重要的调节作用，精确影响淋巴细胞、粒细胞和黑素细胞的行为和功能。小鼠子宫上皮细胞就可产生集落刺激因子-1（colony stimulating factor-1，CSF-1）、粒细胞—巨噬细胞集落刺激因子（granulocyte macrophage-CSF，GM-CSF）和IL-6。子宫上皮接触精液后，在为附植做准备的最初阶段，GM-CSF和IL-6的含量急剧升高，这一过程受性激素调节，它们的含量在发情时最高，而发情则正是接触精液的正常时间。正是非免疫细胞的细胞激活素，在精确的解剖部位建立吸引白细胞所必需的趋化梯度，引导这些细胞通过静脉壁和组织，最后将它们激活，从而调节免疫应激后的炎症细胞反应。

免疫系统对性腺功能也具有极为重要的调节作用。排卵时发生的细胞和生化变化与炎症过程极为相似，而且排卵前卵泡可以产生吸引周围组织白细胞和淋巴细胞的趋化因子。这些免疫细胞既参与排卵，也参与黄体的形成和退化。此外，细胞因子也是连接免疫系统与卵巢功能的重要调节因子，它们在调节卵巢功能的神经内分泌中发挥重要作用。

睾丸的间质组织正常就存在巨噬细胞，它们可直接对促性腺激素发生反应，使其大小和数量随着变化的内分泌环境而改变，它们也与Leydig细胞互作，通过产生IL-1和TNF-α而影响睾酮的分泌。IL-1还能影响精子细胞的分化；白细胞产生的IFN-α和IFN-γ也能调节Leydig细胞睾酮的分泌。

子宫对附植所发生的反应与免疫反应极为相似，而附植后怀孕能否成功则取决于胎儿减弱母/胎界面抗原性的能力，而且发挥胎体营养作用的细胞因子在此过程中发挥极为重要的作用。子宫上皮细胞产生的GM-CSF1、IL-6、CSF-1和LIF均受雌激素和黄体酮的调节，它们与其他炎性细胞因子和IFN、TFN等组成细胞因子网络，调节发育的孕体和母体之间的信号传递。

第二节 抗精子抗体性不育

抗精子抗体是由机体产生可与精子表面抗原特异性结合的抗体，它具有凝集精子、抑制精子通过宫颈黏液向宫腔内移动，从而降低生育能力的特性，是引起动物免疫性不育的最常见原因。目前已知的精子抗原有一百多种，每种都可诱发产生抗体。抗体一旦形成，就与抗原结合，覆盖在它们认为是异物的物质上，引起这些物质簇集在一起，而使白细胞易于将这些异物清灭。抗体还可以与细胞表面结合而干扰其他一些重要功能。

抗精子抗体引起的不育原因可能为：①引起精子凝集，进而降低精子的活力。②影响精子质膜上的颗粒运动，干扰精子获能。③影响顶体酶的释放，使精子不易穿透放射冠和透明带，阻止精卵结合。④阻碍精子粘附到卵子透明带上，影响受精。⑤抗体与精子结合后可活化补体和抗体依赖性细胞毒活性，加重局部炎症反应，损伤精子细胞膜，增强生殖道内巨噬细胞对精子的吞噬作用。

一、精子抗原

虽然对精子的抗原性的认识较早，但由于精子抗原结构上的多形性，功能上的复杂性，加之缺乏有效的分离和纯化手段，精子抗原的研究进展一直十分缓慢。近年来，随着杂交瘤技术、免疫印迹技术以及 DNA 重组等技术的发展，人们对精子抗原的认识有了很大的提高。

1. 精子的特异性抗原

此类抗原只来自精子，主要包括以下内容。

（1）卵裂信号-1（cleavage-single-1）：是一对分子质量为 14ku 及 18ku 的蛋白质组成的偶合抗原，位于精子膜上，其主要作用可能是受精时由精子带入卵子，作为卵裂的初始信号，或作为激活精子所必需的离子通道，促使初始卵裂。其抗体可抑制受精卵第一次分裂。

（2）未知抗原（unknown antigen，AgX）：位于精子尾部的主段和颈段，其相关抗体可通过抑制精子功能而降低生育力。

（3）精子/囊胚交叉反应抗原（sperm/trophoblast cross-reacting antigen，STX-10）：为定位于人精子顶体内及人胎盘绒毛膜上的关联抗原，其单抗可抑制精子穿卵。

（4）LDH-C4：为乳酸脱氢酶同工酶，位于精子细胞质、线粒体、尾中段以及成熟精子的细胞质膜上，其抗体能与完整精子表面抗原结合，引起精子凝集。

（5）受精抗原（fertilization antigen 21，FA-1）：为一种精子膜糖蛋白，主要定位于顶体后区，其次为中段及尾部，其抗体可抑制受精。FA-1还可以凝集特异性体液免疫和细胞免疫反应，并通过此机制损伤精子及胎膜。

（6）FA-2：也是精子膜抗原，主要定位于活的精子顶体区域，同时也可出现在赤道区，其单抗可抑制精子穿卵。

（7）生殖细胞抗原-1（germ cell antigen-1，GA-1）：为精子膜蛋白，

其抗体影响受精后的胚胎发育。

（8）精子蛋白-10（sperm protein-10，SP-10）：为一种多态性多肽，位于成熟精子顶体内，分布于顶体外膜内面及顶体内膜外面，单抗可抑制精子穿卵。

（9）YWK-Ⅱ相关抗原：YWK-Ⅱ是一种具有精子凝集作用的单抗，间接免疫荧光显示该单抗的相关抗原位于人精子中段、尾段和精子赤道部的表面。YWK-Ⅱ单抗可以阻止精子穿卵。

（10）PH-20和PH-30：均位于精子膜上，PH-20抗体可以抑制精子与透明带结合，PH-30抗体能显著抑制两者膜的结合。

2. 精子非特异性抗原

（1）肌酸磷酸激酶（creatine phosphokinase，CPK）：位于精子内，直接参与精子成熟，精子与透明带结合及顶体的颗粒反应，不育时CPK活性显著升高。

（2）甘露糖—配基受体（mannose-ligand receptor，MLR）：位于精子表面，与精子获能、顶体反应状态显著相关。

（3）c-mys：位于顶体区，其单抗可抑制精子获能，它本身可能参与精子获能或/和顶体反应。

（4）c-ras蛋白：位于顶体区，结构与功能和G蛋白相似。

3. 其他精子抗原

（1）顶体素（acrosin）：具有丝氨酸蛋白酶的活性，能解离透明带。

（2）鱼精蛋白（protamine）：为核抗原，与生育关系不大。

（3）精子膜抗原（sperm-coating antigen，SCA）：为一类包被于精子表面的抗原，对精子成熟可能有重要作用。

此外，精清中含有多种抗原，其中大多数可在血清中查出，如前白蛋白、白蛋白，α球蛋白、β球蛋白、γ球蛋白、转铁蛋白等，这些抗原中有些可包被于精子表面。

二、机体的抗精子免疫反应

1. 免疫反应发生的原因

（1）血睾屏障的破坏：血睾屏障的损伤可导致免疫反应的发生，形成抗精子抗体。常见原因如生殖道感染、生殖道损伤、输精管梗阻等。

（2）免疫抑制功能障碍：精子与T细胞可能存在共同抗原，并能发生交叉反应，损害T细胞对免疫反应的抑制能力。此外精液中抗补体物质的活性下降等也可使免疫功能发生障碍。

2. 机体的免疫反应

如果机体防止发生抗精子的免疫反应机制受到破坏，机体就会发生抗精子免疫反应，B 细胞受精子抗体的刺激转化为浆细胞，产生抗精子抗体。抗精子抗体的作用主要表现为：①妨碍精子正常发生、干扰精子获能和顶体反应。抗精子抗体可以影响精子质膜颗粒的流动性而阻碍获能，可抑制顶体透明质酸酶的释放，干扰颗粒反应，进一步阻碍卵丘的消散、放射冠的松解及精子在卵丘细胞的识别位点，干扰精子与卵丘细胞黏着，从而影响精子通过卵丘。②直接作用于精子本身，引起精子凝集与制动。③细胞毒作用：精子表面的抗体本身不能直接引起精细胞的破坏，它通过补体介导破坏细胞而起作用。④抑制精子穿透宫颈黏液。宫颈黏液中，抗精子抗体对精子的抑制作用的典型表现为精子颤动现象（sperm shaking phenomenon），精子在宫颈黏液中，其头部及尾部的主要部分与抗精子抗体发生免疫反应而结合，使精子的向前运动受到抑制，出现颤动现象。⑤限制精子与卵子透明带粘附，阻止精子与卵子结合而干扰受精过程。⑥干扰胚胎着床及影响胚胎存活。抗精子抗体可以阻止受精卵的发育及着床，阻断其进一步发育，最终导致妊娠终止。

睾丸生精细胞及精子可激发机体的细胞免疫反应。许多雄性不育患者精清中的白细胞数量增多，这些白细胞在一定程度上抑制精子穿卵。精子抗原激活 T 淋巴细胞，可使其分泌多种可溶性淋巴因子，同时也可激活巨噬细胞及其他免疫活性细胞，从而可导致免疫性不育。

三、机体防止发生抗精子免疫反应的机制

雄性生殖系统具有多种抗原，应能引起机体的免疫应答，产生抗精子抗体，甚至造成免疫性不育。但在正常情况下，机体并不会对精子产生免疫应答反应，这主要是由于机体具有防止发生抗精子免疫反应的机制。

1. 免疫隔离

血睾屏障可阻止精子与免疫系统接触，以致淋巴细胞不能识别精子抗原。因此尽管在精子发生中有一些新抗原形成，但正常情况下精子被阻挡在雄性生殖道内，与免疫系统隔离，成为隐蔽抗原，不引起自身免疫反应。

2. 免疫抑制

（1）精清免疫抑制活性物质的作用：精清中存在有一些具有免疫抑制活性的物质，能抑制生殖道内的免疫反应，使具有抗原性的精细胞不受免疫系统的清除，顺利完成生殖过程。精清中的免疫抑制物质可能是多种物

质综合作用的结果，这些物质包括锌或/和肽及蛋白质的结合物、子宫珠蛋白、转谷氨酰胺酶、94ku 的 Fc 受体结合蛋白、72ku 的妊娠相关蛋白 A、多肽（精胶、精脒等）、PGE_2或/和肽及蛋白质的结合物、一些蛋白酶和丝氨酸蛋白酶、蛋白酶抑制剂等。

精清在体外的免疫抑制作用主要表现为，对 T 细胞、B 细胞、NK 细胞、吞噬细胞以及多形核白细胞有抑制作用；对补体系统也有抑制作用，从而可保护精子及某些微生物如 N-淋球菌和革兰阴性菌免除抗体介导的裂解过程。这些物质还可抑制抗体对某些细菌的杀菌作用。

精清的免疫抑制作用的机制可能是，精清组分改变了精子表面抗原。精清组分结合到精子表面并遮蔽了抗原决定簇，或是通过内源性酶对精子表面抗原进行修饰，或是由于蛋白质之间的相互作用，引起抗原构象发生改变，所有这些作用的结果是影响了免疫活性细胞对精子表面抗原的识别；精清组分直接干扰免疫系统，可影响免疫活性细胞的识别和触发，抑制触发后的免疫应答以及直接干扰效应细胞等。

（2）生殖道免疫活性细胞的作用：正常雄性生殖道内的淋巴细胞几乎都是 T 淋巴细胞，而且趋向集中于附睾、输精管及前列腺，睾丸网输精管壶腹及精囊中含量不多。B 淋巴细胞则主要存在于前列腺间质内。雄性生殖系统中 T 淋巴细胞呈分隔化分布，上皮内主要为抑制/细胞毒（Ts/c）亚群，该亚群也主要存在于附睾、输精管及精囊的固有膜，而辅助/诱导亚群（TH/I）则主要存在于间质结缔组织。生殖道上皮和固有膜内的 Ts/c在功能上可形成一个免疫屏障，阻止自身体液或细胞的抗精子免疫反应。

四、抗精子抗体的形成

有关精子抗体的研究结果表明，只有存在于生殖道中或与精子表面结合的精子抗体才会影响生育力。精子穿过宫颈黏液时受阻的程度与精子表面结合的抗体比例有关，与精浆中游离的抗体无关。

雄性动物抗精子抗体的形成与生殖道的损伤及梗阻有关。睾丸或输精管的黏膜表面受损，巨噬细胞进入生殖道，吞噬降解精子，可使其成为激活免疫网络的抗原，刺激机体产生抗精子抗体。另外，白细胞抗原基因型 A28 和 BW22 也可激发机体产生抗精子抗体。雄性动物同性交配后，精子进入消化道，体内同样可产生抗精子抗体。

雌性动物阴道黏膜完整无损时，一般不会产生抗精子抗体。如果阴道黏膜上皮损伤，精子即可通过损伤破口进入体内，作为抗原刺激机体的免疫网络产生相应的抗体。精子进入体内，被巨噬细胞吞噬以后，作为精子抗原也可与T淋巴细胞发生免疫反应。

第三节 抗透明带抗体性不育

哺乳动物的透明带是围绕卵母细胞、排卵后的卵子及着床前受精卵的一层非细胞性胶样糖蛋白外壳，能防止异种或同种多精子受精。透明带具有良好的抗原性。在卵子生成过程中，卵母细胞合成和分泌的糖蛋白（在小鼠分别为ZP1、ZP2及ZP3）是透明带的主要成分；其分子质量较大，对精子的获能、精卵结合及受精卵的发育均发挥重要作用，而且还可成为抗原诱导机体产生抗体。大多数动物的ZP上都有特异性抗原存在，其相应的ZP抗体能阻止受精。抗ZP抗体和ZP结合能干扰卵子和卵泡细胞间的信息交流，导致卵泡和卵子失去与同种精子受精的能力，还能干扰受精卵着床。

机体对透明带抗原产生免疫应答或受到免疫损伤与否，视免疫系统的平衡协调作用的状态而定。一般认为，T辅助细胞和T抑制细胞的功能受到抑制是产生自身免疫性疾病的主要原因。机体遭受与透明带有交叉抗原性的抗原入侵时，或由于病毒感染等因素使透明带抗原变性时，免疫系统即将透明带抗原视为异物而产生抗透明带免疫反应。每次排卵后，透明带抗原可被部分吸收，使透明带免疫的易感性增高。

抗透明带抗体降低生育力的原因可能在于：①封闭精子受体，干扰或阻止同种精子与透明带结合及穿透，发挥抗受精作用。②使透明带变硬，即使受精，也因透明带不能从受精卵表面脱落，而影响受精卵着床。③抗ZP抗体在ZP表面与其相应抗原结合，形成抗原抗体复合物，从而阻止精子通过ZP，使精子、卵子不能结合。

综上所述可以看出，造成动物免疫性不育的原因主要是自身免疫系统的正常平衡状态遭到破坏，雄性动物血清中出现抗精子抗体，雌性动物血清中出现抗卵子透明带抗体，从而引起一系列免疫反应，影响整个生殖过程，最终导致不育或流产。

第八章　公畜不育

与母畜相比较，公畜生殖功能的调节更为复杂。比如，母畜在一个发情周期只能产生一个或数个成熟的雌性配子（卵子），而公畜几乎每时每刻都在产生着成千上万具有生殖能力的雄性配子（精子）；母畜一般只在发情时表现性行为，而公畜的性行为表现则没有明显的周期性；母畜生殖激素水平呈现规律性的周期性波动，公畜生殖激素水平除一些家畜具有季节性变化特点外，主要表现为连续的、阵发性释放的特点，并可能具有一定的节律性。

公畜不育在临床上实际包含两个概念，一是指公畜完全不育，即公畜达到配种年龄后缺乏性交能力、无精或精液品质不良，其精子不能使正常卵子受精；二是指公畜生育力低下，即各种疾病或缺陷使公畜生育力低于正常水平。不育和生育力低下的公畜在种公畜中占有相当大的比例。

第一节　公畜不育的概述

一、公畜不育的病因及分类

公畜具有正常的生育力有赖于以下几个方面的功能正常，即精子生成、精子的受精能力、性欲和交配能力。但是要判别这些功能是否正常往往缺乏明确的标准，通常所进行的生殖健康检查和精液品质检查固然是衡量公畜生育力高低的重要指标，但是这些指标（如密度、活力、畸形精子百分率）与公畜生育力的关系并不是绝对的。比如，生育力正常的公牛其精液应该使健康青年母牛配后60~90天的受胎率达到60%~70%，但是配种受胎率的高低与配种母牛是否正常、配种是否适时、方法是否正确等因素有关；不同授精员进行人工输精的受胎率通常都可能相差10%~20%。

除了管理和技术上的原因之外，遗传的、营养性的、神经内分泌的、病理的、免疫的因素也都可以引起公畜不育。公畜不育的病因和临床表现可归纳如表8-1。在不育和生育力低下的公畜中，除了某些遗传性缺陷难于治疗或不应治疗外，大多数获得性疾患在消除病因后，生育力在一定程度上可以得到改善。

表8-1 公畜不育的病因及临床表现

病因	临床表现
先天性	
染色体异常	克兰费尔特综合征、染色体异位、两性畸形、无精或精子形态异常、性机能紊乱
发育不全	睾丸发育不良、伍尔夫管道系统分节不全、隐睾
获得性	
饲养管理及繁殖技术不当	饥饿、过肥、拥挤，使役过度、配种困难
神经内分泌失衡	生殖器官、细胞和内分泌腺肿瘤、精子生成障碍、激素分泌失调
疾病性因素	普通病、传染病（特别是布鲁氏菌病、传染性化脓性阴茎头包皮炎、马媾疫、胎毛滴虫病等性疾病）、全身性疾病、性器官疾病
免疫性因素	精子凝集、精子肉芽肿
性功能障碍	勃起及射精障碍、阳痿

造成公畜不育的原因很多，而且一种疾病往往可能是多种因素共同作用的结果，因此在临床上表现出错综复杂的症状。按疾病的主要发生部位，现将常见的公畜不育疾病列于表8-2。

表8-2 常见的公畜生殖疾病

疾病名称	主要罹病家畜
睾丸	
睾丸炎（orchitis）	各种家畜
睾丸变性（testicular degeneration）	各种家畜
睾丸发育不全（testicular hypoplasia）	牛、羊、猪
隐睾（cryptorchidism）	猪、马、山羊
睾丸肿瘤（testicular neoplasms）	犬、马、牛
睾丸扭转（testicular torsion）	马

（续表）

疾病名称	主要罹病家畜
附睾	
附睾炎（epididymitis）	绵羊、山羊
精液滞留和精子肉芽肿（spermiostasis and sperm granuloma）	牛、猪、羊
精索和输精管	
精索静脉曲张（varicocele）	羊
伍尔夫管节段性形成不全（segmental aplasia of Wolffian ducts）	牛、猪、山羊
副性腺	
精囊腺炎综合征（seminal vesiculitis syndrome）	牛
前列腺疾病	犬
阴囊	
阴囊损伤（scrotal trauma）	各种家畜
阴囊疝（scrotal hernia）	猪、马、牛
阴囊积水（scrotal edema）	马
阴囊皮炎（scrotal dermatitis）	牛、羊、马
阴茎和包皮	
阴茎和包皮损伤（penis and preputial trauma）	各种家畜
阴茎偏斜（penis deviation）	牛
阴茎麻痹（penis paralysis）	马、猪、牛
包茎和嵌顿包茎（phimosis and paraphimosis）	马、牛
阴茎畸形（penis abnormalities）	各种家畜
阴茎肿瘤（penis neoplasms）	马、牛
血精（hemospermia）	马、牛、猪
憩室溃疡（ulcer of the preputial diverticulum）	猪
阴茎头包皮炎（balanoposthitis）	羊、牛
尿石病（urolithiasis）	牛、羊
胎毛滴虫病（trichomonaiasis）	牛

（续表）

疾病名称	主要罹病家畜
功能性疾病	
精子异常（sperm abnormalities）	各种家畜
阳痿（impotency）	马
不能射精（inability to ejaculate）	马
性欲缺乏（lack of libido）	各种家畜

二、公畜不育的检查

导致公畜不育和生育力低下的疾病有的很容易检查出来，比如由于生殖系统机能损伤和外生殖器损伤所引起的精子生成障碍、交配不能或不能正常射精。但是一些不表现明显外部症状或呈慢性经过的生殖系统疾病，在临床上，特别是在发病初期往往被忽略，以致这些疾病对生育力所造成的影响很难及时得到克服和矫正。

检查公畜生殖系统疾病可参照下列程序进行。

（一）临床检查

1. 询问病史及查阅配种记录

除了解品种、年龄、饲养管理状况之外，应特别注意了解病史、采精记录和配种受孕情况。

2. 一般体况检查

特别注意检查公畜的体型、运动功能、遗传缺陷、营养状况和是否患有其他全身性疾病。

3. 生殖器官检查

（1）外生殖器官检查：首先应该注意观察阴茎、包皮、阴囊和睾丸的外形，有无先天性异常和损伤，其次重点对可疑器官进行认真检查。

观察包皮口的大小，是否有分泌物排出，包皮腔内有无异物或积液，包皮是否损伤，是否表现肿胀、脱垂或外翻。检查阴茎注意有无破损、肿胀、流血或血肿、肿瘤；阴茎与包皮间有无粘连；阴茎是否脱垂或形成嵌顿包茎。除已发生阴茎或包皮脱垂的病例，如需使阴茎易于从包皮腔内拉出，可按摩包皮区、进行阴部神经封闭或使用镇静剂（静脉注射盐酸氯普吗嗪，每千克体重 0. 2~0. 3mg）。向包皮腔内充入空气或氧气，可检查包皮腔的大小和是否发生粘连。

比较两侧阴囊的充盈度、对称性及悬垂的程度（睾丸变性、隐睾、短阴囊）；检查睾丸和附睾的大小和坚实度，有无囊肿（精液滞留）和硬结（肿瘤、精子肉芽肿）；阴囊皮肤有无破溃、肿胀、热度和痛感；阴囊内有无大量液体（阴囊积液）和异物（阴囊疝）；阴囊皮肤有无皮炎、皮肤结核，与睾丸鞘膜是否粘连；检查精索的粗细，能否触摸到血管扩张和盘曲的蔓状静脉丛（精索静脉曲张）。另外，应触摸腹股沟管的外口大小和深浅，淋巴结是否肿大；对阴囊内既无睾丸，又无去势斑痕的公畜，应注意检查睾丸是否位于腹股沟或腹腔（隐睾）。

精子日产量与睾丸重量高度相关，公牛沿阴囊最宽处所量得的周径与睾丸重量和精子生成高度相关。因此，测量阴囊周长可以相当准确地判断不满 3 岁的小公牛的生精能力，并可作为评价小公牛生育力的一项重要指标。测量公羊和公猪阴囊周长对估计其睾丸生精能力也具有实际意义。

（2）内生殖器官检查：主要检查两侧副性腺的对称性和有无炎性肿大，以及腹股沟管内环是否有粘连或是否形成疝。

4. 观察公畜的性欲及交配能力

（1）反应时间测定：即测定从公畜感觉到发情母畜的存在或接触到发情母畜时开始，到阴茎充分勃起并完成交配为止所需的时间。

（2）性欲指数测定：根据单位时间内完成一系列性行为的次数和时间评分，计算时对不同指标给予不同的系数加权。计算出的性欲指数能比较客观地反映公畜性欲的强弱。

（3）配种能力测定：将公母畜按一定比例配置，测定公畜在单位时间内能够完成交配的次数。交配次数少的除性欲不强外，还可能具有阴茎和运动器官异常。应注意观察阴茎是否勃起及勃起的程度，伸出的长短和方向，是否出现螺旋形扭转或向下偏转，阴茎上是否有损伤或肿瘤。如不见阴茎伸出，应触摸包皮内是否有勃起的阴茎，以区别阳痿、包茎和阴茎粘连等疾病。

（二）实验室检查

1. 精液检查

精液检查能快速准确地直接反映精子生成和运输中的情况，至今仍然是衡量公畜生育力的一个重要而简便的方法。对性欲和交配能力正常而生育力低下的公畜，进行精液检查具有特别重要的意义。

被检查公畜在进行检查之前应休息一周，被检精液应连续采集 3 份，间隔一个月还应再检查两次。这样能比较全面地分析陈旧精液和新鲜精液的情况以及公畜的生精能力。精液中精子所占的比例称为精子比容，在绵羊可达30%，而在猪则不到2%。

2. 包皮鞘内容物检查

怀疑为传染性疾病（牛胎毛滴虫病、弯杆菌病和疱疹病毒感染）的病例，应对包皮鞘内容物进行检查。采集包皮鞘内容物的方法有3种：用消毒棉签擦拭，插入毛细吸管采集和进行冲洗。常用的冲洗液为生理盐水和磷酸盐缓冲液（pH值7.2）。冲洗后将回收的冲洗液低速离心、上清液用于细菌和病毒检查；检查胎毛滴虫时，应除去上清液，轻轻振动离心管，用上层悬浮液镜检或培养。

3. 生殖内分泌功能测定

公畜生殖内分泌功能测定主要通过测定睾酮、FSH、LH等激素的水平，间接了解丘脑下部—垂体—睾丸轴系的内分泌功能。

（1）丘脑下部—垂体功能测定：

①促性腺激素水平测定：性腺功能低下的公畜如其FSH和LH水平增高，说明公畜属于原发性性腺功能不足；如果FSH和LH水平也很低，则说明公畜可能属于继发性性腺功能不足。测定FSH的浓度具有非常重要的意义，FSH浓度增高，可能说明Sertoli细胞受损，抑制素分泌不足。在这种情况下，Sertoli细胞ABP的合成受到影响，血睾屏障也可能遭到严重的、甚至是不可逆转的损伤。

②GnRH刺激试验：在注射GnRH前后采样测定FSH和LH的分泌情况，注射后如果FSH和LH浓度显著升高，说明垂体功能基本完好；如果注射GnRH后FSH和LH无明显变化，则表示垂体功能低下。

③枸橼酸氯米芬刺激试验：枸橼酸氯米芬是一种抗雌激素药物，它可以与丘脑下部雌二醇受体结合。在正常情况下，睾酮在丘脑下部可能转变为雌二醇而对丘脑下部GnRH的分泌产生抑制作用，当枸橼酸氯米芬占据丘脑下部雌二醇受体后，类固醇激素对丘脑下部的负反馈作用降低，引起GnRH分泌增强。在丘脑下部—垂体—睾丸轴功能正常的情况下，GnRH分泌增强，可以引起垂体LH和睾丸睾酮分泌的增加，如果口服枸橼酸氯米芬后促性腺激素和睾酮都不升高，则应考虑性腺功能低下是由丘脑下部病变所致。

（2）睾丸内分泌功能测定：直接测定样品中睾酮的含量或是注射LH和hCG后检查睾酮水平的变化，可以了解睾丸间质细胞的功能。性腺功能过高可见于睾丸间质细胞瘤；性腺功能过低（原发性）可见于克兰费尔特综合征、重度睾丸炎、隐睾、辐射后遗症等。有的临床表现为性腺功能低下的公畜，其体内睾酮、雌激素、FSH和LH可能均高于正常，其原因可能是靶细胞缺乏5α-还原酶，睾酮不能被转变为DHT；雄激素受体异常，受体在雄激素作用阶段出现异常。上述情况导致的不育称为雄激素不反应症。

4. 睾丸活组织检查

进行睾丸活组织检查可以直接了解睾丸损伤程度，并据此推测生精障碍和内分泌紊乱的程序，适用于对各种生精功能低下、睾丸发育不全和睾丸变性等进行诊断。怀疑睾丸组织局部变性的病例，为了了解整个睾丸的生精功能，有必要多点采样。此法可能对公畜睾丸造成一定损伤而不易被畜主所接受。

5. 染色体检查

通过对培养的淋巴细胞、睾丸活组织细胞和口腔颊部细胞涂片进行染色体检查，可以揭示某些因染色体数量和组型变化导致的不育。

第二节 睾丸及附睾疾病

一、睾丸炎

由损伤和感染引起的各种急性和慢性睾丸炎，多见于牛、猪、羊和马、驴。

1. 病因

（1）由损伤引起感染：常见损伤为打击、啃咬、蹴踢、尖锐硬物刺伤和撕裂伤等，继之由葡萄球菌、链球菌和化脓放线菌等引起感染，多见于一侧。外伤引起的睾丸炎常并发睾丸周围炎。

（2）血源性感染：某些全身性感染如布鲁氏菌病、结核病、放线菌病、鼻疽、腺疫、沙门杆菌病、乙型脑炎等可通过血流感染引起睾丸炎症。另外，衣原体、支原体、脲原体和某些疱疹病毒也可以经血流引起睾丸感染。在布鲁氏菌病流行地区，布鲁氏菌感染可能是睾丸炎最主要的原因。

（3）炎症蔓延：睾丸附近组织或鞘膜炎症蔓延；副性腺细菌感染沿输精管蔓延均可引起睾丸炎症。附睾和睾丸紧密相连，常同时感染或互相继发感染。

2. 症状

（1）急性睾丸炎：睾丸肿大、发热、疼痛；阴囊发亮；公畜站立时拱背、后肢广踏、步态强拘，拒绝爬跨；触诊可发现睾丸紧张、鞘膜腔内有积液、精索变粗，有压痛。病情严重者体温升高、呼吸浅表、脉频、精神沉郁、食欲减少。并发化脓感染者，局部和全身症状加剧。在个别病例，脓汁可沿鞘膜管上行入腹腔，引起弥漫性化脓性腹膜炎。

（2）慢性睾丸炎：睾丸不表现明显热痛症状，睾丸组织纤维变性，弹性消失、硬化、变小，产生精子的能力逐渐降低或消失。

一些传染病引起的睾丸炎往往有特殊症状，如结核性睾丸炎常波及附睾，呈无热无痛冷性脓肿；布鲁氏菌和沙门氏菌常引起睾丸和附睾高度肿大，最终引起坏死性化脓病变；鼻疽性睾丸炎常呈慢性经过，阴囊呈现慢性炎症、皮肤肥厚肿大，固着粘连。

炎症引起的体温增高和局部组织温度增高，以及病原微生物释放的毒素和组织分解产物，都可以造成生精子上皮的直接损伤。睾丸肿大时，由于白膜缺乏弹性而产生高压，睾丸组织缺血而引起细胞变性。各种炎症损伤中，首先受影响的主要是生精子上皮，其次是支持细胞，只有在严重急性炎症情况下睾丸间质细胞才受到损伤。单侧睾丸炎症引起的发热和压力增大也可以引起健侧睾丸组织变性。

3. 治疗

急性睾丸炎病畜应停止使用，安静休息；早期（24h 内）可冷敷，后期可温敷，加强血液循环使炎症渗出物消散；局部涂擦鱼石脂软膏、复方醋酸铅散；阴囊可用绷带吊起；全身使用抗生素治疗；局部可在精索区隔日一次注射盐酸普鲁卡因青霉素溶液（2%盐酸普鲁卡因 20mL，青霉素 80 万单位）。

无种用价值者可去势；单侧睾丸感染而欲保留作种用者，可考虑尽早将患侧睾丸摘除；已形成脓肿摘除有困难者，可从阴囊底部切开排脓。由传染病引起的睾丸炎，应首先考虑治疗原发病。

睾丸炎预后，视炎症严重程度和病程长短而定。急性炎症病例由于高温和压力的影响可使生精子上皮变性，长期炎症可使生精上皮的变性不可逆转，睾丸实质可能坏死、化脓。转为慢性经过者，睾丸常呈纤维变性、萎缩、硬化，生育力降低或丧失。

二、睾丸变性

公畜原先具有正常生育力或发育正常的睾丸，其生精子上皮和其他睾丸实质组织出现不同程度变性、萎缩而使精液品质下降，造成暂时或永久性生育力低下和不育称为睾丸变性。睾丸变性是公牛和公猪不育的重要原因，特别在老龄公畜更为常见。

1. 病因

（1）睾丸局部温度过高：正常情况下，睾丸温度由于受蔓状静脉丛中精索内动脉调节而不超过35℃。温度超过2℃，就可使原来缓慢流动的血流加速，使睾丸充血，葡萄糖过量，耗氧量增加，大量代谢产物聚积而造成生精上皮损伤和其他组织变性。常见引起睾丸局部温度增高的因素有：①睾丸和附睾炎症，约75%的病例可导致睾丸变性。②各种阴囊皮肤炎症。③夏季曝晒、圈舍不通风，长期气温过高。④长途运输或疾病时不适当地使用绝热材料制作的悬吊绷带。⑤隐睾、阴囊过短和阴囊疝。

（2）睾丸和阴囊局部损伤：睾丸和阴囊局部损伤导致血液循环和温度调节系统功能紊乱可引起睾丸变性，如外伤、阴囊皮肤结核、疥癣、昆虫叮咬，农药和杀虫剂刺激等。

（3）代谢障碍和中毒：长期营养不良，消化不良，蛋白质、能量及矿物质缺乏，特别是维生素A和维生素E缺乏；长期饲喂豆渣、酒糟、霉变饲料及其他有毒物质；使用四氯化碳驱虫；某些病毒感染（肠道病毒、口蹄疫、牛病毒性腹泻、蓝舌病）以及附红细胞体和边缘无浆体等严重感染。

（4）环境变化和内分泌障碍：娇养的小公牛生活环境改变可导致睾丸变性；长期使用雄激素或雌激素类药物，饲喂含雌激素的牧草，肾上腺皮质肥大，睾丸间质细胞瘤以及甲状腺萎缩可导致内分泌紊乱而引起睾丸变性。

（5）辐射损伤：辐射对体内增殖快的细胞影响较大，可明显影响精子生成而对间质细胞睾酮的合成影响不大。辐射剂量不大时，生精能力可在3~6个月内恢复；严重辐射损伤可使曲细精管变性而使生精能力丧失。

（6）自体免疫性因素：用自身睾丸组织或抗LH血清注射公牛和公羊，可实验性地引起睾丸变性和不育，说明自体免疫性因素也可能是睾丸变性的原因。

（7）原因不明的睾丸变性：即所谓“无损伤变性”，可能与遗传有关。

2. 症状

因炎症引起变性者具有睾丸炎症；出现非炎性损伤时，睾丸组织先变软，继之纤维化或钙化睾丸组织变硬。完全变性者睾丸体积缩小一半或一半以上，呈圆球形或细长形。由于睾丸变性主要损伤生精子上皮，间质细胞形态和功能基本完好，因此公畜的性欲和交配能力一般不受影响。有的山羊在睾丸变性前 3~4 年可能出现乳房组织增殖并泌乳。

3. 诊断

（1）临床检查和查阅病历：罹病公畜一般都曾有过一段正常生育史。触诊睾丸变小、变硬，但性功能一般正常。除睾丸炎所致变性者外，应注意调查公畜饲养管理情况及是否有过热、特殊传染病、慢性病病史。

（2）精液检查：精液量一般正常，但精子浓度逐渐降低，精液呈乳清样或水样，精子活力差，畸形精子增加，特别是断头、头部及顶体畸形精子以及中段卷曲畸形精子增加。一次精液检查不足以说明问题，应间隔两个月重新检查一次或多次，每次检查精子总数应超过 1 000，单侧睾丸变性者精液品质优于双侧睾丸变性者。

（3）组织学检查：生精子上皮不同程度变性，轻微者仅限于一种或几种类型的生殖细胞；严重者曲细精管空虚、皱缩，仅能见到变形的支持细胞，生精作用完全消失；间质纤维组织增生，并可能出现钙化点；基膜不同程度增厚。根据曲细精管的组织学变化可以将睾丸变性分为 5 个阶段，即精细胞变性、精细胞消失、精母细胞消失和精原细胞消失；所有支持细胞也消失，管腔壁玻璃样变、增厚，管腔消失。根据曲细精管横切面上生殖细胞和 Sertoli 细胞的比例也可以衡量睾丸变性的程度。一个横切面上一般可发现 12~14 个 Sertoli 细胞，正常睾丸的两类细胞数量之比为 11.5∶1；轻度、中度和重度变性睾丸中两类细胞数量之比分别为 11.0∶1、8.8∶1 和 5.8∶1。某些部分睾丸组织变性的病例要多点（至少 5 点）采样检查才能发现。

本病的精液品质检查和组织学检查结果与睾丸发育不全十分相似，在诊断时应注意鉴别。睾丸发育不全，在公畜初情期即可发现，其睾丸一直不能正常发育，小而软，缺乏生精子功能。睾丸变性多见于老龄家畜，变性睾丸小而硬，睾丸原来发育基本正常并一般都有过一段正常生育史。

4. 治疗

已经变性的睾丸无有效治疗方法，重要的是采取预防措施和在病变初期及时消除引起变性的各种因素。如对附睾—睾丸炎病例应抓紧治疗；对无法治疗的患侧睾丸应及早切除；炎夏应注意圈舍通风，对公牛和公猪可采用淋浴等降温措施；不饲喂霉变饲草饲料，慎重使用雌激素类制剂，不用添加有雌激素类药物的饲料饲喂公畜。补充能量和蛋白质总量，肌内注射维生素 A 等。在发现精子数减少，活力降低时，可试用如下药物：枸橼酸氯米芬（口服，每日 50mg，连续 25 日，停服 5 日后再继续服用；或每日 10mg，共服 12 周），精氨酸（每日 10g，水溶后口服），醋酸可的松

(口服 2.5mg，每日 4 次)，hCG (10 000~20 000IU，肌内注射，每周 2 次，连续 3 个月)、氟甲睾酮 (每日 5mg，连服 3~6 月)，甲基二氢睾酮 (每日 75~100mg，持续一年)。

预后视病因和病程的长短而定。早期发现，及时消除病因，生殖功能可望有一定程度恢复。本病的确诊和预后应有两个月以上的观察时间。

三、睾丸发育不全

睾丸发育不全指公畜一侧或双侧睾丸的全部或部分曲细精管生精上皮不完全发育或缺乏生精上皮，间质组织可能基本维持正常，本病多见于公牛和公猪，在各类睾丸疾病中约占 2%；但在有的公牛品种，发病率可高达 25%~30%。

1. 病因

大多数是由隐性基因引起的遗传疾病或是由非遗传性的染色体组型异常所致，一般是多了一条或多条 X 染色体，额外的 X 染色体抑制双侧睾丸发育和精子生成，公畜表现克兰费尔特综合征的症状。由于公畜到初情期睾丸才得到充分发育，在此之前因营养不良、阴囊脂肪过多和阴囊系带过短也可引起睾丸发育不全。

2. 症状

发生本病的公牛在出生后生长发育正常，周岁时生长发育测定都能达到标准，公牛第二性征、性欲和交配能力也基本正常，但睾丸较小，质地软、缺乏弹性，精液呈水样，无精或少精，精子活力差，畸形精子百分率高，且多次检查结果比较恒定。有的病例精液品质接近正常，但受精率低，精子不耐冷冻和储存。

3. 诊断

根据睾丸大小、质地，精液品质检查结果和参考公畜配种记录 (一开始使用即表现生育力低下和不育)，在初情期即可做出初步诊断。根据睾丸活组织检查和死后睾丸组织学检查，可将睾丸发育不全分为 3 种类型：典型者整个性腺或性腺的一部分曲细精管完全缺乏生殖细胞，仅有一层没有充分分化的支持细胞，间质组织比例增加；精子生成抑制型表现为不完全的生殖细胞分化，生精过程常终止于初级精母细胞或精细胞阶段，几乎都不能发育到正常精子阶段；生殖细胞抵抗力低型曲细精管出现不同程度退化，虽有正常形态精子生成，但精子质量差，不耐冷冻和储存。染色体检查有助于本病的确诊。

4. 处理

即使病畜精液有一定的受胎率，但发生流产和死产的比例很高，且本病具有很强的遗传性，患畜可考虑去势后用作肥育或使役。

四、隐睾

正常情况下，牛、羊和猪的睾丸在出生前已降入阴囊，马在出生前后两周内睾丸降入阴囊。多数犬在出生时睾丸已经位于阴囊内，但也有迟至生后6~8个月睾丸才降入阴囊内者，睾丸在降入阴囊之前可能具有游走性，可出现于阴囊前方、阴茎外侧皮下或会阴部海绵体后侧。这种睾丸不在阴囊内的现象都可称为异位睾丸。隐睾是异位睾丸的一种类型，指睾丸因下降过程受阻，单侧或双侧睾丸不能降入阴囊而滞留于腹腔或腹股沟管。双侧隐睾者不育，单侧隐睾者可能具有生育力；隐睾多见于猪、羊、马和犬，较少见于牛。猪的隐睾发生率为1%~2%，隐睾猪的脂肪组织和肌肉仍可能具有正常公猪的腥臭味而造成经济损失。公羊隐睾发生率约0.5%，但在长期近亲交配的羊群中，隐睾发生率可能达到10%以上。

1. 病因

隐睾的发生具有遗传性和家族性倾向，对羊来说，隐睾基因与无角基因紧密连锁，除与长期近亲交配或使用无角公羊交配外，还与母系有密切关系。犬的隐睾常发生于短头品种。

睾丸下降受阻的原因还不十分清楚，目前认为与睾丸大小、睾丸系膜引带、血管、输精管和腹股沟管的解剖异常有关；也可能与睾丸下降时内分泌功能紊乱有关。促性腺激素和雄激素（特别是DHT）水平偏低可以造成睾丸附属性器官发育受阻、睾丸系膜萎缩而致隐睾。

2. 症状

患畜阴囊小或缺如，单侧隐睾患者阴囊内只能触及一个睾丸，位于阴囊内的睾丸大小、质地和功能均可能正常，公畜可能有生育力。单侧和双侧隐睾者在腹腔或腹股沟管内的睾丸由于较高的环境温度而使其精子生成上皮变性，精子生成不能正常进行，睾丸小而软。因此双侧隐睾者不育，但睾丸间质细胞仍具有一定的分泌功能，动物的性欲及性行为基本正常。隐睾动物多发生睾丸支持细胞瘤和精原细胞瘤。

3. 诊断

一般情况下只需触诊阴囊和腹股沟外环，结合直肠检查触摸腹股沟内环和直接探查腹腔内睾丸即可确诊。

4. 处理

从种用角度出发，任何形式的隐睾均无治疗的必要，应禁止使用单侧隐睾公畜进行繁殖。隐睾公畜摘除睾丸后可用于肥育或使役。避免近亲交配，及时淘汰隐睾后代较多的公畜和多次生产隐睾后代的母畜可在一定程度上可防止隐睾的发生。

五、附睾炎

附睾炎是公羊常见的一种生殖疾病，该病呈进行性接触性传染。以附睾出现炎症并可能导致精液变性和精子肉芽肿为主要特征。病变可在单侧，也可在双侧。双侧感染常引起不育。50%以上生殖功能失常的公羊是由附睾炎造成的，严重者可引起死亡。该病在公牛也有发生。

1. 病因

主要病因是流产布鲁氏菌和马耳他布鲁氏菌感染。精液放线杆菌、羊棒状杆菌、羊嗜组织菌和巴斯德杆菌也可引起本病。传播感染的途径为公羊间同性性活动、小公羊圈舍拥挤以及公羊与因布鲁氏菌引起流产后6个月内发情的母羊交配。病原菌可经血源途径和生殖道上行途径引起附睾炎。阴囊损伤也可引起附睾化脓性葡萄球菌感染。犬在腹压突然增加的情况下（如冲撞、压迫），尿液被迫返入输精管而进入附睾也可以引起附睾炎。

2. 症状

附睾感染一般都伴有不同程度的睾丸炎，呈现特殊的化脓性附睾及睾丸炎症状。公畜疼痛，不愿交配，叉腿行走，后肢拘强，阴囊内容物紧张、肿大，睾丸与附睾界限不明显。精子活力降低，畸形精子百分比增加。布鲁氏菌感染一般不波及睾丸鞘膜，炎性损伤常局限于附睾，特别是附睾尾。初发的附睾病变表现为水肿，间质组织内血管周围浆细胞和淋巴细胞聚积，小管的上皮细胞增生和囊肿变性。通常在急性感染期睾丸和阴囊均呈水肿性肿胀，附睾尾明显增大，触摸时感觉柔软。慢性期附睾尾内纤维化，可能增大4~5倍，并出现粘连和黏液囊肿，触摸时感觉坚实，睾丸可能萎缩变性。精液放线杆菌感染常引起睾丸鞘膜炎，睾丸明显肿大并可能破溃流出灰黄色脓汁。感染所引起的温热调节障碍和压力增加可使生精子上皮变性并继发睾丸萎缩。附睾管和睾丸输出管变性阻塞引起精子滞留，管道破裂后精子向间质溢出形成精子肉芽肿，病变部位呈硬结性肿大，精液中无精子。

3. 诊断

附睾的损伤和炎症通过观察和触摸均不难发现。困难的是要确定没有外部损伤的附睾炎的病因。通常采用精液细菌培养检查、补体结合测定（不适用于已接种布鲁氏菌疫苗公羊的检查和精液放线杆菌检查）和对死亡公羊剖检以及病理组织学检查等几种方法确诊。鉴别诊断时应注意，由精液放线杆菌和羊棒状杆菌引起的附睾炎通常出现脓肿，触诊坚实但有波动感。另外，应注意与精索静脉曲张区别，后者总是定位于精索蔓状丛的近体端。

4. 治疗

药物治疗可试用磺胺邻二甲氧嘧啶并配合三甲氧苄氨嘧啶（增效周效磺胺），但疗效常不佳。对处于感染早期、具有优良种用价值的种公羊，每日使用金霉素800mg和硫酸双氢链霉素1g，3周后可能消除感染并使精液质量得到改善。治疗无效者，最终可能导致睾丸变性或精子肉芽肿。优良种畜在单侧感染时可及时将患侧附睾连同睾丸摘除，可能保持生育力。如已与阴囊发生粘连，可先用5%利多卡因10mL行腰部硬膜外麻醉，将阴囊一同切除。

预防的根本措施是及时鉴定出所有感染公羊，严格隔离或淘汰。预防接种可减少本病的发生。

六、精液滞留和精子肉芽肿

精子不能正常排出，滞留于附睾和输精管道，称为精液滞留。精液滞留使精液品质下降，并可能引起精液囊肿或精子肉芽肿。本病常见于牛、羊和猪，多为单侧发病。由于另一侧睾丸基本正常，公畜可能具有一定的生育力。

1. 病因

（1）伍尔夫管道系统部分发育不全：发生本病时，较常见的是附睾发育不全或缺失。

（2）变性和炎症引起精子输出管道闭合：常继发于附睾炎、精索炎等疾病。

（3）机能性障碍引起精液不能排出：如勃起不射精等。另外，结扎输精管后，精液广泛滞留于附睾和剩余输精管内，一般无明显病理变化。但有的公牛可能在附睾尾部发生精液囊肿。

2. 症状

精子输出管道未完全封闭者，部分精子尚可通过，但精液中精子浓度低、活力差，畸形精子比例高。精液滞留的公马，开始采出的精液黏稠，精子密度高，有时精子甚至结成团块，而使精液类似乳腺炎乳汁。连续几天多次采精后，精子活力和密度才可能趋于正常，但精液中出现大量附有原生质滴的精子。一般患侧睾丸较健侧硬。

精液囊肿常发生于附睾头。附睾头增大、变硬，呈无痛性肿胀。精液中检查不到炎症时常见的病原微生物和白细胞。精子肉芽肿发生于附睾头、体、尾和睾丸间质组织，在附睾部位仔细触诊可发现坚硬的肉芽肿，直径从针尖大到几厘米不等。

滞留精子常结成团块、活力降低，头尾断离或死亡。积聚和变性的精液不断增加，可使管道扩张形成精液囊肿。被阻塞的精液产生压力，长期压迫生精上皮和输精管，可引起睾丸水肿、变性和萎缩。如果囊肿管腔破裂或其他原因使崩解的精子碎片渗入间质组织，引起免疫学反应，刺激周围组织形成肉芽肿。

3. 诊断

根据临床症状和精液品质检查结果，必要时进行睾丸活组织检查，基本上可以对本病做出诊断。但在多数情况下，单侧睾丸或附睾罹病可能被忽视，而在死后剖检时才能发现。

4. 处理和预后

由遗传因素所致单侧输精管阻塞者可能有生育力，但公畜不宜作种用。非遗传性精液滞留公畜可通过改善饲养管理、增加运动和增加采精频率使精子维持正常活力，但应经常进行精液品质检查以确定其是否具有正常受精能力。精液囊肿和精子肉芽肿无有效治疗方法。如为单侧发病可及早摘除，以保持健侧睾丸的正常生育力。

第三节　精索、输精管及副性腺疾病

一、羊的精索静脉曲张

羊精索静脉曲张是以精索静脉血流淤积，脉管球囊状迂曲扩张和形成血栓为特征的一种局部静脉内血液循环障碍。静脉曲张可能发生于任何一侧精索或同时发生于两侧精索。静脉曲张引起血液滞留可能导致睾丸局部温度增高或使睾丸缺乏必要的营养和氧气的供应，影响精子发生和内分泌功能，并可能导致睾丸萎缩。当曲张的静脉发展得很大时，常引起病畜运动和交配机能障碍并可能导致死亡。本病目前仅见于绵羊，发病率约为10%，各品种公羊均可发生，5~7 岁的成年公羊比较多见。

1. 病因

目前对病因还不明确。据推测与内精索静脉壁的柔弱和蔓状丛近躯体部位各种原因所致的血压增高有关。由于持续的压力引起静脉壁缓慢持续扩张，并在静脉腔内形成血栓和纤维素层。

2. 症状

发病早期虽然缺乏明显的临床症状，但能触摸到小的精索静脉曲张，精液品质逐渐下降。当精索静脉曲张较严重时，精索部位显露出坚实的结节状肿块，触摸有痛感。患羊不喜运动，站立时后肢前置并外展、拱背。后期食欲减退，性欲消失。尸体剖检时可见曲张的内精索静脉呈卷旋状，质地坚实、颜色暗黑，出现分叶状、粘连的局限性肿块，切面可见层状血栓、两卷旋间的纤维状粘连和发绀的血液。睾丸和附睾可能有轻度充血和水肿。

3. 诊断

根据临床症状和检查阴囊时发现精索部位具有大小不等、坚实而分叶的肿块即可确诊。尸检时可见典型病变。鉴别诊断需考虑脓肿和肿瘤。脓肿为柔软、弥散、不分叶的肿块，且白细胞增多。肿瘤一般也呈弥散而不分叶。

4. 治疗

目前尚无可行的治疗方案。由于多数人认为本病可能有遗传性倾向，因此患病公羊应予淘汰。

二、精囊腺炎综合征

精囊腺炎常见于公牛，发病率为 0. 8% ~ 4. 2%，小公牛发病率可达 2. 4%。精囊腺炎的病理变化往往波及壶腹、附睾、前列腺、尿道球腺、尿道、膀胱、输尿管和肾脏，而这些器官的炎症也可能引起精囊腺炎。据报道，壶腹炎在临床上不易觉察，但尸检时发现其发病率并不低于精囊腺炎；前列腺炎也不易确诊，尸检时发现 43%患有精囊腺炎的公牛患有前列腺炎；而在精囊腺炎发病率高达 49%的牛群，尸检时发现尿道球腺炎发病率为 15%。因此，可以将精囊腺炎及其并发症合称为精囊腺炎综合征。单纯性的前列腺炎和尿道球腺炎在家畜中很少见。

1. 病因

精囊腺炎病原包括细菌、病毒、衣原体和支原体。主要经泌尿生殖道上行引起感染，某些病原可经血源引起感染。常见于 18 月龄以下的小公牛，特别是从良好饲养条件转移到较差环境时易引起精囊腺感染。

2. 临床症状

公牛由病毒或支原体引起的感染常在急性期后期症状减退，但如果继发细菌感染，或单纯由细菌感染，症状均很难自行消退，并可能引起精囊腺炎综合征。病畜精囊腺病灶周围炎性反应可能引局限性腹膜炎，体温39.4~41.1℃，食欲缺乏，瘤胃活动减弱，腹肌紧张，拱腰，不愿移动，排粪时有痛感，配种时精神萎靡或完全缺乏性欲。精液中带血并可见其他炎性分泌物。如果脓肿破裂，可引起弥漫性腹膜炎。慢性病例无明显临床症状。

3. 诊断

除观察临床症状外，可进行如下检查。

（1）直肠检查：急性炎症期双侧或单侧精囊腺肿胀、增大，分叶不明显，触摸有痛感；壶腹也可能增大、变硬。慢性病例腺体纤维化变性，腺体坚硬、粗大，小叶消失，触摸痛感不明显。化脓性炎症其腺体和周围组织可能形成脓肿区，并可能出现直肠瘘管，由直肠排出脓汁。同时注意检查前列腺和尿道球腺有无痛感和增大。

（2）精液检查：精液中出现脓汁凝块或碎片，呈灰白—黄色、桃白—赤色或绿色。精子活力低，畸形精子增加，特别是尾部畸形精子增加。

（3）细菌培养：分离培养精液中病原微生物，并试验其抗药性。为了避免包皮鞘微生物对精液的污染，可采用阴茎尿道插管，结合精囊腺和壶腹的直肠按摩，直接收集副性腺的分泌物进行细菌学检查。

4. 治疗

患牛精液可引起子宫内膜炎、子宫颈炎，并诱发流产。罹病公牛应立即隔离，停止交配和采精。病势稍缓的病畜可能自行康复，生育力有望得到保持。

治疗时，由于药物到达病变部位浓度太低，必须采用对病原微生物敏感的磺胺类和抗生素药物，并大剂量使用，至少连续使用两周，有效者在一个月后可临床康复。

单侧精囊腺慢性感染时如治疗无效，可考虑手术摘除。手术时在坐骨直肠窝避开肛门括约肌作新月形切口，将腺体进行钝性分离，在靠近骨盆尿道处切除腺体，用肠线闭合直肠旁空腔，然后缝合皮肤。术后至少两周连续使用抗菌药物。手术治疗有时效果良好，公牛保持正常生育力。临床康复的公牛必须经严格的精液检查后方可用于配种。

第四节　外生殖器官疾病

一、外生殖器官的先天性异常

以牛为例，已经确认的遗传性疾病有 80 种以上，涉及生殖器官的遗传缺陷常被作为产科问题处理。除了遗传因素外，病毒或毒物以及环境因素也可以引起家畜发生各种外生殖器的先天性异常。

1. 病因

染色体的遗传缺陷或不正常的染色体组型可影响睾丸雄激素的产生或生殖器官雄激素受体的功能，在不同程度上造成生殖导管和外生殖器的先天性发育异常。另外，母体长期处于应激状态，采食某些致畸植物（如某些羽扇豆属、千里光属、槐兰属、苏铁属、阿开木属、棘豆属、栗属、秋水仙属、长春蔓属植物和烟草等）、病毒感染以及缺碘、营养不良、高热、药物、辐射、卵子老化、胎儿缺氧等也可导致基因型改变而出现先天性异常。

2. 症状

生殖器官的先天性异常主要表现为睾丸和附睾发育不全或形成不全(一侧或双侧睾丸缺失)、隐睾、睾丸发育不良、伍尔夫管节段性发育不全、旁睾、雄性子宫等。阴囊的先天性异常表现为阴囊发育不全或缺失、两侧阴囊分离和阴囊疝。阴茎和包皮的先天性异常表现为尿道裂口、短阴茎、阴茎系带过短、包皮口狭窄和假两性畸形。

（1）阴囊疝：阴囊疝指腹腔内部分器官或组织由腹股沟管突出进入阴囊，如果腹腔内容物仅突入腹股沟管而未进入阴囊者则称为腹股沟疝。本症常见于猪和马，有一定的遗传性。公猪腹股沟内环与外环距离很近，几乎不存在腹股沟管，通过腹股沟管的腹腔内容物容易进入阴囊。公猪阴囊疝发病率为 1.68%，但有阴囊疝遗传性的公猪与近亲母猪交配所生后代中阴囊疝发病率第一代可达 14.28%，第二代和第三代分别达 42.00% 和 43.18%。阴囊疝一般表现为阴囊增大，皮肤皱褶展平，触诊柔软有弹性，听诊可闻肠蠕动音。进入阴囊的腹腔内容物由于影响阴囊的热调节而引起睾丸变性。如果进入阴囊的肠管因扩张而发生嵌闭，动物可出现明显的全身症状，表现剧烈疼痛，不愿行走，运步困难，脉搏及呼吸增加，阴囊皮肤紧张、红肿、随着炎症的发展，甚至发生休克或败血病而死亡；腹腔内容物在阴囊内也可能出现粘连而使疝内容物不能回复，病畜表现阴囊肿胀、疼痛、行走不便并可能出现包皮水肿。

（2）尿道裂口：包括尿道上裂和尿道下裂。前者指阴茎头或阴茎体部尿道上壁先天性缺如，在各种家畜并不多见；后者常伴有阴囊分离或假两性畸形，发病率稍高。

（3）阴茎短小：马、牛、羊、猪均有发生，病畜阴茎缩肌正常，阴茎与包皮无粘连和损伤，但阴茎不能伸出或伸出长度不够，难以进行交配；性休息时，有的病畜阴茎不形成“S”状弯曲。

（4）阴茎系带过短：阴茎系带是包皮鞘和阴茎头腹面之间包皮的褶起，随着动物性发育的成熟，系带被撕裂或重加松弛，使阴茎头的游离度增大。先天性阴茎系带过短将妨碍阴茎的正常伸出或使伸出的阴茎向下弯曲。由于两侧阴茎海绵体发育不平衡可能增加系带的紧张度使阴茎发生螺旋形扭转或偏斜，在家畜以向逆时针方向偏斜为多。发生扭转的阴茎可能因尿道口狭窄而易发生尿道梗阻。

（5）雄性假两性畸形：两性畸形可分为真两性畸形和假两性畸形两种，前者指动物体内同时具有睾丸和卵巢两种性腺，而外生殖器雌雄难分；后者指动物体内具有睾丸或卵巢，但外生殖器却具有相反性别的特征。雄性假两性畸形即指动物体内虽然具有睾丸，但由于胎儿睾丸内分泌异常，使缪勒管发育未能完全受到抑制，而伍尔夫管发育不完全雄性化，因此外生殖器在不同程度上具有雌性动物的特征，表现为阴囊不发育，睾丸位于皮下、腹股沟或腹腔，阴茎短小，尿道下裂，一般都能发现异常的染色体组型。睾丸雌性化属于雄性假两性畸形的一种，这些动物并不是由于胎儿期缺乏睾丸分泌物，而是由于伍尔夫管道系统、泌尿生殖窦和外生殖器原基缺乏雄性激素受体或受体对睾丸分泌的雄激素敏感性缺乏或降低，这些家畜染色体组型一般正常，但可能发生有常染色体或性染色体突变，动物表型基本为雌性，但阴道常为盲端。

3. 诊断

诊断阴囊疝时应注意与睾丸和附睾肿胀、阴囊积液、阴囊水肿、阴囊血肿和精索脂肪过多加以区别。鉴别猪阴囊疝最好的方法是将其倒提，疝内容物通常容易回到腹腔。马的阴囊疝可通过阴囊触摸和经直肠触摸腹股沟管内环的大小和内容物确诊。先天性短阴茎和阴茎系带过短的诊断应与阴茎头或包皮因损伤或炎症发生粘连后阴茎不能伸出、阴茎偏斜以及阳痿相区别。雄性假两性畸形的诊断必须确定性腺是睾丸还是卵巢，怀疑是隐睾的病例可进行剖腹探查对性腺进行组织学检查，必要时可进行染色体组型分析。

4. 治疗

虽然上述先天性异常并非都具有遗传性，但其中由遗传因素所致缺陷的比例很大。同时病畜性欲、交配能力和精液品质在一定程度上受到影响，不能也不宜留作种用。嵌闭性阴囊疝必须立即施行手术治疗，可将内容物经疝环回纳入腹腔后切开皮肤、闭合疝环；也可不切开皮肤，采用皮外闭锁腹股沟管的方法。怀疑有阴囊疝的公马和公猪在去势前应仔细检查，在去势时将肠管送回后，仔细缝合疝环，以免动物站起后肠管流出体外。

二、阴囊损伤

阴囊损伤包括各种阴囊的穿透性和非穿透性损伤以及钝性挫伤，是公畜常见的生殖系统外伤之一。由于损伤常直接危及睾丸，并可能引起炎症和肿胀而使睾丸温度和压力发生改变，因此，阴囊损伤可能严重影响睾丸的生精功能。

1. 症状和诊断

各种穿透性的机械性损伤一般均可发现创口，撕裂伤创缘多不整齐。根据损伤的程度，公畜有不同程度的疼痛表现。感染后阴囊肿胀、发热，有炎性渗出物或脓汁从创口流出。钝性挫伤（特别是公马在交配时被母马踢伤）常使阴囊内部血管破裂，导致阴囊血肿。有的病例阴囊皮肤无明显伤痕，但阴囊肿胀，特别是在伤后 24h 左右肿胀最明显。开始表现温热、有痛感，触摸有波动感，公畜一般拒绝交配。如不出现感染，血清会慢慢被吸收，组织出现机化、粘连，阴囊变硬。但有一半左右的病例血肿将继发感染而化脓，感染早期阴囊发热、触摸硬度增加，并可能出现全身症状。

绵羊和山羊阴囊皮肤常寄生疥螨。一方面，虫体在皮肤挖掘隧道吸食淋巴液和其他体液并分泌毒素；另一方面，由于剧痒，导致啃咬和擦伤。阴囊皮肤肿胀增厚，出现皱褶并发红，弹性消失，形成阴囊皮炎。严重者阴囊皮肤龟裂或形成脓疮。

2. 治疗

严重阴囊损伤的公畜应停止交配，各种创伤可按一般外伤处理。不清洁的伤口不能缝合，撕裂伤常被污染，可行开放疗法。每日用过氧化氢冲洗伤口，直到无泡沫产生为止，然后涂抹保护性油性防腐剂，如利凡诺油剂（利凡诺 1 份，甘油 500 份）。为了预防创伤感染，可行全身抗生素疗法，也可局部使用10%氯霉素酒精（70%）溶液涂抹。单侧严重损伤或已直接危及睾丸者可考虑去势。对于尚未出现破口的阴囊皮炎，应及时清除各种病因，保持阴囊皮肤清洁干燥，初期涂布3%龙胆紫，以后可以使用抗生素软膏。

对血肿可行冷敷并迅速排液，排液时特别注意严密消毒，并使用广谱抗生素防止感染。血肿液体吸出后，在阴囊腔内也可以注入抗生素药物，防止血肿化脓感染。已经化脓者可在阴囊底部切开排脓。

确诊为疥螨造成阴囊损伤者，可行药浴或局部涂擦和喷药，常用的敌百虫等药物具有毒性，使用时应注意。

冻伤的阴囊可采用樟脑酒精或75%的酒精擦拭或行温敷。温敷时温度要逐渐增加，开始时18~20℃，逐渐增至38~40℃，然后加以包扎，切不可用火烤或用雪擦。另外，可静脉注射肝素和低分子右旋糖酐以改善血液循环，并全身注射抗生素预防感染。其他原因造成的阴囊损伤可对症治疗。长期肿胀压迫睾丸或由于感染后局部高温可引起睾丸变性和生育力下降，预后慎重。

三、阴茎和包皮损伤

阴茎和包皮损伤也包括尿道损伤及其并发症，常见的有撕裂伤、挫伤、尿道破裂和阴茎血肿。

1. 病因

交配时阴茎海绵体内血压很高，母畜骚动或公畜自淫时阴茎冲击异物，使勃起的阴茎突然弯折；阴茎受蹴踢、鞭打、啃咬；公畜骑跨围栏等，均可造成阴茎海绵体、白膜、血管及包皮的擦伤、撕裂伤和挫伤，甚至还可能引起阴茎血肿和尿道破裂。

2. 症状

阴茎和包皮损伤一般有外部可见的创口和肿胀，或从包皮外口流出血液或炎性分泌物。肿胀明显者阴茎和包皮脱垂并可能形成嵌顿包茎。阴茎白膜破裂可造成阴茎血肿，发生血肿时肿胀可能局限，也可能扩散到阴茎周围组织，造成包皮下垂，并引发包皮水肿。开始时肿胀部柔软、有波动感、触摸敏感，一般不发热，损伤后2h左右肿胀到最大程度，触摸较坚实。由于包皮腔内存在多种病原微生物，各种损伤造成的血肿约有一半可继发感染形成脓肿。感染后局部或全身发热，公畜四肢拘强，跨步缩短，完全拒绝爬跨。如不发生感染，几天后水肿消退，血肿慢慢缩小变硬，并可能出现纤维化，使阴茎和包皮发生不同程度的粘连。如伴有尿道破裂，可出现排尿障碍，尿液可渗入皮下及包皮，形成尿性肿胀，并可能导致脓肿及蜂窝织炎。

3. 诊断

调查损伤的原因，检查阴茎和包皮上是否有破口。必要时在严密消毒下穿刺检查肿胀部位液体并行细菌学检查；注意与原发性包皮脱垂、嵌顿包茎、传染性阴茎头包皮炎等区别；在公猪还应与包皮憩室溃疡区别。

4. 治疗

治疗以预防感染、防止粘连和避免各种继发性损伤为原则。公畜发生损伤后立即停止使用，隔离饲养，有自淫习惯的公畜可口服（每千克体重5.5mg）或肌内注射（每千克体重0.55~1.00mg）安定，以减少性兴奋。损伤轻微者短期休息后可自愈。

（1）新鲜撕裂伤：需仔细对创口进行清理消毒，必要时可缝合，伤口涂抹抗生素油膏，全身使用抗生素一周预防感染。

（2）挫伤：初期冷敷，2~3日后温敷，有肿胀者适当牵引运动，以利水肿消散。全身使用抗生素药物和利尿，限制饮水；局部可涂抹非刺激性的消炎止痛药物（如甘油磺胺酰脲），忌用强刺激药。

（3）血肿：治疗以止血、消肿、预防感染为原则。可肌内注射维生素K_3止血（马、牛0.1g；猪，羊0.03~0.05g，每日2~3次）。血凝块的清除可采用保守疗法和手术清除。保守疗法即在伤后5~7天注射蛋白水解酶使血凝块溶解，方法是将80万IU青霉素和12.5万IU链激酶溶于250mL生理盐水中，严格消毒后经皮肤分点注入血凝块。5日后经皮肤作切口，插入吸管将已液化的血凝块吸出。这种方法可以减少因手术切口可能造成粘连的程度。对已经化脓的病例，可用此法排脓。手术清除应在7~10日血凝块已经形成，组织尚未发生机化粘连时进行。要求取出全部血凝块和粘连组织，白膜上的创口用2号铬制肠线连续缝合，缝合时不能刺伤海绵体，也不能将皮下组织缝入，缝合白膜是手术成功的关键；皮下结缔组织可用肠线闭合；皮肤可用丝线作结节缝合；创腔内可放入80万~120万IU青霉素预防感染。术后全身使用抗生素至少连续10日，创口愈合后可进行按摩并结合试情以防止阴茎粘连。但由于白膜愈合较慢，数月内不能用以交配。由于手术会对结缔组织造成损伤，如果掌握时机不当或造成感染，可导致粘连，妨碍阴茎伸出和勃起，或使阴茎发生偏斜。阴茎头丧失敏感性者，说明已发生阴茎麻痹，可作为淘汰的依据。

本病的预后取决于损伤的严重程度和是否粘连和感染，纤维变性和瘢痕组织形成可引起包皮和阴茎粘连或包皮狭窄，使阴茎不能伸出。阴茎血肿愈合后阴茎海绵体和阴茎背侧静脉之间可能出现血管阻塞而致阳痿。各种损伤引起的化脓感染预后均不良。

四、血　精

血精即精液中带血，各种公畜均有发生。它可以使精子受精能力下降或完全丧失。

1. 病因

精液中混入的血液有多种来源，如副性腺和尿道炎症、射精管开口处感染、尿道上皮溃疡和上皮下血管出血等炎症和损伤；阴茎头有裂伤，刺伤未完全愈合或阴茎海绵体组织在尿道腔和阴茎头出现瘘管，阴茎勃起流出血液与精液混合等。

2. 症状

由尿道炎引起的血精，公畜频尿，不愿爬跨，射精时和排尿时有痛感，精液暗红或淡红，并可能混有血块和其他炎性产物，有时尿液中也带血。勃起出血一般不表现明显的临床症状，仅在阴茎勃起时有几滴或细线状鲜血从阴茎头或尿道口滴出，混入精液的血液鲜红。这种公畜即使在不射精而阴茎勃起时也可能有血液滴出，病畜多有阴茎损伤史。

3. 诊断

精液中混有血液一般肉眼可见。镜检精液品质基本正常，由尿道炎引起的血精其精液中可发现白细胞和脱落的上皮组织等炎性产物。除精液品质检查外，应注意检查公畜阴茎头是否有损伤；还可使用尿道镜观察尿道的损伤情况。处女马和小母马交配时有时发生阴道破裂，交配后公马阴茎头和母马阴门溢出的精液带血，不应视为血精。

4. 治疗

如发现血精，公畜应停止交配。细菌性尿道炎全身使用抗生素或口服磺胺类药物治疗。口服磺胺异噁唑首次量为每千克体重 0. 14～0. 2g，维持量减半。还可口服乌洛托品，马、牛 5～20g，猪、羊 2～5g，每日服 4 次。勃起出血无有效治疗办法，停配数周后仍不能康复者应淘汰。

五、包皮脱垂

公畜包皮口过度下垂并常伴有包皮腔黏膜外翻者，称为包皮脱垂。脱垂的包皮，特别是外翻的包皮腔黏膜容易损伤，引起炎性肿胀、坏死或纤维变性。本病在公牛和公猪常见。

1. 病因

包皮脱垂在某些品种公牛多见，比如无角公牛包皮脱垂的发生率高于有角公牛，但奶牛较少见。包皮脱垂的原因是前包皮肌缺乏或功能不足，前包皮肌围绕包皮口，附着于外层包皮皮下组织，并有细肌束附着于真皮，它可以提升和关闭包皮开口，发挥包皮括约肌的作用。脱垂和外翻的包皮易因外伤和昆虫叮咬弓起炎性肿胀，造成静脉和淋巴回流受阻，使包皮脱垂加剧，并可能导致坏疽或坏死。即使炎性肿胀消失，也可能因组织纤维化而使包皮口狭窄。另外，阴茎和包皮的各种损伤和包皮炎症可引起包皮神经损伤或包皮肿胀而致包皮脱垂。

2. 症状和诊断

包皮口过度下垂，脱垂部黏膜和皮肤上可能有龟裂口，如已感染则肿胀发亮，并有炎性分泌物从包皮口流出，感染严重者可能有全身症状。

3. 治疗

（1）预防性手术处理：适用于已经脱垂但尚未感染的病例。局部麻解，用肠线在脱垂包皮鞘四周作一个人工褶，以减少悬垂和外翻的程度。

（2）药物保守治疗：脱出的黏膜用无刺激性消毒液充分清洗，涂擦0.1%洗必泰乳剂或1%的利凡诺软膏，然后送回包皮腔固定，必要时可在包皮口作袋口缝合。每周处理2~3次，3~4周后尚不能复原者可结合使用网状悬带将脱垂包皮固定。悬带要求每天清洗，防止感染和液体潴留，全身使用抗菌和利尿药物。如果因纤维组织增生引起包皮口狭窄，则应进行手术处理。

（3）手术治疗：公牛全身麻醉，侧卧保定，手术区消毒后，先用标志缝线暂时固定相对处两侧包皮，防止术后缝合时发生包皮扭转。然后先环切脱垂组织，垂直剥离脱垂包皮，最后切入脱垂包皮腔，此时需要将下端标志缝线改换到内层切口末梢。病变组织切除后严格止血，然后对齐标志缝线，将内层包皮与外层皮肤缝合，形成一个新的包皮口，缝合后拆除标志缝线。切除公猪的脱垂包皮可用两根长40cm的肠线，垂直横穿脱垂包皮鞘，拉紧肠线，在其下方切除脱垂组织。然后，从包皮鞘管中将肠线挑起剪断，分别作4个结节缝合，在每两个缝合间可再补上2~3个结节缝合。术后使用抗生素防止感染，如有血凝块应拆线取出、重新缝合。在创口愈合后应经常进行按摩和性刺激，防止阴茎和包皮粘连。

4. 预后

包皮脱垂如不及时处理，常因损伤感染导致炎症和化脓或脱垂组织纤维化，其结果引起包皮口狭窄或包皮、阴茎粘连，最终可能因包茎或阴茎不能伸出而使公畜丧失种用价值。

六、包皮憩室溃疡

公猪包皮前腔背侧有一个包皮盲囊，也称为憩室，它常与包皮前腔有一个通道而无明显分隔。憩室内潴留有尿液、精液、脱落的上皮细胞和多种细菌，有臭味。憩室对公猪的生理意义不明，摘除后不影响公猪的生殖能力。在异常情况下憩室黏膜可出现炎症和出血性溃疡。

1. 病因

憩室内腐败产物刺激、包皮和阴茎的各种炎症以及憩室损伤均可使憩室黏膜出现慢性或急性炎症，引起黏膜增厚或溃疡。

2. 症状及诊断

包皮前腔背侧肿大，触摸有热感，白色公猪可见肿胀部位发红。包皮口有污红或脓性分泌物流出。如用手挤压憩室，公猪有痛感，并流出大量炎性分泌物。诊断时注意与阴茎头包皮炎和阴茎损伤所引起的肿胀及感染相区别。

3. 治疗

一般可全身使用抗生素药物结合局部冲洗实施保守疗法。由于摘除憩室不影响公猪的生殖能力，因此也可采用外科手术切除憩室。手术采用戊巴比妥钠全麻，配合局麻，公猪侧卧保定。如肿胀范围不明显，术前应以探针或止血钳确定囊壁的位置。皮肤消毒后在包皮腔开口后上方约 5cm 处向后作约 10cm 的切口。憩室上有薄层包皮肌，切透此肌后用手指在肌层与囊袋间作钝性分离，分离时可轻压囊袋，将囊内液体从包皮腔开口挤出。由于囊袋壁薄如纸，分离时务必小心，防止破裂。分离好后将囊袋经囊颈部向外翻，使其从包皮腔开口露出，用手或钳将其固定，由切口围绕囊袋颈部作袋口缝合，然后在包皮腔外口切除外翻囊袋，也可从切口处用止血钳夹住囊袋颈部后将囊袋切除，然后作内翻缝合。再用肠线将包皮背面与腹壁缝合在一起，不留空腔。最后缝合皮肤，但应注意将表皮和创底连续缝合在一起，避免血肿。术后全身使用抗菌药物控制感染，一般 8 日后可拆线，2 周后可用于配种。

第五节　功能性不育

一、精子异常及精子生成异常

精子在睾丸中产生，在附睾中成熟，经输精管进入尿生殖道，又与副性腺分泌物混合组成精液排出体外，因此上述生殖器官的功能状态决定了精子是否正常。一般情况下都将精子异常视为某些公畜不育症的症状，但是在临床上往往由于病因和病变部位暂时无法确定或同时涉及几种生殖器官，因此也把精子异常视为一类引起公畜不育的功能性疾病，比如精子形态异常、无精症、精子稀少症和死精症等。本病在各种家畜均可发生。

1. 病因

各种先天性和后天获得性生殖器官发育不全、损伤和炎症。

2. 诊断

由于从精子开始生成到排出体外通常需要 50~60 天，因此在估计疾病和环境条件，比如热应激，对精液品质的影响时，要考虑到“时效”。同样，在病因消除后，正常精液的恢复往往也需要数月时间。

在正常情况下精液中就存在一定数量的形态异常精子，但通常异常精子数不超过 15%~20%时，公畜基本具有正常生育力，当异常精子数达到 30%~50%时，明显影响生育力。精子形态异常包括精子头部异常（主要为大头、小头、双头、短头、梨形头、锥体头、宽头、顶体畸形、顶体帽脱落、顶体缺失、断头等）、中段异常（近端原生质小滴、偏轴精子、中段卷曲、缠绕、残断等）和尾段异常（尾端原生质小滴、卷尾、折尾、断尾、双尾等）。同一个精子存在两种或两种以上的畸形时称为混合畸形。精液中出现大量头部异常和近端原生质小滴附着的精子多表明生精功能障碍，如睾丸发育不良、睾丸变性、睾丸炎和某些遗传精子畸形病例，又称为原发性精子畸形。近端原生质小滴附着的精子增多还可能与射精过频、精子通过附睾过快有关。继发性精子畸形通常表现为尾部异常和尾端原生质小滴附着，常见于附睾、副性腺和输出管功能障碍病畜。精液采出后冷刺激也可引起卷尾。精液中混合畸形精子数增多说明生殖道功能障碍严重。

其他精子异常包括无精症、精子稀少症、死精子症和精子凝集。无精和精子稀少症常见于睾丸发育不全、睾丸变性和输精管阻塞。死精子症多见于长期营养不良的动物和精液中混入尿液或其他有害物质时，长期闲置不用的公畜前几次采出的精液中死精和其他异常精子较多。精子凝集见于精囊腺炎综合征和采精时精液中混入异物（如凡士林等）。

对各种精子异常进行确诊时，需要连续检查几份精液，原发性精子畸形检查结果相似；由于精子在附睾和输精管中停留的时间不等，继发性精子畸形检查结果相差较大。

3. 治疗

治疗的原则是消除病因。遗传性精子畸形无治疗价值，生殖器官损伤和炎症应对症治疗。临床上出现原因不明的精子异常时公畜应停止作种用，同时应加强饲养管理，考虑使用雄激素和促性腺激素类药物。在治疗期间应定期采精，进一步分析病因和检查治疗效果。

二、阳　痿

阴茎不能勃起或虽能勃起但不能维持足够时硬度以完成交配，都称为阳痿。公畜中种马发生阳痿较为常见。从未进行性交的阳痿称为原发性阳痿；原来可以正常交配，后来出现勃起障碍者为继发性阳痿。

1. 病因

阳痿是一种复杂的机能障碍，影响因素较多。根据病因又可将阳痿分为器质性阳痿和功能性阳痿。功能性阳痿往往是因老龄、过肥、使用过度、长期营养不良或消耗性疾病、疼痛以及不适宜的交配环境等原因造成。初开始配种的公畜有时也有阴茎不能勃起的现象，经调教后可逐渐改进。器质性阳痿的病因包括以下几种。

（1）阴茎解剖异常：阴茎充分勃起时，要求阴茎海绵体内维持很高的血压。而引起阳痿最常见的原因是先天性的或因损伤所造成的阴茎海绵体与其他海绵体或阴茎背侧静脉之间出现吻合的交通枝，造成阴茎海绵体内血液外流，从而达不到很高的血压而使阴茎不能勃起。另外，阴茎及骨盆内炎性损伤、精索静脉曲张、包茎等，也可导致阳痿。

（2）内分泌异常：如睾丸肿瘤、原发性睾丸发育不全、睾丸间质细胞瘤引起雌性化以及甲状腺功能亢进和肾上腺出现肿瘤等均可引起阳痿。

（3）神经系统损伤：颞叶、脊髓及阴部神经损伤可引起阳痿。

（4）药物：过量使用雌激素、阿托品、巴比妥、吩噻嗪、安体舒通、利血平等类药物可能导致阳痿。

（5）血管疾病：动脉瘤、动脉炎、动脉硬化、动脉血栓阻塞等可能引起流入阴茎海绵体的血量不足而致阳痿。

2. 症状及诊断

用发情母畜逗引时，公畜可以出现性兴奋，甚至出现爬跨动作，但阴茎不能勃起或勃起不坚，不能完成性交过程。检查时要注意家畜的年龄、饲养管理条件、体况、阴茎及阴茎周围组织是否有损伤或炎症。包茎、阴茎肿瘤或阴茎粘连的公畜在试情时阴茎可能勃起，但不能伸出包皮口，应注意观察并触摸包皮鞘内是否有勃起的阴茎。

3. 治疗及预防

各种原发性阳痿可能与遗传有关，无治疗价值。因阴茎海绵体出现血管吻合枝和神经系统损伤所致的阳痿一般无有效治疗办法。由疾病所致阳痿，应从消除病因、改善饲养管理、改换试情母畜或变更交配和采精的环境着手，并可试用皮下注射或肌内注射丙酸睾酮或苯乙酸睾酮，马、牛100~300mg，羊、猪100mg，隔日1次，一般连续2~3次；口服甲基睾酮，马、牛0.3~0.9g，猪0.1~0.3g。肌内注射或静脉注射hCG 5 000~10 000IU，间隔3~5天可重复使用。公牛、公马和公驴皮下或肌内注射冻干eCG 2 000~3 000IU，猪、羊1 000IU，每天1次，一般1~3次，对治疗某些阳痿有效。

三、性欲缺乏

正常发育的公畜到初情时仍无性欲表现的，称为原发性性欲缺乏。公畜原有正常性欲，以后性欲减退、消失，称为继发性性欲缺乏。各种公畜均可发生本病。

1. 病因

性欲是家畜的一种复杂本能，受年龄、遗传、环境和疾病等多种因素影响，不同品种间性欲可能有明显差异，比如，奶牛性欲一般均高于肉牛。原发性性欲缺乏见于睾丸发育不良、垂体和丘脑下部功能不全等，多为先天性或遗传性疾病。引起继发性性欲缺乏的原因主要有：粗暴的管理，使公畜在配种时发生疼痛的事故。如配种时公畜遭蹴踢、鞭打或滑倒；采精技术不当，如突然改变采精环境，假阴道内胎粗糙、过热，采精过度；各种全身性慢性疾病，如慢性肾功能衰竭、慢性肝脏疾病、雌性化肿瘤、佝偻病、关节炎、蹄病、痉挛性麻痹以及吸收障碍、营养不良等；生殖器官炎症或损伤引起疼痛；过量使用雌激素、巴比妥、利血平、安体舒通、吩噻嗪等类药物。

2. 症状及诊断

反复用发情母畜逗引，公畜缺乏性兴奋的一系列表现。但应注意，有的小公畜在初次接触母畜时可能表现性冷淡，但多次与发情母畜接触后，就可以表现出正常的性行为。有的公畜反应时间较长，更换发情母畜或改变配种地点后可能出现明显的性欲。

3. 治疗

对缺乏性欲的小公牛可肌内注射盐酸育亨宾0.1~0.2g，或注射hCG 5 000IU，如不属于原发性性欲缺乏，一般都能得到明显改善。

许多继发性性欲缺乏是可以改善的，只要经过一段时间休息，加强饲养管理，改换配种环境，进行必要的调教和对各种疾病进行对症治疗，一般都可以使性欲在一定程度上得到恢复。对一些原因不明的性欲缺乏，也可试用激素类药物治疗（参见阳痿的治疗）。个别精液品质较好的公畜，可采用电刺激或直肠按摩采集精液。

第九章　防治牛羊不育的综合措施

引起母畜不育的原因繁多，防治不育时必须精确查明不育的原因，调查不育发生和发展的规律，根据实际情况，制订切实可行的计划，采取具体有效的措施，消除不育。现对防治不育的综合措施简要进行介绍。

第一节　个体繁殖障碍原因的调查

一、病　史

对个体进行详细的产科检查之前，应尽可能获得详尽的病史资料，尤其是繁殖史等，这些资料应包括：年龄、胎次；上次产犊时间，是否发生过难产、胎衣不下或感染；产犊后第一次观察到发情的时间；生殖道是否有异常分泌物；配种或输精时间；配种或输精之后能否观察到发情，如果能，其发情的时间；以前的生育力，尤其是从产犊到受胎的间隔时间和每受胎的配种次数；饲养管理情况，乳产量；哺乳犊牛数量；健康状况，是否有产乳热、乳腺炎或者酮病；同群其他牛的生育力等。

二、临床检查

应仔细检查个体的全身状况，详细检查生殖道的状况，必要时可进行超声检查。检查阴门、会阴及前庭有无伤痕或分泌物；检查尾根部有无塌陷，背部及腹胁部有无被其他牛爬跨的痕迹；徒手或用开膣器检查阴道，注意阴道黏膜及黏液的性状；直检子宫颈的状况，确定其位置、大小；检查子宫角的状态、子宫内容物的性状，是否有粘连，是否怀孕；检查输卵管有无病变；检查卵巢囊有无粘连；检查卵巢的位置、质地、大小及卵巢上的结构等。如有必要，可测定血样或奶样黄体酮浓度，判断是否有黄体存在，如果出现高浓度，则表明有黄体存在。

三、个体繁殖障碍的主要症状、原因、诊断及治疗

现根据病史、临床症状和检查，以牛为例，将个体常见的繁殖障碍介绍如下。

1. 未见到发情

直检或超声检查确定是否为怀孕，如果怀孕则应做好记录，如果可疑或为怀孕早期则应间隔一段时间后再次检查，如果未孕，则应检查卵巢的状况。

2. 无卵巢

不太常见，主要为卵巢发育不全或异性孪生母犊，这些疾病均无法治疗，一旦发现应立即淘汰。

3. 卵巢小而无活动

如果青年母牛卵巢很小且无活动，则可能为初情期延迟、卵巢发育不全或异性孪生母犊。如果怀疑为初情期延迟，则随着营养的改善会出现初情期。如果卵巢扁平、光滑、小而无活动，则应在 10 天后采集奶样测定黄体酮，其原因可能为高产、能量摄入不足、疾病、严重的产后失重或者微量元素缺乏所引起，此时应检查饲料和体况，也可用阴道栓（PRID）或 CIDR 处理 12 天，撤出药物之后数天应出现发情；或者注射 GnRH，处理后 1~3 周出现发情。

4. 卵巢上有一个或者几个黄体

可能的原因为以下几种。①怀孕：如有疑问，则应重复检查。②未检查到发情：如果出现这种情况，则应改进发情鉴定方法，增加观察次数，也可用 PGF2α 或类似物处理，然后定时或观察到发情时进行人工输精。③亚发情或安静发情：多见于产后，可按上述方法用 PGF2α 或类似物处理。④持久黄体：检查是否怀孕，如未孕则应检查是否有慢性子宫内膜炎、胎儿干尸化或其他原因，并选用 PGF2α 处理。

5. 小而有功能活动的卵巢

可触诊到小卵泡或正在退化的黄体，或者新近发生了排卵，表明很快会发情，此时应仔细检查阴门是否有黏液，10 天之后再次检查时应能发现黄体。

6. 卵巢囊肿

一侧或双侧卵巢增大，含一个或几个充满液体、壁厚、直径在 2.5cm 以上的结构，可用超声诊断确诊，几天之后重复检查也可诊断，也可采集血样和奶样测定黄体酮，确认是否有黄体存在，可用 PGF2α 或类似物进

行治疗。

7. 发情间隔时间延长

可直检卵巢和生殖道，如果卵巢正常，则出现以下几种发情间隔时间延长的情况。①未观察到发情：如果发情间隔时间大约为两个周期，即36~48天，则说明可能有一次发情没有观察到或记录到。如果发情没有规律，则可能为发情鉴定错误所引起；如果多个动物出现这种情况，则表明发情鉴定不准确，应改进发情鉴定方法。如果有黄体存在，可用PGF2α诱导黄体溶解，3~5天后会出现发情。②胚胎或胎儿死亡：如果发情的间隔时间不呈21天的整倍数，例如为35天或46天，而且如果多个动物出现这种情况，则可能是某种传染病引起胚胎死亡所致。

8. 有规律地出现返情（屡配不育或周期性不育）

这种情况多见于受精失败和怀孕12天之前的早期胚胎死亡，其可能的原因主要有以下几种。①公牛：如果发生这种情况的母牛数量较多，则应检查公牛，如果采用AI中心提供的精液，则可排除公牛的原因，但应该检查精液质量。②配种或输精时间不正确：除非排卵无规律，否则这种情况不会重复出现。如果发生这种情况的动物较多则应检查输精时间，或者采用PGF2α或黄体酮处理之后再进行定时输精。③营养缺乏或过量：检查日粮。④输卵管堵塞：检查输卵管。⑤生殖道解剖结构异常：仔细检查生殖道，注意是否存在节段发育不全、卵巢囊或子宫粘连。⑥子宫内膜炎：如果表现临床症状，则诊断比较容易，但亚临床病例的诊断比较困难，如果证实，则可在输精后采用抗生素治疗，或者用PGF2α处理，缩短输精之前的黄体期。⑦延迟排卵：诊断比较困难，可用GnRH或hCG在输精时治疗或在其后几天连续重复输精。⑧不排卵：发情后7~10天直检或超声检查卵巢，确定是否有黄体存在以证实是否发生了排卵。可在输精时用GnRH进行处理。⑨黄体功能不全：发生这种情况可用促黄体激素如hCG等处理，但诊断比较困难，处理可在输精后2~3天进行以提高黄体功能，也可在输精后12~13天注射GnRH。

9. 发情间隔时间缩短

母牛通常表现慕雄狂的症状，此时可检查卵巢。如果一侧或双侧卵巢上有壁厚的充满液体的结构，则说明可能为卵泡囊肿，应采用GnRH、hCG或PRID治疗。发情间隔时间缩短也可见于由于发情鉴定错误而在错误的时间输精，如果发生的牛较多，则应改进发情鉴定方法。

10. 流产

发生流产时应将患牛隔离，采集血样、奶样及阴道分泌物送实验室检查。同时应检查胎儿和胎衣的有关情况。如果在胎儿、胎衣及阴道分泌物和子宫分泌物都未发现病原或者/和体液中未发现特异性抗体，则可排除发生传染病的可能。引起流产的病原主要有以下几种。①流产布鲁氏菌：发生于怀孕的6~9个月。②螺旋体：发生于怀孕的6~9个月。③产单核细胞李斯特菌：散发或暴发，多发生于怀孕6~9个月。④胎儿弯曲菌：发生于怀孕5~7个月。⑤胎毛滴虫：发生于怀孕前5个月。⑥沙门氏菌：特别是都柏林沙门氏菌，通常散发，无固定时间，多见于怀孕7个月。⑦化脓放线菌：通常引起散发性流产，可发生于任何时间。⑧结核分枝杆菌：可发生于任何时间。⑨芽孢杆菌：散发于怀孕后期。⑩IBP-IPV病毒感染：发生于怀孕4~7个月。

流产如果为散发，一般不需要进行实验室检查，主要是因为许多流产可能与传染病没有直接关系，但如果发生死产和早产，则应认真考虑。对零星流产最好进行布病调查，确定是否所有的流产病例都有记录，如果为散发性流产，则应进行临床检查，主要检查胎盘是否有明显损伤，尤其应注意是否有真菌或芽孢杆菌感染。对未进行免疫接种的牛群，可采用血清学方法检查螺旋体，采集阴道黏液培养都柏林沙门氏菌。对暴发性流产，除按上述程序检查外，最好采集新鲜的全胎儿及胎盘，或采集一些新鲜子叶；在流产胎儿可无菌采集胎儿胃内容物、胎儿胸腔或腹腔内容物、胎儿新鲜肺脏、肝脏、胸腺及唾液腺等，从新鲜子叶、肺脏、肝脏和肾脏制备风干丙酮固定的涂片；福尔马林—盐水固定子叶、胎儿肝脏、心脏和肺脏进行病理学检查。

如果在日常检查中难以确定传染病病因，则必须扩大检查范围，尽可能检查一些不太常见的传染病。但是引起流产的原因很多，例如遗传因素引起的畸形、损伤、变态反应、营养不良以及中毒等。

第二节　群体生育力的评价与繁殖母畜日常管理及检查

一、群体生育力评价

准确评价和检查奶牛群体的生育力，应该至少每年进行两次，尤其是在检查可能的不育原因时，这种评价尤为重要。

为了准确评价牛群的生育力，有必要先确定一些繁殖常数，因此繁殖记录极为重要，牛群生育力的正常指标取决于这些记录的数据及其质量，但在许多养殖场往往资料不全。

1. 第一次配种后的非返情率

一般来说，奶牛群在配种后30~60天的非返情率为79%，比第一次输精后的产犊率一般高20%，其间出现差别的主要原因是：①未能准确鉴定及记录返情。②有些牛在返情后被淘汰。③返情后自然配种。

2. 产犊间隔及产犊指数

产犊间隔是指一头牛连续两次产犊之间的间隔时间，产犊指数（calving index，CI）是指一群牛中所有牛在一个特定时间点的平均产犊间隔，一般从其最近的产犊时间回推计算。由于这两个指标最能反映出个体或群体接近最佳指标365天，因此可用来衡量牛群的生育力。但这两个参数都采用历史数据计算，而且如果淘汰未孕牛，则产犊指数的值一般都过高。

比较准确的计算是预计产犊间隔和产犊指数，可从假定的配种受胎日期（上次配种的时间）计算到280天的平均怀孕期，如果怀孕能够维持，则两个参数都应该为365天。CI从其实包括两部分，即从上次产犊到怀孕的时间（a）和怀孕期（b），即：CI = a+b，因此，CI = 85天+280天 = 365天。

从产犊到受胎的间隔时间（calving to conception interval，CCI）是计算从产犊到配种后受胎（有效配种）的间隔时间，也即记录到的最后一次配种时间。CCI是衡量生育力的重要指标，但需要得到阳性怀孕诊断的确切时间，其受两个因素的影响，即牛产犊后配种时间的迟早及牛配种后受胎的难易程度。CCI可表示为：CCI = c+d，c为从产犊到第一次配种的平均间隔时间，d为第一次配种到受胎的平均间隔时间，因此平均CCI = 65天+20天 = 85天。

如果能查明从产犊到第一次配种的间隔时间，则平均CCI可以准确反映牛的生育力。

3. 空怀天数

空怀天数指从产犊到有效配种受胎之间的天数，或者未孕牛从产犊到淘汰或者死亡的天数，除非所有的牛都配种受胎，其数值一般比平均CCI大。

4. 产犊到第一次配种的间隔时间

一般情况下，牛群从产犊到第一次配种的间隔时间为65天，CCI为85天。影响从产犊到第一次配种间隔时间长短的因素主要有：①农场的配种措施。虽然母牛在产后 2~3 周之内会出现发情，但不应在 45 天之前配种，特别是对第一次产犊、高产牛、发生难产的牛和围产期发生疾病的牛均不应在 45 天之前配种。在产犊有季节性的牛群，季节早期产犊的牛第一次配种的时间可能会推迟，季节晚期产犊的牛第一次配种的时间可能会提前。②产后恢复发情的时间延迟，母牛乏情。③发情鉴定不准确，未能鉴定到发情牛。

其中②和③可以通过有规律地检查，改进发情鉴定措施等方法克服，如果在产后 45 天仍不能发情，可采集血样或乳汁测定黄体酮浓度进行判定。

5. 总怀孕率

总怀孕率也称为总受胎率，是一群牛在配种后 42 天的时间内诊断为怀孕的配种次数，表示为所有配种次数的百分比，同时应该包括淘汰牛在内。因此在 12 个月期间，如果 100 头牛配种 180 次，90 次证实为怀孕，则总受胎率为 50%。影响受胎率的因素主要有：①正确的输精时间，该时间取决于发情鉴定的准确率。②正确的输精技术、精液的处理及储存，特别是在自行进行 AI 的情况下。③如果采用自然配种，则公牛的生育力必须很高。④母牛在配种及之后的营养状况。⑤子宫完全复旧及无任何感染，这尤其与第一次配种的受胎率关系密切。

第一次配种的受胎率和总受胎率是衡量牛生育力的两个重要指标，尤其是后者常用来计算牛群的繁殖效率。第一次配种的受胎率一般比总受胎率高，这是因为后者也包括了不育而在淘汰之前配种多次的牛。两个指标的数据应分别达到 60%和 58%。

6. 发情鉴定

提高发情鉴定效率对缩短产犊到受胎的间隔时间要比提高怀孕率更加明显。计算发情鉴定率时应该记录所有观察到的发情，即使这种发情出现在配种前 45 天，这样可以比较准确预测下次发情的时间，提高发情鉴定效率，尽早鉴别出未发情的牛。

发情鉴定效率低下的主要原因有：①牛舍环境不利于表现发情症状；②照明不足，难以准确进行发情鉴定；③不熟悉临近发情及发情时的母牛表现的症状；④观察发情的时间太短。

7. 繁殖效率

牛群的繁殖效率（RE）可按下列公式计算：

$$RE = 配种率 \times 总怀孕率 \times 100\%$$

例如，如果配种率较高，为 80%，总怀孕率也高，为 55%，则 RE 为

44%。大多数牛群的配种率为 70%左右，怀孕率为 50%左右，因此 RE 为 35%。

8. 生育力因子

生育力因子（fertility factor，FF）可以通过总怀孕率和发情鉴定率计算：

$$FF=总怀孕率\times发情鉴定率\times100\%$$

因此，如果总怀孕率为 50%，发情鉴定率为 60%，则 FF 为 30%。计算该因子的另外一个方法是估计牛群在检查到发情时配种之后 21 天内怀孕牛的比例，该比例一般为 30%左右。

9. 淘汰率

如果要获得 365 天的 CI，则应及时淘汰不育母牛。不育牛的总淘汰率不应超过 5%，因此 95%的牛应该在产犊及再次配种后怀孕。

二、繁殖母畜的日常管理及检查

防治不育时，病史调查、繁殖配种记录和病例记录是诊断检查的基本依据；为了查明不育的原因，应从母畜的整体出发，进行全面检查。不仅要详细检查生殖器官，而且要检查全身情况，因为不育有时就是健康不佳的一种症状或反应。

在有条件的奶牛场，对母牛定期进行繁殖健康检查是防治不育行之有效的重要措施。下列的检查时间和项目以及检查时可能发现的正常或异常情况，可供拟订繁殖健康检查计划时参考。

1. 产后 7~14 天

经产母牛的整个生殖器官（包括子宫、子宫颈和卵巢）可能仍在腹腔内妊娠时原有的位置上。至产后 14 天，大多数经产牛的两子宫角已大为缩小，初产牛的子宫角已退回骨盆腔，复旧正常的子宫质地较硬，可以摸到角间沟。触诊子宫可以引起收缩反应；排出的液体数量和恶露颜色已接近正常。如果子宫壁厚，子宫腔内积有大量的液体或排出的恶露颜色及质量异常，特别是带有臭味，则是子宫感染的征候，应及时进行治疗。在此期间，对发生过难产，胎衣不下或其他分娩及产后期疾病的母牛应特别注意详细检查。

产后 14 天以前检查时，往往可以发现退化的妊娠黄体，这种黄体小而比较硬实，且略突出于卵巢表面。在分娩正常的牛，卵巢上通常有 1~3 个 1.0~2.5cm 的卵泡；因为正常母牛到产后 15 天时虽然大多数不表现发情征候，但多已发生产后第一次排卵。如果卵巢体积较正常的小，其上无卵泡生长，则表明卵巢无活动，这种现象不是由于导致母牛全身虚弱的某些疾病，就是由于摄入的营养物质不够。

2. 产后 20~40 天

在此期间应进行配种前的检查，确定生殖器官有无感染和卵巢及黄体的发育情况。产后 30 天初产母牛及大多数经产母牛的生殖器官已全部回到骨盆腔内。在正常情况下子宫颈已变坚实，粗细均匀，直径为 3.5~4.0cm。子宫颈外口开张，其中排出或黏附有异常分泌物则是存在炎症的象征。由于子宫颈炎大多是继发于子宫内膜炎，因而应进一步检查，确定原发的感染部位，以便采用相应的疗法。

产后 30 天，母牛子宫角的直径在各年龄组间有很大的差异，但在正常情况下都感觉不出子宫角的腔体，摸到子宫角的腔体是子宫复旧延迟的象征，而且可能存在子宫内膜炎。触诊子宫时可同时进行按摩，促使子宫腔内的液体排出，触诊按摩之后再做阴道检查往往可以帮助诊断。产后 20~40 天内子宫如发生肉眼可见的异常，通过直肠检查一般都能检查出来。

产后 30 天时，许多母牛的卵巢上都有数目不等的正在发育的卵泡和退化的黄体，这些黄体是产后发情排卵形成的。在产后期的早期，母牛安静发情极为常见；因此，在产后未见到发情的母牛，只要卵巢上有卵泡和黄体，就证明卵巢的机能活动正常，不是真正的乏情母牛。

3. 产后 45~60 天

对产后未见到发情或者发情周期不规律的母牛应当再次进行检查。在此阶段，正常母牛的生殖器官已完全复旧，如有异常，易于发现。

检查时，可能查出的情况和引起不发情的原因包括下列几类。

（1）卵巢体积缩小，其上既无卵泡，又无黄体。这种情况多是由导致全身虚弱的疾病、饲料质量低劣和利用过度（产奶量过高）所引起。这样的母牛除去病因（治愈原发性疾病，改善饲养管理）之后，调养几周通常都会出现发情，不需进行特殊治疗。

（2）卵巢质地、大小正常，其上存在有功能性的黄体，而且子宫无任何异常的母牛，表明卵巢机能正常，很可能为安静发情或发情正常而被漏检的母牛。对这种母牛应仔细触诊卵巢，并根据黄体的大小和坚实度估计母牛当时所处的发情周期阶段，告诉畜主下次发情出现的可能时间，届时应注意观察或改进检查发情的方法。如果要使母牛尽快配种受孕，在确诊它处于发情周期的第 6~16 天之后，可注射 PGF2α，治疗后见到发情时输精，或者治疗后 80h 左右定时输精。

(3) 对子宫积脓引起黄体滞留而不发情的母牛，一旦确诊，先应注射 PGF2α，促使子宫内容物排出，其后见到发情时再按子宫内膜炎用抗生素进行治疗。

(4) 卵巢囊肿是母牛产后不发情或发情不规则的常见原因之一。产后早期发生此病的母牛多数可以自愈，不必进行治疗。在表现慕雄狂症状或分娩 60 天以后发现的病例可用激素（GnRH、LH）治疗。除非是持续表现慕雄狂症状的病例，经过一次用药之后，30 天以内一般不需要重复治疗，以便生殖器官能有足够的时间恢复。

4. 产后 60 天以后

对配种 3 次以上仍不受孕、发情周期和生殖器官又无明显异常的母牛，应在发情的第二天或者输精时反复多次进行检查，注意鉴别是根本不能受精、还是受精后发生早期胚胎死亡。引起母牛屡配不孕的其他常见病理情况有：排卵延迟、输卵管炎、隐性子宫内膜炎和老年性气膣。

母牛屡配不孕，特别是有大批母牛不育时，不应忽视对公畜的检查；精液品质的好坏可以直接影响母畜的受胎率。此外，对输精（或配种）的操作技术（精液处理、输精操作、配种时间）也应加以充分考虑，因为繁殖技术错误往往可以引起母畜屡配不孕。

5. 输精后 30~45 天

在这一期间，应做例行的妊娠检查，以便及时查出未孕母牛，减少空怀引起的损失。对已确定妊娠的母牛，在妊娠中期和后期还要重复检查，有流产史的母牛更应多次重复检查。根据调查研究证实，在妊娠的中后期，妊娠母牛中仍然有 5%~10%发生流产。

第三节　奶牛群的繁殖健康管理及卫生防控

一、奶牛群的繁殖健康管理

对奶牛从产犊到第一次配种的间隔时间、发情鉴定、受胎率、怀孕失败及由于不育而引起的淘汰进行评估，可以评估整个养殖场的繁殖效率。繁殖数据的目标值依赖于整个养殖场的生产和管理水平及繁殖计划（连续性或季节性）。理想状态下，母牛应根据产后管理、产奶水平、营养及经济等，在产后一定时间接受第一次配种。发情鉴定技术及定时人工输精技术可以提高发情鉴定率及人工输精率，也可控制从产犊到第一次配种的间隔时间。

怀孕率、成年母牛淘汰率、新生犊牛死亡率、小母牛淘汰率及第一次配种的年龄等参数决定了牛群的繁殖效率和生产力。在理想状态下，奶牛群的年淘汰率不应超过25%，这样才能维持泌乳牛的数量及牛群结构的稳定。缩短产犊间隔及通过增加怀孕率而减少因不育引起的淘汰的经济意义取决于繁殖效率和水平，如果牛群繁殖效率低下则可引起严重的经济损失。因此查找繁殖效率低下的常见原因及建立解决这些问题的方法，在牛群的繁殖管理中具有极为重要的意义。

（一）评估繁殖性能

泌乳奶牛群的繁殖效率可采用计算机软件进行评估，可计算出各种繁殖性能参数，其中最为常用的参数是产犊间隔，该参数是由第一次配种的平均天数、21天内配种的怀孕率及怀孕失败决定的。产后间隔一定的时间后母牛再次输精，这一间隔时间为自愿等待期（voluntary waiting period，VWP），其长短多根据管理决策、产奶及干奶等管理措施来决定。从分娩到第一次配种的间隔时间的目标值在所有21天内检查到发情和/或输精的牛应该是VWP+11天。21天的怀孕率（21-day pregnancy rate）是由发情鉴定/输精率（输精的母牛数/21天内可输精的母牛数）及受胎率（受胎牛数/21天内输精牛数）决定的。怀孕率表明了母牛的VWP结束时输精怀孕的速度。怀孕失败可发生在怀孕诊断及分娩之间，与产犊间隔延长具有密切关系。必须要强调的是，在分析淘汰率时，未孕牛的自愿淘汰可能会使怀孕率虚假性升高，产犊间隔缩短。

反映未孕母牛如何尽快再次输精及发情鉴定准确率的另外一个参数是两次输精之间的间隔时间。理想状态下在鉴定到发情时输精，两次输精的间隔时间应该在18~24天。间隔时间过短表明发情鉴定不精确，过长则说明发情鉴定不准确及效率低下、排卵异常或发生早期胚胎死亡。

评估繁殖性能的目标参数应该根据牛群的产奶水平及管理条件而定。由于产奶可引起血液循环黄体酮和雌激素浓度降低、集约化管理通常可造成应激及母牛的发情表现减弱，因此高产牛群的繁殖效率一般比中产或低产牛群低。在草场放牧的奶牛群通常采用季节性繁殖的方式，以便将最高产奶与草场生长最茂盛的时间相结合。连续或季节性繁殖的牛群，其繁殖的目标参数见表9-1和表9-2。

表 9-1 连续配种奶牛群目标繁殖参数

参数	目标值
发情鉴定率	70%
受胎率	40%
21 天怀孕率	28%
产犊间隔	13 个月
空怀天数	115 天
AI 间隔为 18~24 天的牛所占比例	>60%
平均泌乳天数（DIM）	155 天
牛群中每月怀孕牛所占比例	9%~10%
空怀天数超过 150DIM 的牛	<15%
因不育的年淘汰率	<10%
年淘汰率	<25%

表 9-2 季节性配种奶牛群目标繁殖参数

参数	目标值
前 3 周输精的牛	95%
受胎率	50%
发情鉴定/输精比例	80%
头 45 天怀孕牛	75%
繁殖季节总怀孕率	95%
繁殖季节头 42 天产犊的牛所占比例	<7%
因不育的年淘汰率	<10%
年淘汰率	20%

直肠检查和/或超声检查进行母牛的临床检查是评估繁殖效率的准确方法，特别是在没有完整的繁殖记录的牛群，这种方法更为重要。需要检查的牛包括处于 VWP 末期的牛以确定它们是否繁殖健康而应该配种、需要进行怀孕诊断的牛、泌乳早期乏情的牛、以前怀孕但表现发情的牛、怀孕 220 天而准备干奶的牛以及表现异常发情行为或阴道有异常分泌物的牛。

现场评估牛的体况得分、牛的鉴别、处理牛的设施、农场员工处理牛的方式等对准确评估繁殖计划的执行情况具有重要意义。需要进行怀孕诊断的牛数、评估期间输精的牛数以及超声或直肠检查时怀孕的牛数，可用于评估直肠检查进行怀孕诊断的准确率、发情鉴定的准确率及受胎率。直肠检查的怀孕率（怀孕牛与进行怀孕诊断的牛之比）在发情鉴定率比较高的牛群应超过70%。此外，发情鉴定及受胎率均可从第一次配种或以后的配种计算。直肠检查及超声检查也可判断生殖系统是否有异常。如果产后乏情及发生卵巢囊肿的牛较多，即使在发情鉴定率较高的牛群也可引起直肠检查怀孕率降低，因为这些牛不表现发情。如果生殖道异常的牛占比增加，则说明应该评估过渡期的营养及管理。

（二）制订繁殖计划

泌乳牛的繁殖性能低下的主要原因有：从产犊到第一次配种的间隔时间延长、发情鉴定率低、输精率低及受胎率低。一旦能够鉴定到原因，则应考虑可能的解决方案，建立可行的繁殖管理计划，提高繁殖效率。

1. 控制从产犊到第一次配种的间隔时间

自愿等待期是指从分娩到允许母牛输精的时间。子宫完全复旧发生在产后大约40天，此后母牛就可输精。如果在产后尽早输精，则高产奶牛怀孕太早时其生产能力会降低。在产奶量较低的牛群，从产犊到第一次配种的时间应该在第40~45天；而产奶量较高的牛群则应该在第55~60天。此外，第一个泌乳期的奶牛从产犊到第一次配种的时间应该再增加10~15天。

放牧奶牛群如果采用季节性配种的繁殖方案，则母牛一般在10周的时间内输精，在产犊季节的第一天产犊的母牛大约可在产后85天输精。同时，有些牛可在繁殖季节的前40天产犊，这些牛可能没有足够的时间完成子宫复旧及恢复卵巢周期活动，因此难以在繁殖季节怀孕。通常采用的管理方法是对在繁殖季节的第一天仍未产犊的母牛进行诱导分娩，以使这些牛能有足够的时间完成子宫复旧，在繁殖季节的最后30天能够怀孕。

在实施连续配种及产奶量低或中等的牛群，在自愿等待期后的前21天输精率及受胎率均应达到很高，其输精率的目标值为70%，受胎率目标值为40%；21天的怀孕率应达到28%。因此，对草场上放牧的奶牛群从产犊到第一次配种的间隔时间，可通过观察结合辅助发情鉴定计数，如计步器、尾部涂料、发情爬跨检测器等加强发情鉴定来控制。

在产奶水平高且集约化管理的牛群，发情鉴定准确率低，因此必须要采取措施控制从产犊到第一次配种的间隔时间。对这种牛群可采用Presynch-Ovsynch同期发情技术诱导同期发情，即间隔14天两次注射

PGF2α，12 天之后采用 Ovsynch 进行同期发情处理（第 0 天注射 GnRH；第 7 天注射 PGF_{2a}，48～56h 之后注射 GnRH，GnRH 处理后 12～16h 定时输精）。如果根据管理条件及经济因素确定从产犊到第一次输精的间隔时间，则可选择第一次用 PGF2α 处理的时间。在采用季节性繁殖计划的牛群，或在中断配种几个月以避免在夏季产犊的牛群，定时输精也可提高繁殖季节开始时数天内产犊的牛的怀孕率。在这种情况下，可采用 Presynch-Ovsynch 或与黄体酮及雌二醇相结合的方法进行同期发情处理。在草场放牧的奶牛群常用的处理方法是在第 0 天开始埋置阴道内黄体酮释放装置，同时注射 2.5mg 苯甲酸雌二醇，第 7 天撤出黄体酮，注射溶黄体剂量的 PGF2α，第 8 天注射 1.0mg 苯甲酸雌二醇，24～36h 后进行定时输精。由于草场放牧的奶牛群的主要问题之一是产后乏情，因此在撤出黄体酮时注射 400IU eCG 可提高其受胎率。

2. 提高发情鉴定率/输精率

发情鉴定/输精牛的比例（鉴定到发情的牛数与 21 天内输精或定时输精时牛数之比）受发情持续时间及强度、不排卵性发情（产后乏情或卵巢囊肿）、管理、发情鉴定方法的效率及是否采用定时输精方案的影响。发情持续时间及强度（每次发情时的爬跨次数）受产奶量的影响，高产奶牛血液循环中雌激素浓度较低，发情持续时间较短，站立发情的次数较少。此外，牛过度拥挤、不适、地面湿滑以及应激等均可缩短发情持续时间及降低发情强度的表现。

由于牛必须要在泌乳高峰期怀孕，因此易于发生能量负平衡，可出现产后或营养性乏情。这些牛如不进行诱导发情则不会表现发情症状而输精。这类牛可采用下述方法进行同期发情处理：埋置阴道内 CIDR 7 天，撤出黄体酮时用 eCG 处理，撤出黄体酮时或 24h 后注射雌二醇，这种方法可诱导产后乏情的母牛发情。同样在高产奶牛，由于间情期时黄体酮水平低，但应激水平高，雌激素通过正反馈作用引起 GnRH 的作用受到影响，因此也易于发生卵巢囊肿。这些牛不会排卵，在缺乏黄体酮时可出现卵泡生长，但如不进行处理或自然康复，则不表现发情症状。对这些牛可在头 7 天采用包括黄体酮的 Ovsynch 法进行处理，在患卵巢囊肿的病牛可获成功。

采用同期发情及同期排卵可以进行定时输精，避免了发情鉴定可能造成的错误。处理方法的基本程序是用 GnRH、雌二醇及黄体酮等控制黄体期的长度，使卵泡波的发育同步化及诱导排卵。采用定时输精时无须进行发情鉴定，输精率可达 100%。这种方法可用于产后第一次输精，也可用于连续性或季节性配种计划。但由于这种处理需要时间，可延缓输精之间的间隔时间，因此在以后的配种中可能难以实施。因此，定时输精可用于产后第一次配种，但在以后的配种中则必须要结合有效的发情鉴定，尽早鉴定到未孕牛及采用快速再同期发情等技术。

3. 提高受胎率

受胎率或每次配种/AI 的怀孕率是指输精母牛或接受自然配种的母牛中怀孕母牛所占百分比，其受母牛的生育力、精液质量、公牛的生育力及输精技术的影响。影响母牛生育力的因素包括过渡期的营养和健康水平、热应激、血液/乳汁尿素氮水平、产奶水平、胎次、发情鉴定的准确率、输精或配种时间及传染性病原等。过渡期充足的营养及健康管理决定了 VWP 结束时子宫的健康状态及卵巢的周期性变化。如果母牛患有与产犊相关的疾病，如产乳热及胎衣不下，则受胎率明显降低。营养管理主要反映在奶牛体况评分（BCS），当 BCS 低于 2.5（1~5 分制）时受胎率明显降低。由于卵泡生成大约需要 80 天，因此应保持稳定及平衡营养，这样保证卵泡发育及排卵。产奶量高的奶牛血液循环中黄体酮水平较低，对 LH 波动性分泌的负反馈作用减弱，导致卵泡持续生长，卵泡在排卵时发生老化，生育力降低。经产牛受胎率比初产牛低，这可能与产奶水平有关。采用 GnRH 进行卵泡波发育的同步化处理可在高产奶牛促进健康卵泡排卵，提高其生育力，但应在相对于排卵来说正确的时间进行输精。从出现 LH 峰值到排卵需要 26h，精子转运需要 6~12h，精子存活 24~32h，卵子存活 8~12h，因此 AI 应在第一次站立发情后 12h 进行（上午-下午规则）。在发情表达不充分的高产奶牛群，发情鉴定不准确可导致受胎率降低；发情鉴定错误也可导致在错误的时间输精及降低受胎率。

传染性疾病可降低受胎率或引起怀孕失败，因此应注意监测。应建立免疫接种计划，根据牛群或当地流行的病原选择合适的疫苗。可降低受胎率或引起怀孕失败的疾病主要包括弯曲菌病和滴虫病（自然配种）、传染性牛鼻气管炎（IBR）、牛病毒性腹泻（BVD）、布鲁氏菌病、螺旋体病及新孢子虫病等。控制及根除这些传染病的方法很多，应采用这些方法以提高繁殖效率。其他引起怀孕失败的非传染性原因包括怀孕早期黄体酮水平不足等。GnRH 或 hCG 处理可诱导产生副黄体，因此可使产奶量很高且 BSC 降低的牛怀孕早期黄体酮水平升高。

4. 自然配种牛群的繁殖管理

AI 是奶牛最常用的配种方法，虽然采用 AI 具有许多优点，但单独采用自然配种或自然配种与 AI 相结合的配种仍然是全世界普遍采用的配种方法。有时自然配种更易实施，主要是可以避免发情鉴定造成的错误，因此在生产中许多人认为采用自然配种时繁殖性能更好，而且研究发现 AI 及自然配种的母牛其繁殖效率相似。

公牛的选择、管理及繁殖健康检查对自然配种牛群维持高的繁殖性能极为关键。在购入前必须对公牛进行彻底的繁殖健康检查，包括查体、生殖器官检查、检查传染病（控制布鲁氏菌病、结核、生殖传染病、病毒性疾病的免疫接种、内外寄生虫控制等）。购入时公牛应该在 14 月龄左右，与成年牛的体格相当，引入牛群前应隔离 40~60 天。在管理公牛时还应注意夏季时生育力可能会降低、周岁公牛的配种能力可能会低、2.5 岁以上的公牛可能有危险的行为。应定期检查公牛的 BCS 变化及是否有跛行，因为泌乳期母牛的日粮可使公牛体重过重及发生蹄叶炎，此时应用干奶期饲料饲喂，保持性静止以便康复。公牛与空怀母牛的比例应该为 1∶20~1∶30，同时应注意经常（每 30 天）通过直肠检查或超声检查评估其繁殖性能。

二、严格执行卫生防控措施

在进行母畜的生殖道检查、输精以及母畜分娩时，一定要尽量防止发生生殖道感染，杜绝母畜感染严重影响生育力的传染性或寄生虫疾病；新购入的母畜应该隔离观察 30~150 天，并进行检疫和预防接种。

虽然目前已研制出了一些防治母畜不育的激素或药物疗法，而且经过临床验证都有一定的效能，但由于母畜患病时体内的生殖激素水平及各自的条件不同，因而某一种药品或疗法不一定对同一原因引起的不育都产生良好的效果。同时所有的不育只有在消除了不良的自然因素之后，给予适当的治疗，才能发生预期的效果。在实践中，这一点应当考虑。

在防治不育方面，饲养员、挤奶员和助产员起着很大的作用。有些不育常常是由工作上的原因造成的，例如，不能及时发现发情母畜和未孕母畜，未予配种或进行治疗处理；繁殖技术（排卵鉴定、妊娠检查、人工输精）不熟练，不能适时或正确配种授精；配种接产消毒不严格、操作不慎引起生殖器官疾病等，都是引起不育的常见原因。因此，技术人员必须和他们一起共同学习，钻研业务，精益求精，不断提高理论知识和操作水平，在不育母畜较多的场（站），要紧密依靠党政领导，建立切实可行的制度，大力宣传并认真落实，然后配合适当的治疗，才能迅速而有效地消除不育。

主要参考文献

陈怀涛，贾宁 . 2015. 羊病诊疗原色图谱[M] . 第二版 . 北京：中国农业出版社 .

NOAKES D. E. 2014. 兽医产科学[M] . 第九版 . 赵兴绪译 . 北京：中国农业出版社 .

王建辰 . 1998. 动物生殖调控[M] . 合肥：安徽科技出版社 .

杨利国 . 2003. 动物繁殖学[M] . 北京：中国农业出版社 .

赵兴绪 . 2008. 兽医产科学[M] . 第四版 . 北京：中国农业出版社 .

赵兴绪 . 2008. 羊的繁殖调控[M] . 北京：中国农业出版社 .

赵兴绪 . 2016. 兽医产科学[M] . 第五版 . 北京：中国农业出版社 .